# Sistema de semillas de calidad declarada

ESTUDIO FAO
PRODUCCIÓN
Y PROTECCIÓN
VEGETAL

**185**

Consulta de expertos
Roma, 5–7 de mayo de 2003

Servicio de Semillas y Recursos Fitogenéticos de la FAO

ORGANIZACIÓN DE LAS NACIONES UNIDAS PARA LA AGRICULTURA Y LA ALIMENTACIÓN
Roma, 2006

Las denominaciones empleadas en este producto informativo y la forma en que aparecen presentados los datos que contiene no implican, de parte de la Organización de las Naciones Unidas para la Agricultura y la Alimentación, juicio alguno sobre la condición jurídica o nivel de desarrollo de países, territorios, ciudades o zonas, o de sus autoridades, ni respecto de la delimitación de sus fronteras o límites.

ISBN 92-5-305510-3

Todos los derechos reservados. Se autoriza la reproducción y difusión de material contenido en este producto informativo para fines educativos u otros fines no comerciales sin previa autorización escrita de los titulares de los derechos de autor, siempre que se especifique claramente la fuente. Se prohíbe la reproducción del material contenido en este producto informativo para reventa u otros fines comerciales sin previa autorización escrita de los titulares de los derechos de autor. Las peticiones para obtener tal autorización deberán dirigirse al Jefe de la Subdirección de Políticas y Apoyo en Materia de Publicación Electrónica de la Dirección de Información de la FAO, Viale delle Terme di Caracalla, 00100 Roma, Italia, o por correo electrónico a copyright@fao.org

© FAO 2006

# Índice

| | |
|---|---|
| **Prefacio** | vii |
| **Agradecimientos** | viii |
| **Lista de siglas** | ix |
| **Introducción** | 1 |
| **Semillas de calidad declarada** | 5 |
| Origen de Semillas de Calidad Declarada | 5 |
| Principios del Sistema de Semillas de Calidad Declarada | 6 |
| Usos del Sistema de Semillas de Calidad Declarada | 7 |
| Contexto político actual | 7 |
| Función de los gobiernos | 8 |
| Relaciones con organizaciones internacionales y sus actividades | 9 |
| **Descripción del sistema de semillas de calidad declarada** | 11 |
| Generalidades | 11 |
| Definiciones | 11 |
| Producción de semillas | 14 |
| Etiquetas | 15 |
| Supervisión del gobierno | 15 |
| Penalizaciones | 16 |
| Estructura institucional | 16 |
| Comité Consultivo de Semillas y Registro de Variedades | 16 |
| Organización del Control de Calidad | 16 |
| Declaración de Semillas de Calidad Declarada | 16 |
| Semillas de Calidad Declarada | 17 |
| **Cereales y seudocereales** | 19 |
| *Amaranthus caudatus* L. – *Amaranthaceae* - Kiwicha | 19 |
| *Avena sativa* L. – *Poaceae* – Avena | 22 |
| *Hordeum vulgare* L. – *Poaceae* – Cebada | 25 |
| *Oryza sativa* L. – *Poaceae* – Arroz (polinización abierta) | 28 |
| *Oryza sativa* L. – *Poaceae* – Arroz (híbrido) | 30 |
| *Pennisetum glaucum* (L.) R. Br. – *Poaceae* – Mijo perla (polinización abierta y variedad sintética) | 33 |
| *Pennisetum glaucum* (L.) R. Br. – *Poaceae* – Mijo perla (híbrido) | 35 |
| *Secale cereale* L. – *Poaceae* – Centeno | 38 |
| *Sorghum bicolor* (L.) Moench – *Poaceae* – Sorgo (polinización abierta) | 40 |
| *Sorghum bicolor* (L.) Moench – *Poaceae* – Sorgo (híbrido) | 42 |
| *Triticum aestivum* L., *T. turgidum* L. subsp. *durum* (desf.) Husn. – *Poaceae* – Trigo | 45 |

| | |
|---|---:|
| *Zea mays* (L.) – *Poaceae* – Maíz (polinización abierta) | 47 |
| *Zea mays* (L.) – *Poaceae* – Maíz (híbrido) | 49 |

## Leguminosas alimenticias — 53

| | |
|---|---:|
| *Cajanus cajan* (L). Millsp. – *Fabaceae* – Guandul | 53 |
| *Cicer arietinum* L.. – *Fabaceae* – Garbanzo | 56 |
| *Lens culinaris* Medik. – *Fabaceae* – Lenteja | 58 |
| *Phaseolus* spp. L. – *Fabaceae* – Frijol, habichuela, poroto | 60 |
| *Pisum sativum* L. – *Fabaceae* – Arveja | 62 |
| *Vicia faba* L. – *Fabaceae* – Haba | 64 |
| *Vigna radiata* (L.) R. Wilzec (= *Phaseolus radiatus*) – *Fabaceae* – Frijol mungo | 66 |
| *Vigna unguiculata* (L.) R. Walp. – *Fabaceae* – Caupí | 68 |

## Cultivos oleaginosos — 71

| | |
|---|---:|
| *Arachis hypogaea* L. – *Fabaceae* – Maní | 71 |
| *Brassica napus* L. – *Brassicaceae* – Colza | 74 |
| *Brassica nigra* L. W. D. J. Koch – *Brassicaceae* – Mostaza | 76 |
| *Glycine max* (L). Merr.– *Fabaceae* – Soja | 78 |
| *Helianthus annuus* L. – *Asteraceae* – Girasol (polinización abierta) | 80 |
| *Helianthus annuus* L. – *Asteraceae* – Girasol (híbrido) | 82 |
| *Sesamum indicum* L. – *Pedaliaceae* – Sésamo | 85 |

## Especies forrajeras – *Poaceae* — 87

| | |
|---|---:|
| *Andropogon gayanus* Kunth | 87 |
| *Bothriochloa insculpta* (Hochst. ex A. Rich) A. Camus | 90 |
| *Bromus catharticus* Vahl – Cebadilla | 92 |
| *Cenchrus ciliaris* L. (= *Pennisetum ciliare*) – Pasto buffel | 95 |
| *Chloris gayana* Kunth – Pasto Rhodes | 97 |
| *Dactylis glomerata* L. – Pasto ovillo, pasto azul | 100 |
| *Eragrostis curvula* (Schrad.) Nees | 103 |
| *Festuca arundinaceae* Schreb. – Festuca alta | 105 |
| *Lolium multiflorum* Lam. – Raigrás italiano | 108 |
| *Megathyrsus maximus* (Jacq.) B. K. Simon & W. L. Jacobs (= *Panicum maximum* Jacq.) | 111 |
| *Panicum coloratum* L. – Pasto colorado | 114 |
| *Paspalum dilatatum* Poir. – Pasto miel | 116 |
| *Pennisetum clandestinum* Hochst. ex Chiov. – Pasto kikuyo | 118 |
| *Setaria incrassata* (Hochst.) Hack (anteriormente *S. porphyrantha* Stapf ex Prain) | 120 |
| *Setaria sphacellata* (Schumach.) Stapf & C. E. Hubb. | 122 |
| *Urochloa decumbens* (Stapf) R. D. Webster (= *Brachiaria decumbens* Stapf) – Braquiaria | 124 |
| *Urochloa humidicola* (Rendle) Morrone & Zuloaga (= *Brachiaria humidicola* (Rendle) Schweick.) | 126 |

## Especies forrajeras – *Fabaceae* — 129

| | |
|---|---:|
| *Calopogonium mucunoides* Desv. | 129 |
| *Centrosema pubescens* Benth | 132 |

| | |
|---|---|
| *Desmodium uncinatum* (Jacq.) D. C. | 134 |
| *Lablab purpureus* (L.) Sweet | 136 |
| *Lotononis bainesii* Baker – Lotononis | 138 |
| *Lotus corniculatus* L. – Trébol pata de pájaro | 140 |
| *Medicago arabiga* (L.) Huds – Trébol carretilla | 143 |
| *Medicago sativa* L. – Alfalfa | 145 |
| *Medicago scutellata* (L.) Mill. – Trébol caracol | 148 |
| *Medicago truncatula* Gaertn. – Trébol barril | 150 |
| *Pueraria phaseoloides* (Roxb.) Benth. – Kudzú tropical | 152 |
| *Stylosanthes* spp. – Estilosantes | 154 |
| *Trifolium alexandrinum* L. – Trébol de Alejandría | 156 |
| *Trifolium fragiferum* L. – Trébol frutilla | 158 |
| *Trifolium incarnatum* L. – Trébol encarnado | 160 |
| *Trifolium pratense* L. – Trébol rojo | 162 |
| *Trifolium repens* L. – Trébol blanco | 164 |
| *Trifolium resupinatum* L. – Trébol persa | 166 |
| *Trifolium semipilosum* Fresen | 168 |
| *Trifolium subterraneum* L. – Trébol subterráneo | 170 |
| *Vicia sativa* L. – Vicia | 172 |

## Cultivos industriales — 175

| | |
|---|---|
| *Gossypium hirsutum* L. – *Malvaceae* – Algodón (polinización abierta) | 175 |
| *Gossypium hirsutum* L. – *Malvaceae* – Algodón (híbrido) | 177 |
| *Ricinus communis* L. – *Euphorbiaceae* – Ricino | 180 |

## Hortalizas — 183

| | |
|---|---|
| *Abelmoschus esculentus* (L.) Moench – *Malvaceae* – Ocra | 183 |
| *Allium* cepa L. – *Alliaceae* – Cebolla (polinización abierta) | 185 |
| *Allium* cepa L. – *Alliaceae* – Cebolla (híbrida) | 187 |
| *Apium graveolens* var. *dulce* L. – *Umbelliferae* – Apio | 190 |
| *Beta vulgaris* L. subsp. *vulgaris* (grupo cicla) – *Chenopodiaceae* – Acelga | 192 |
| *Beta vulgaris* L. subsp. *vulgaris* (grupo vulgaris) – *Chenopodiaceae* – Remolacha de mesa | 194 |
| *Brassica oleracea* L. var. *botrytis* L. – Brassicaceae – Coliflor (polinización abierta) | 196 |
| *Brassica oleracea* L. var. *botrytis* L. – *Brassicaceae* – Coliflor (híbrida) | 198 |
| *Brassica oleracea* L. var. *capitata* L. – *Brassicaceae* – Repollo (polinización abierta) | 201 |
| *Brassica oleracea* L. var. *capitata* L. – *Brassicaceae* – Repollo (híbrido) | 203 |
| *Brassica rapa* L. subsp. *chinensis* (L.) Hanelt– *Brassicaceae* – Repollo chino | 206 |
| *Brassica rapa* L. subsp. *rapa* – *Brassicaceae* – Nabo | 208 |
| *Capsicum annuum* L., *C. frutescens* L. – *Solanaceae* – Pimiento y chile (polinización abierta) | 210 |
| *Citrullus lanatus* (Thunb.) Matsum. & Nakai – *Cucurbitaceae* – Sandía (polinización abierta) | 212 |

| | |
|---|---:|
| *Citrullus lanatus* (Thunb.) Matsum. & Nakai - *Cucurbitaceae* | 214 |
| Sandía (híbrida) | 214 |
| *Cucumis melo* L. – *Cucurbitaceae* – Melón (polinización abierta) | 217 |
| *Cucumis melo* L. – *Cucurbitaceae* – Melón (híbrido) | 219 |
| *Cucumis sativus* L. - *Cucurbitaceae* – Pepino (polinización abierta) | 222 |
| *Cucumis sativus* L. – *Cucurbitaceae* – Pepino (híbrido) | 224 |
| *Cucurbita argyrosperma* C. Huber, C. *maxima* Duchesne, C. *moschata* Duchesne, C. *pepo* – *Cucurbitaceae* – Calabaza, zapallo (polinización abierta) | 227 |
| *Cucurbita argyrosperma* C. Huber, C. *maxima* Duchesne, C. *moschata* Duchesne, C. *pepo* – *Cucurbitaceae* – Calabaza, zapallo (híbridos) | 229 |
| *Daucus carota* L. – *Umbelliferae* – Zanahoria | 232 |
| *Lactuca sativa* L. – *Asteraceae* – Lechuga | 234 |
| *Lagenaria siceraria* (Molina) Standl. – *Cucurbitaceae* – Calabaza de cuello (polinización abierta) | 236 |
| *Lagenaria siceraria* (Molina) Standl. – *Cucurbitaceae* – Calabaza de cuello (híbrida) | 238 |
| *Lycopersicon esculentum* Mill. – *Solanaceae* – Tomate (polinización abierta) | 241 |
| *Lycopersicon esculentum* Mill. – *Solanaceae* – Tomate (híbrido) | 243 |
| *Momordica charantia* L. – *Cucurbitaceae* – Cundeamor (polinización abierta) | 246 |
| *Petroselinum crispum* (Mill.) Nyman ex A. W. Hill – *Umbelliferae* – Perejil | 248 |
| *Raphanus sativus* L. – *Brassicaceae* – Rábano | 250 |
| *Solanum melongena* L. – *Solanaceae* – Berenjena | 252 |
| *Spinacia oleracea* L. – *Chenopodiaceae* – Espinaca (híbrida) | 254 |
| *Spinacia oleracea* L. – *Chenopodiaceae* – Espinaca (polinización abierta) | 257 |
| *Tetragonia tetragonoides* (Pall.) Kuntze – *Aizoaceae* – Espinaca de Nueva Zelandia | 259 |

## Anexos

| | |
|---|---:|
| 1. Agenda | 261 |
| 2. Lista de participantes | 263 |
| 3. Normas para semilla de calidad declarada | 265 |

# Prefacio

La FAO reconoce que las semillas ocupan un lugar central en el proceso de desarrollo agrícola: el mejoramiento de la calidad de las semillas es un factor fundamental para incrementar el potencial de rendimiento de los cultivos y es uno de los medios más económicos y eficientes para mejorar la producción y productividad agrícola. La Conferencia Técnica FAO/SIDA sobre Mejoramiento de la Producción de Semillas (Kenya, 1981) y la Consulta de Expertos sobre Movimiento Interestatal de Semillas (Roma, 1986) expresaron el concepto de Semillas de Calidad Declarada como estrategia para aumentar la disponibilidad de semillas de calidad en la comunidad agrícola mundial. Tras discusiones y estudios posteriores, FAO/AGPS, en consulta con reconocidos expertos, elaboró unas directrices específicas que fueron publicadas en 1993 en el *Estudio FAO Producción y Protección Vegetal N° 117 – Semillas de Calidad Declarada – Directrices Técnicas sobre Normas y Procedimientos*.

En la última década, *Semillas de Calidad Declarada* ha sido extensamente usada como fuente de información práctica sobre normas de semillas para un gran número de especies y zonas agroecológicas, contribuyendo así al desarrollo del sector agrícola. También ha servido para establecer normas de calidad de semillas en intervenciones de emergencia con suministro de semillas después de la ocurrencia de desastres o calamidades naturales. El Sistema de Semillas de Calidad Declarada fue concebido para hacer el mejor uso posible de los recursos disponibles para el control de la calidad de las semillas en condiciones de recursos limitados y permitir una mayor participación de los productores y comerciantes de semillas. Sin embargo, las condiciones y exigencias cambiantes del sector de semillas han mostrado la necesidad de una revisión crítica del propósito y el contenido de esa publicación. Con el objetivo de revisar, actualizar y mejorar el documento la FAO convocó en mayo de 2003 una Consulta de Expertos en Roma. El documento actualizado que ahora se presenta sigue, en general, el mismo formato de la publicación anterior. Sin embargo se han introducido algunos cambios significativos como:

> Un reconocimiento más explícito de la función de las políticas nacionales y del impacto de los compromisos nacionales e internacionales recientes sobre abastecimiento de semillas.
> Una explicación más clara de cómo extender el Sistema de Semillas de Calidad Declarada para incluir las variedades locales.
> Más cultivos, abarcando ahora 92 especies, 21 de las cuales comprenden tanto variedades de polinización abierta como híbridos, y también una variedad sintética.
> Procedimientos estandarizados para facilitar la aplicación del esquema y de esa manera fortalecer su ejecución.

Como resultado de estos estudios y deliberaciones ha sido preparada esta versión revisada de *Semillas de Calidad Declarada* que también se hará disponible en el sitio de la FAO en Internet www.fao.org.

# Agradecimientos

La Segunda Reunión sobre Semillas de Calidad Declarada fue citada para actualizar las directrices existentes de modo de adecuarlas al progreso agrícola de los países en desarrollo, para ampliar sus aspectos técnicos y el número de cultivos incluidos en el documento.

La Reunión contó con la participación de expertos en tecnología de semillas de todas las regiones del mundo quienes presentaron sus propios informes y contribuyeron activamente a las discusiones.

La organización de la Reunión estuvo bajo la responsabilidad técnica de Michael Larinde (AGPS) y de Cadmo Rosell (Consultor, FAO) con la asistencia administrativa de Liliana Lazzerini. El borrador del informe fue preparado por Raymond T. George y Michael Turner con la asistencia de Juan Fajardo. La formatación de la publicación estuvo a cargo de Lynette Chalk.

En nombre del Servicio de Semillas y Recursos Fitogenéticos (AGPS) de la FAO deseamos expresar nuestro reconocimiento a todos ellos.

# Lista de siglas

| | |
|---|---|
| AOSA | *American Official Seed Analysts* (Asociación Estadounidense de Analistas de Semillas) |
| GRIN | *Germoplasm Resources Information Network* (Red de Información de Recursos Fitogenéticos) |
| ISTA | *International Seed Testing Association* (Asociación Internacional de Análisis de Semillas) |
| OCDE | Organización para la Cooperación y el Desarrollo Económicos |
| OGM | Organismos Genéticamente Modificados |
| SIDP | *Seed Improvement and Development Programme* (Programa de Mejoramiento y Desarrollo de Semillas) |
| TRIPS | *Trade-related aspects of Intellectual Property Rights* (Acuerdo de la OMC sobre los Aspectos de los Derechos de Propiedad Intelectual relacionados con el Comercio) |
| UPOV | *Union internationale pour la protection des obtentions végétales* (Unión Internacional para la Protección de las Obtenciones Vegetales) |

# Introducción

La Consulta de Expertos para la revisión de *Semillas de Calidad Declarada* se llevó a cabo en la sede la FAO en Roma del 5 al 7 de mayo de 2003. El Sr. Mahmoud Solh, Director de la Dirección de Producción y Protección Vegetal (AGP) abrió la reunión y dio la bienvenida a los participantes en nombre del Director General de la FAO y de esa Dirección. Agradeció a los mismos su disponibilidad de tiempo y los esfuerzos realizados para preparar los documentos de trabajo y asistir a la reunión. Asimismo recordó a los asistentes que el objetivo de la reunión consistía en revisar y actualizar la publicación *Semillas de Calidad Declarada – Estudio Producción y Protección Vegetal N° 117*.

El Sr. Arturo Martínez, Jefe del Servicio de Semillas y Recursos Fitogenéticos (AGPS) agradeció a los participantes la revisión preliminar de la publicación y los instó a llegar a un acuerdo final para conseguir una edición actualizada, la cual debería satisfacer las nuevas y crecientes necesidades de los países miembros de la FAO.

La Agenda de la reunión, que se presenta en el Anexo 1, fue aprobada tal como fue propuesta. El Sr. Martínez fue invitado a ocupar la Presidencia y se convino que el Sr. Michael Larinde fuera Vice-presidente y el Sr. Michael Turner encargado de redactar el informe. La Lista de Participantes se encuentra en el Anexo 2.

El Sr. Cadmo Rosell hizo una revisión de la historia del concepto de *Semillas de Calidad Declarada* indicando que fue enunciado por primera vez en 1986 en una Consulta de Expertos sobre Movimiento Interestatal de Semillas. En 1989 se llevó a cabo en Roma una Consulta de Expertos sobre Semillas de Calidad Declarada donde se preparó un primer borrador de documento. Posteriormente, en base al trabajo de AGPS y de consultores especializados se elaboraron guías específicas para varios cultivos. La primera edición de *Semillas de Calidad Declarada – Directrices Técnicas sobre Normas y Procedimientos* fue publicada como *Estudio FAO – Producción y Protección Vegetal N° 117*, en 1993.

El Sr. Larinde hizo una presentación de los aspectos en los que AGPS consideraba que se debería enfocar la revisión, a saber:
 a. la necesidad de reconsiderar las normas de semillas de algunos cultivos.
 b. la inclusión de datos sobre contenido de humedad y de valores límite para algunas enfermedades transmitidas por las semillas.
 c. la ampliación del número de cultivos para incluir cultivos tropicales para los cuales no existían guías de control de calidad de las semillas.
 d. la sugerencia de mecanismos que podrían permitir que el sistema Semillas de Calidad Declarada pueda utilizarse en el control de calidad de variedades obtenidas por fitomejoramiento participativo.
 e. la conformidad con los acuerdos de UPOV y TRIPS.
 f. la posibilidad de incluir información sobre análisis de OGM.
 g. la determinación de atributos críticos de calidad de semillas que pudieran servir como referencia básica en el comercio local de semillas en aquellos casos en que no se pueda cumplir el conjunto de atributos establecidos.

Antes de la presentación de los trabajos de los expertos, hubo consenso en que el mejoramiento y la difusión del Sistema de Semillas de Calidad Declarada podrían verse facilitados si los gobiernos y otras organizaciones lo adoptaran para su aplicación en los casos en que semillas de alta calidad no estuvieran disponibles para los agricultores.

Los expertos presentaron sus trabajos, los cuales habían sido preparados de acuerdo con las directrices recibidas previamente. Los aspectos principales que surgieron durante las presentaciones de los expertos fueron:

1. La FAO debería hacer más esfuerzos para crear una mayor concienciación internacional sobre el Sistema de Semillas de Calidad Declarada, incluyendo la publicación de la edición revisada en el página *web* de la FAO
2. Debería ponerse en conocimiento público que bajo el Sistema de Semillas de Calidad Declarada la responsabilidad de la calidad de las semillas ofrecidas para la venta recae en el comerciante de semillas y que la función de los gobiernos nacionales es menos exigente que en sistemas de control de calidad más desarrollados. Sin embargo, se indicó que el Sistema de Semillas de Calidad Declarada puede servir como punto de partida para la elaboración de un programa de control de calidad más elaborado.
3. Es necesario aumentar el número de cultivos incluidos en el esquema del documento revisado. Para apoyar esta propuesta los expertos de la FAO indicaron que la información disponible en *Semillas de Calidad Declarada* es una referencia frecuente en la evaluación de adquisiciones de semillas para operaciones de emergencia.
4. Debería prepararse tan pronto como fuera posible una versión del Sistema de Semillas de Calidad Declarada para especies de reproducción vegetativa.
5. Se debería considerar la inclusión en el Sistema de Semillas de Calidad Declarada de «variedades locales», cultivos nativos seleccionados especialmente hortícolas y líneas producidas mediante fitomejoramiento participativo.
6. La edición revisada del Sistema de Semillas de Calidad Declarada debería ser difundida ampliamente por todos los medios posibles.

Los expertos hicieron referencia a los posibles problemas que pudieran surgir del incremento del uso de los Organismos Genéticamente Modificados (OGM). Se mencionó que la Asociación Internacional de Análisis de Semillas (ISTA) está estudiando métodos para detectar semillas de variedades OGM durante los análisis de rutina. Si bien se entiende que la producción de semillas de OGM podría permanecer en manos de las grandes empresas y organizaciones, el Presidente recordó que algunos gobiernos ya habían liberado material OGM para su uso por todos los agricultores. El Presidente indicó que la FAO discutiría el tema de los OGM en otro foro.

Se discutieron los distintos aspectos de los atributos de calidad de semillas y se determinaron los puntos más importantes para su inclusión en el borrador del documento final. Se discutieron los puntos comunes indicados por los expertos en sus informes individuales, además de otros que surgieron durante la reunión, los cuales fueron incorporados oportunamente.

Durante las discusiones finales la Consulta de Expertos aprobó las cuatro propuestas siguientes:

a. la FAO debería tomar acciones encaminadas a promover la implementación del Sistema de Semillas de Calidad Declarada a nivel mundial.
b. la FAO debería finalizar la edición revisada propuesta en el menor tiempo posible.
c. la FAO debería dar amplia difusión al documento, incluyendo su inclusión en Internet.
d. la FAO debería organizar otra Consulta de Expertos para estudiar un esquema de calidad para cultivos de reproducción vegetativa.

En la sesión final se informó al Presidente que la Consulta de Expertos había finalizado el borrador del documento y había incorporado al mismo los puntos más importantes acordados en el desarrollo de la reunión. La reunión resumió los cuatro puntos principales al Presidente y aprobó la versión revisada del informe sobre el Sistema de Semillas de Calidad Declarada.

En la ceremonia de clausura el Presidente y el Vice-Presidente agradecieron a los participantes por sus contribuciones durante el curso de la reunión en espera de completar la versión revisada del Sistema de Semillas de Calidad Declarada.

En nombre de los expertos visitantes el Sr. Ray George agradeció al Sr. Martínez y a todo el personal de AGPS por su hospitalidad y colaboración durante el desarrollo de la reunión.

# Semillas de calidad declarada

## ORIGEN DE SEMILLAS DE CALIDAD DECLARADA

Durante las décadas de 1970 y 1980 y con el apoyo financiero de agencias donantes bilaterales y multilaterales, se establecieron proyectos y programas nacionales de semillas en muchos países donde la producción formal de semillas estaba poco desarrollada. Estas iniciativas respondían a la necesidad de contar con sistemas de abastecimiento de semillas más seguros que permitieran poner a disposición de los agricultores semillas de buena calidad de variedades mejoradas. Las semillas se consideraban como un insumo estratégico para la producción agrícola, concepto que sigue siendo válido hoy día. No obstante, las expectativas de la época en cuanto al desarrollo de la industria de semillas resultaron ser demasiado optimistas. Se pensaba que el sector formal de semillas rápidamente reemplazaría a los métodos tradicionales de abastecimiento de semillas una vez que los agricultores apreciaran los beneficios del uso de semillas mejoradas.

El control riguroso de la calidad era considerado como una herramienta clave para alcanzar esos objetivos, reproduciendo la evolución de los sistemas regulatorios de países con una agricultura más industrializada. El predominio de las organizaciones gubernamentales en aquella época también favoreció la adopción de sistemas de control de calidad de semillas de tipo centralizado. Como consecuencia, el control de calidad se hizo en muchos casos obligatorio para las semillas producidas en el sector formal, aunque la proporción de semilla que realmente llegaba al mercado por esos canales continuó siendo baja.

Las razones por las que estas expectativas no se han cumplido son complejas y han sido críticamente analizadas en los últimos años, especialmente durante la revisión de las actividades del Programa de Mejoramiento y Desarrollo de Semillas de la FAO (PMDS) y por medio de una serie de reuniones sobre Políticas y Programas Regionales de Semillas llevados a cabo en el África Subsahariana, Cercano Oriente y Norte de África, Asia y el Pacífico, América Latina y el Caribe y los países de Europa Central y del Este, la Comunidad de Estados Independientes y otros Países en Transición.

Como resultado, ahora se cuenta con una mejor comprensión de los problemas que involucra el desarrollo de un sistema sostenible de semillas y el reconocimiento de la función clave que cumplen las políticas nacionales, los marcos regulatorios y la economía de mercado. Además, en la última década muchos otros elementos del amplio contexto agropolítico han sufrido cambios, como por ejemplo la mayor preocupación por el uso de los recursos genéticos y la conservación de la biodiversidad agrícola, las presiones para la liberalización del comercio, la protección de la propiedad intelectual y la mayor participación del sector privado en los países en desarrollo. Todos estos elementos tienen implicancias en el abastecimiento de semillas, y como consecuencia los temas relacionados con semillas son objeto de consideración cada vez mayor en el escenario político. Sin embargo, a nivel práctico todavía hay un amplio margen de trabajo para mejorar el abastecimiento de semillas de calidad de variedades nuevas y mejoradas para los agricultores de muchos países en desarrollo.

## PRINCIPIOS DEL SISTEMA DE SEMILLAS DE CALIDAD DECLARADA

El Sistema de Semillas de Calidad Declarada no pretende competir con otros sistemas existentes de control de calidad de semillas ni duplicar el trabajo de otras organizaciones especializadas. Sin embargo, como ya se expresó en el primer documento, se reconoce que el establecimiento de los distintos elementos de un sistema completo de control de calidad de semillas comporta unas obligaciones que pueden ser excesivas para la agencia gubernamental que tenga el encargo de cumplirlas. Las limitaciones en los presupuestos gubernamentales pueden impedir el desarrollo de un sistema completo de control de calidad. Una solución a este problema es el cobro por los servicios para cubrir los costos, como se ha estado realizando en muchos países industrializados en los últimos años. Sin embargo, los costos adicionales y el costo administrativo de recuperar las tasas pueden ser contraproducentes.

También se debe reconocer que si un sistema de control de calidad no es ejecutado correctamente existen serios riesgos de ofrecer un insumo básico en forma perjudicial. El sistema se basa en el hecho de que la etiqueta adherida al envase de semillas representa la calidad de su contenido y todo el proceso de actividades que han contribuido a esa calidad. Si se pierde la reputación de la etiqueta debido a una mala supervisión, la esencia del sistema deja de ser válida. O, peor aún, esa etiqueta puede tener un impacto negativo.

A partir de estos antecedentes, el propósito del Sistema de Semillas de Calidad Declarada es ofrecer una alternativa que pueda utilizarse en cultivos, áreas y sistemas agrícolas en los cuales otros sistemas altamente desarrollados de control de calidad son difíciles de aplicar o tienen un impacto relativamente bajo. En concreto, el Sistema de Semillas de Calidad Declarada puede cubrir fácilmente variedades de cultivos que por diferentes razones no se adaptan a los sistemas convencionales de control de calidad de semillas. Al ser los productores de semillas los principales actores del Sistema se facilita también la producción local de semillas, lo cual presenta ventajas especialmente para el caso de los cultivos de granos básicos. Estos cultivos a menudo encuentran problemas de abastecimiento de semillas ya que el incremento del precio de las semillas frente a los granos es menor, debido a la posibilidad que tienen los agricultores de conservar la semilla para la temporada siguiente.

Uno de los desafíos principales al diseñar un Sistema de Semillas de Calidad Declarada es que sea flexible en su ejecución pero que al mismo tiempo respete los principios básicos de calidad de semillas, de modo de contar con la confianza de todos los interesados y cumplir una función importante en el desarrollo del sector de semillas. Podría ser contraproducente proponer un Sistema de Semillas de Calidad Declarada que enfrentara los mismos problemas de otros sistemas de control de calidad. Por lo tanto, a pesar de los avances tecnológicos en ensayos de variedades y análisis de semillas, el Sistema de Semillas de Calidad Declarada es un sistema práctico y relativamente simple en su ejecución.

En resumen, el Sistema de Semillas de Calidad Declarada pretende conjugar la continua necesidad de mejorar el abastecimiento de semillas a los agricultores con el deseo de reflejar y adaptar los diversos sistemas de producción, especialmente en las zonas de más difícil acceso donde los sistemas de calidad de semillas más organizados encuentran dificultades en su ejecución. El Sistema de Semillas de Calidad Declarada es relativamente abierto y satisface las necesidades de los agricultores en forma flexible sin poner en peligro las normas básicas de calidad de semillas. Puede, por lo tanto, contribuir al objetivo político amplio de diversificación del abastecimiento de semillas de modo que los agricultores puedan tener más oportunidades productivas.

## USOS DEL SISTEMA DE SEMILLAS DE CALIDAD DECLARADA

En los últimos años, el Sistema de Semillas de Calidad Declarada ha sido sumamente valioso para las actividades de ayuda en casos de emergencias. Sirve como esquema de referencia para este tipo de abastecimiento de semillas, ya que las organizaciones nacionales de semillas a menudo son incapaces, en esas condiciones, de proporcionar documentación suficiente y válida para un rápido envío internacional de semillas. Sin embargo, este es solo un ejemplo de las limitaciones que enfrentan los sistemas formales de semillas para solucionar situaciones especiales. Otros potenciales abastecedores podrían tener interés en entrar en el mercado de las semillas pero a causa de sus limitados recursos tendrían dificultades para satisfacer los requisitos de un control de calidad completo. En esta situación estarían cooperativas, grupos de agricultores, fincas privadas grandes y organizaciones no gubernamentales a los cuales el Sistema de Semillas de Calidad Declarada puede ofrecer un punto de entrada de bajo costo hacia actividades relacionadas con calidad de semillas.

El Sistema de Semillas de Calidad Declarada no se propone como un esquema global que pueda ser formalmente reconocido o adoptado como base para el comercio internacional de semillas. Sin embargo, cuando no existe otro tipo de acuerdo este sistema puede facilitar el movimiento de las semillas entre países, siempre que sus principios sean aceptados por los propios países o por instituciones regionales. Del mismo modo, las normas establecidas en el Sistema de Semillas de Calidad Declarada pueden ofrecer una base sobre la cual los sistemas regionales de calidad de semillas pueden desarrollar sus propias normas de acuerdo a sus necesidades comerciales específicas. Las normas y procedimientos que se proponen en este documento también pueden ser usados como guía en acuerdos para la adquisición de semillas o para contratos de producción.

En resumen, el enfoque contenido en el Sistema de Semillas de Calidad Declarada y las normas descritas en este documento pueden considerarse como un recurso a utilizar en diferentes formas por las distintas partes interesadas para avanzar en el objetivo de mejorar el abastecimiento de semillas de calidad de nuevas variedades.

Los cultivos considerados están clasificados en grupos principales de producción y dentro de cada grupo se citan las especies por orden alfabético de su nombre científico. Para la nomenclatura científica se ha usado GRIN (USDA, ARS, *National Genetic Resources Program, Germplam Resources Information Network*). En el caso específico de *Beta vulgaris*, como una excepción y a fin de ofrecer información complementaria, se ha seguido la clasificación de Mansfeld's (*Mansfeld's Encyclopedia of Agricultural and Horticultural Crops*, P. Hanelt & IPK [eds.] 2001, Springer)

## CONTEXTO POLÍTICO ACTUAL

En los últimos años se ha estado concediendo cada vez mayor atención a la necesidad de contar con políticas nacionales definidas en relación con las semillas, las variedades de cultivos y otros temas afines. Esto ocurre como respuesta a la evolución de la estructura del sector de semillas. En los inicios del desarrollo de la industria de semillas en los países en desarrollo el gobierno era el principal actor; por lo tanto podía controlar y manipular el abastecimiento de semillas como elemento del desarrollo agrícola, siguiendo únicamente su propia línea de trabajo. Las compañías de semillas paraestatales eran a menudo subsidiadas, tenían escasas posibilidades de viabilidad comercial y estaban orientadas al suministro de semillas de los cultivos alimenticios básicos locales para otros proyectos o para los servicios nacionales de extensión.

Con la diversificación del sector y la creciente participación de las compañías privadas de semillas y otros abastecedores se hace necesario asegurar unos principios claros que guíen el desarrollo del sector. Una política de semillas representa una declaración de las intenciones del gobierno para el sector y otras actividades relacionadas. Al exponer esta declaración al dominio público se ofrece una base consistente para la toma de decisiones que a su vez promoverá una industria nacional de semillas estable y capaz de satisfacer las distintas necesidades de los agricultores. Dentro de esta declaración política el mecanismo por la cual se asegura la calidad de semillas a los compradores es un elemento fundamental.

Un elemento político importante en el sector de semillas tanto a nivel nacional como internacional es el manejo de los organismos o variedades genéticamente modificados, conocidos como OGM. El problema principal es sumamente sensible: la contaminación de las variedades convencionales con variedades OGM, especialmente en vista de la reacción adversa de la opinión pública en algunos países. Sin embargo, no es habitual que los métodos de detección de las características genéticamente modificadas puedan estar disponibles para su uso generalizado por los productores de semillas bajo el Sistema de Semillas de Calidad Declarada. En esta publicación no se ha considerado necesario proponer normas de producción de OGM ya que, en un futuro previsible, estas variedades permanecerán bajo la propiedad de sus creadores. Sin embargo, se debe señalar que algunos gobiernos ya han liberado material OGM para su uso generalizado. Aunque se reconoce la gran importancia de este asunto no se proponen directrices generales o recomendaciones bajo el Sistema de Semillas de Calidad Declarada. A nivel nacional, las semillas OGM producidas bajo el Sistema de Semillas de Calidad Declarada estarán sujetas a los mismos controles de las otras variedades y el aislamiento de las mismas se aplicará como a cualquier otro cultivo para producción de semilla.

## FUNCIÓN DE LOS GOBIERNOS

Las agencias gubernamentales responsables de las semillas deberían reconocer formalmente el Sistema de Semillas de Calidad Declarada de modo de aprobar su función como esquema efectivo de calidad. En muchos casos esto se puede conseguir mediante la revisión de las normas nacionales existentes sobre control de calidad de semillas, sin necesidad de cambios fundamentales en la Ley de Semillas.

Para que el Sistema de Semillas de Calidad Declarada proporcione los resultados deseados también se requiere que una agencia técnica ofrezca los servicios de apoyo necesarios tales como listas de variedades, inspección de cultivos, análisis de semillas y capacitación especializada en estas materias. Los gobiernos, por lo tanto, deberían examinar la mejor manera de gestionar y proporcionar esos servicios. Sin embargo, se debe señalar que con el Sistema de Semillas de Calidad Declarada la responsabilidad de la calidad de las semillas descansa en quienes las distribuyen, aunque también se ofrece protección a los agricultores contra comerciantes de semillas sin escrúpulos.

También es recomendable que los gobiernos consideren el Sistema de Semillas de Calidad Declarada como un elemento dentro de una política de semillas más amplia que cubra todos los aspectos vinculados con el sector. En particular, la adopción del Sistema de Semillas de Calidad Declarada constituiría una forma práctica de aplicar los artículos 5 y 6 del *Tratado Internacional sobre los Recursos Fitogenéticos para la Alimentación y la Agricultura*, así como varias actividades del *Plan de Acción Mundial para la Conservación y la Utilización Sostenible de los Recursos Fitogenéticos para la Agricultura y la Alimentación*, en particular en cuanto a las relaciones entre los recursos fitogenéticos, las semillas y la agricultura sostenible. Por esta razón, la FAO considera que la adopción del Sistema de Semillas de Calidad Declarada como mecanismo para mejorar la calidad de las semillas en el ámbito general de los recursos fitogenéticos es una contribución positiva para mantener la diversidad genética y fortalecer la seguridad de semillas.

## RELACIONES CON ORGANIZACIONES INTERNACIONALES Y SUS ACTIVIDADES

Varias organizaciones internacionales están involucradas en fitomejoramiento y tecnología de semillas y es oportuno mencionar como el Sistema de Semillas de Calidad Declarada puede estar relacionado con sus actividades.

La Organización para la Cooperación y el Desarrollo Económicos (OCDE) ofrece esquemas de certificación de semillas de distintos cultivos orientados a los movimientos internacionales. Estos esquemas son ejecutados por agencias nacionales de certificación validadas por la OCDE. El elemento básico en el sistema de certificación de la OCDE es la inspección de campo del cultivo el cual se acepta cuando cumple con los estándares establecidos para variedad, identidad y pureza. Cuando el proceso de certificación se ha completado se conceden etiquetas que se adhieren a los envases. Los esquemas OCDE se utilizan comúnmente en el comercio internacional de semillas aunque solamente están disponibles en países con programas de certificación validados por la OCDE. Estos esquemas no especifican estándares de calidad de semillas, quedando estos habitualmente cubiertos por arreglos contractuales entre el productor/vendedor y el comprador.

En el comercio internacional se utiliza generalmente la certificación OCDE siempre que exista la oportunidad. Sin embargo, el Sistema de Semillas de Calidad Declarada puede ser de utilidad en la circulación de semillas entre países que no son miembros de los esquemas de OCDE o donde otros criterios de OCDE no pueden ser cumplidos.

La Asociación Internacional de Análisis de Semillas (ISTA) elabora y publica un conjunto de reglas para análisis de semillas de numerosas especies. Estas reglas se aplican como procedimientos estándar para asegurar la uniformidad de los resultados de los análisis de semillas. La ISTA no especifica ningún estándar de calidad que deba ser cumplido sino que describe únicamente los procedimientos y las condiciones óptimas para ejecutar los análisis de modo que los resultados sean íntegramente comparables entre los distintos laboratorios.

En América del Norte, la Asociación Oficial de Analistas de Semillas (AOSA) publica procedimientos similares para análisis de semillas. Para el análisis de semillas producidas dentro del Sistema de Semillas de Calidad Declarada se recomienda firmemente el uso de las normas ISTA o AOSA.

La Unión Internacional para la Protección de las Obtenciones Vegetales (UPOV) tiene como misión proteger los derechos de propiedad de los fitomejoradores sobre sus variedades. Tales derechos están disponibles solo en aquellos países que tengan en vigor una ley sobre protección de las variedades vegetales. En la práctica, es poco probable que el uso del Sistema de Semillas de Calidad Declarada para aseguramiento de la calidad afecte sustancialmente a la protección de las variedades excepto si esas variedades se producen y comercializan internacionalmente con el fin de eludir el pago de derechos al fitomejorador. Cuando en un país existe una ley de protección vegetal la producción de semillas de variedades protegidas debe realizarse con el acuerdo del fitomejorador de modo que se puedan cobrar los derechos sobre las semillas producidas. En el Sistema de Semillas de Calidad Declarada esto podría formar parte de la declaración que hace el productor cuando registra el cultivo de semillas.

En los últimos años se han establecido en el mundo varias Asociaciones Regionales de Semillas. Su objetivo es promover el comercio de semillas facilitando los contactos comerciales y, en cierta medida, armonizando las normativas entre los distintos países con el acuerdo de los gobiernos. A estas funciones se puede añadir el desarrollo de esquemas regionales comunes para el control de calidad de semillas, para los cuales el Sistema de Semillas de Calidad Declarada podría servir como base.

# Descripción del sistema de semillas de calidad declarada

## GENERALIDADES

Con el fin de mejorar la calidad de las semillas que salen a la venta en los países con limitados recursos físicos y humanos para el control de calidad, la FAO ha propuesto el Sistema de Semillas de Calidad Declarada. El Sistema, que utiliza los recursos ya disponibles en las organizaciones productoras de semillas, está diseñado para proporcionar un control de calidad del proceso de producción de semillas menos exigente de recursos gubernamentales que otros sistemas más desarrollados de control de calidad de semillas pero que no obstante es adecuado para proveer semillas de buena calidad para el comercio nacional e internacional.

El Sistema se basa en cuatro puntos fundamentales:
1. Una lista de variedades aptas para producir semillas como Semillas de Calidad Declarada.
2. Un registro de productores de semillas en la autoridad nacional pertinente.
3. Inspección por parte de la autoridad nacional de al menos el 10 por ciento de los cultivos para semillas.
4. Inspección por parte de la autoridad nacional de al menos el 10 por ciento de las semillas que salen a la venta bajo la designación de Semillas de Calidad Declarada.

En este documento se presentan las normas mínimas y los procedimientos a seguir para que un lote de semillas pueda ser designado como Semillas de Calidad Declarada. Para ello, la semilla debe ser originaria de un cultivo para el cual se establecen las normas y procedimientos adecuados en esta publicación y de la cual existan variedades aptas disponibles. Cualquier gobierno podrá autorizar esta designación cuando se han satisfecho todos los procedimientos y las normas establecidas.

## DEFINICIONES
### Variedades

El término «variedad» es sinónimo del término «cultivar» tal como lo ha definido el Código Internacional de Nomenclatura de las Plantas Cultivadas, 1980, Artículo 10: «El término cultivar se define como el conjunto de plantas cultivadas que se distinguen claramente por determinados caracteres morfológicos, fisiológicos, citológicos, químicos u otros y que conservan sus caracteres distintivos en la reproducción sexual o asexual.»

En función del método que se haya seguido para su obtención, se distinguen los siguientes tipos de variedades:
1. Variedades obtenidas mediante métodos convencionales de fitomejoramiento.
2. Variedades locales o «ecotipos» que han evolucionado bajo condiciones agroecológicas particulares de un área definida.
3. Variedades obtenidas mediante métodos alternativos de fitomejoramiento tales como el fitomejoramiento participativo.

### Semillas de Calidad Declarada

Son Semillas de Calidad Declarada las semillas producidas por un productor registrado, que cumplen con las normas mínimas para el cultivo correspondiente y que han sido sometidas a todas las medidas de control de calidad establecidas. En el caso de las semillas de variedades locales y de variedades obtenidas en programas de fitomejoramiento participativo, las normas mínimas pueden ser diferentes de aquellas para las variedades obtenidas por medio del fitomejoramiento convencional. La fuente inicial de semillas son las Semillas del Mantenedor o cualquier clase de semilla certificada con algunas excepciones como las semillas de híbridos. Las Semillas de Calidad Declarada pueden ser reproducidas solo a partir de los lotes de semillas oficialmente analizados y aprobados. En ciertos casos la autoridad nacional de control, por razones técnicas, puede imponer limitaciones en el número de generaciones.

### Mantenedor

Es la persona u organización responsable del mantenimiento de una variedad apta para producir Semilla de Calidad Declarada, así como de la producción de la semilla inicial y las siguientes para iniciar el proceso de multiplicación. Esta semilla debe cumplir las normas de Semilla de Calidad Declarada y puede ser llamada «Semilla del Mantenedor». Todos los mantenedores son productores de semillas.

### Productor de semillas

Es toda empresa, cooperativa, individuo o institución que satisfaga los requisitos señalados en estas Normas.

### Comerciante de semillas

Es toda empresa, cooperativa, individuo o institución que ofrezca semillas para la venta bajo la designación de Semillas de Calidad Declarada. Un Comerciante de Semillas puede también ser un Productor de Semillas.

### Procesamiento de semillas

El procesamiento de semillas comprende las operaciones poscosecha de la producción de semillas, principalmente el secado, la limpieza y el tratamiento con compuestos químicos preferiblemente respetuosos del ambiente.

### Fuera de tipo

Son plantas o semillas que no corresponden a las características de la variedad.

### Comité Nacional de Registro de Variedades

El gobierno nacional nombrará un comité responsable del mantenimiento del registro de variedades aptas.

### Aptitud de variedades

Una variedad será apta para la producción de semillas dentro del Sistema de Semillas de Calidad Declarada cuando por lo menos un gobierno la haya incluido en su lista de variedades aptas tras una evaluación de la evidencia apropiada realizada por el Comité

Nacional de Registro de Variedades o de la institución nacional equivalente aprobada por el gobierno. La persona u organización que presente una solicitud para la aptitud de una variedad debe adjuntar la siguiente información a las autoridades nacionales pertinentes:

1. El nombre de la variedad.
2. Para las variedades obtenidas por métodos de fitomejoramiento: a) una declaración sobre el origen de la variedad y el método fitotécnico usado para su obtención; b) una descripción morfológica o de otras características de las semillas y de las plantas que permita distinguir la variedad de otras variedades; c) una declaración definiendo la zona agroecológica adecuada a la variedad basada en la evidencia de ensayos realizados en más de una estación de crecimiento (para ser considerada apata la variedad normalmente debería mostrar alguna ventaja para su cultivo y uso); d) una declaración mostrando los procedimientos que se deben seguir para el mantenimiento de la variedad; e) una declaración sobre los requisitos especiales necesarios para mantener la pureza genética durante las etapas de multiplicación (p. ej., limitación de generaciones o aislamiento adicional de otros cultivos de semillas).
3. Para las variedades locales: a) una declaración del origen de la variedad; b) una descripción simple de sus características morfológicas y de su valor para el cultivo y uso, así como indicaciones de la zona agroecológica apropiada para la variedad; c) una declaración indicando los procedimientos a seguir para el mantenimiento de la variedad.
4. Para las variedades obtenidas por métodos de fitomejoramiento participativo: a) una declaración indicando el origen de la variedad; b) los datos obtenidos por el agricultor durante el proceso de evaluación; c) una descripción de las principales características que distinguen la variedad de otras variedades; d) una declaración definiendo las zonas agroecológicas adecuadas para el cultivo de la variedad y e) una declaración indicando los procedimientos a seguir para el mantenimiento de la variedad.

Las autoridades podrán requerir al solicitante muestras de semillas de un tamaño especificado para usarlas como muestras estándar de la variedad en pruebas de pureza varietal o autenticidad que puedan ser necesarias en relación con las Semillas de Calidad Declarada.

Las autoridades deberán convenir los procedimientos requeridos para el mantenimiento de la variedad siguiendo las propuestas hechas en los párrafos anteriores. Cualquier requisito especial relacionado con la variedad, como la limitación de generaciones, se publicará en la lista de variedades aptas.

### Registro de Productores de Semillas

El gobierno deberá designar una autoridad específica que acredite a los productores de semillas y que mantenga un registro de los mismos. Para poder ser incluido en el registro un productor debe:

1. Tener acceso a semillas de una variedad apta y adecuada para su posterior multiplicación.
2. Tener tierra adecuada para el programa de producción propuesto o tener capacidad para acordar con agricultores adecuados la producción de semillas.
3. Nombrar una o varias personas capacitadas en tecnología de semillas para supervisar y efectuar el control de calidad de la producción y el procesamiento. El área del cultivo de semillas que se asigne a cada uno de esos supervisores vendrá determinada por la capacidad de realizar una supervisión adecuada. La autoridad puede rechazar un nombramiento cuando exista evidencia de que la

persona no está adecuadamente cualificada.
4. Tener acceso a equipo de procesamiento e instalaciones de almacenamiento adecuados para la producción propuesta.
5. Tener acceso a un laboratorio de análisis de semillas con personal capacitado para llevar a cabo las pruebas necesarias.

## PRODUCCIÓN DE SEMILLAS

La Semilla del Mantenedor cumplirá las normas mínimas de Semilla de Calidad Declarada y será producida y distribuida bajo la responsabilidad del mantenedor de cada variedad registrada en la lista de variedades aptas, de acuerdo a los procedimientos convenidos y a los planes de producción. Las normas relativas a las semillas (germinación, pureza física, etc.) y algunas de las relativas a los campos de cultivo (infestación de malezas, enfermedades) son similares para las semillas de variedades locales y para las variedades obtenidas por fitomejoramiento participativo, aunque difieren principalmente en la pureza genética.

Las Semillas de Calidad Declarada serán producidas por un productor de semillas registrado quien será responsable de la calidad de la semilla. Las medidas de control de calidad incluirán:

1. Asegurar que los campos destinados a producción de semillas tienen antecedentes satisfactorios de cultivos de semillas y que las semillas usadas son aptas para producir Semillas de Calidad Declarada.
2. Asegurar el progreso adecuado del cultivo de semillas y la aplicación, cuando sea necesario, de medidas correctivas tales como la eliminación de plantas fuera de tipo, malezas y plantas atacadas por enfermedades transmitidas por semillas.
3. Inspeccionar los campos de producción de semillas de acuerdo con los procedimientos señalados y según las normas adecuadas para cada especie, y asegurar que solamente se aprueban aquellos campos que cumplen las normas.
4. Asegurar que las semillas mantengan su identidad en el momento de la cosecha y que sean entregadas para su procesamiento en envases identificados.
5. Asegurar que durante el procesamiento de las semillas se mantiene su identidad y pureza varietal. Además, para asegurar que la semilla se mantiene a un contenido de humedad apropiado para la especie, ya sea en almacenamiento abierto no hermético o en recipientes herméticos al vapor de agua. En cada país, o en algunos casos en las distintas áreas del país, serán necesarias normas y requisitos especiales de contenido de humedad para cada especie producida. En términos generales, los niveles aceptables de contenido de humedad en condiciones de almacenamiento abierto son: 13 por ciento para cereales, 10 por ciento para leguminosas y 8 por ciento para semillas de hortalizas. Sin embargo, en lugares con temperaturas y/o humedades relativas ambientales fluctuantes será absolutamente necesario mantener la humedad de las semillas por debajo del contenido aceptable para cada especie. Los niveles de humedad para el almacenamiento en recipientes herméticos por lo general son de dos a tres por ciento más bajos que para el almacenamiento en condiciones ambientales (Anexo 4).
6. Asegurar que se toman las muestras apropiadas del lote de semillas y que se envían a un laboratorio de análisis de semillas. Solamente aquellas semillas de lotes que han sido sometidos a las pruebas de laboratorio especificadas en las normas para cada cultivo y que satisfacen los estándares establecidos podrán ser designadas como Semillas de Calidad Declarada. En los países en que no existan procedimientos establecidos para muestreo y análisis, las reglas de

ISTA o AOSA proporcionan procedimientos adecuados para la mayoría de los cultivos.
7. Mantener registros de todas las actividades, inspecciones y resultados de los análisis, y realizar la Declaración de Semillas de Calidad Declarada.

El productor de semillas registrado será responsable de proporcionar a la autoridad pertinente información sobre el plan de producción, incluyendo la descripción de las semillas a multiplicar y la ubicación de los campos de producción de semillas. Asimismo, durante el período de cultivo remitirá los informes necesarios sobre las inspecciones realizadas, los resultados de las pruebas y la producción obtenida.

## ETIQUETAS

Las Semillas de Calidad Declarada deberán estar etiquetadas cuando se ofrezcan para la venta. Solamente los productores de semillas registrados podrán colocar estas etiquetas, en las cuales se mostrará por lo menos la siguiente información: el nombre de la especie del cultivo, el nombre de la variedad, las palabras *Semilla de Calidad Declarada,* un número de referencia del lote de semillas, el nombre del productor de las semillas, el porcentaje de germinación, el porcentaje de pureza física, el peso neto, la fecha de los análisis, la descripción si corresponde del tratamiento químico al que se hayan sometido, y el nombre de la autoridad responsable. Las etiquetas deberán estar colocadas de tal manera que sea imposible su reutilización una vez quitadas del envase. En algunos casos se podrá imprimir la información directamente en el envase. Los envases estarán cerrados o sellados de acuerdo con los requisitos nacionales.

## SUPERVISIÓN DEL GOBIERNO

El gobierno deberá designar la autoridad o autoridades que controlen el uso de los términos *Semillas de Calidad Declarada.*

La autoridad o autoridades tendrán las siguientes obligaciones:
1. Evaluar y resolver las solicitudes de aptitud de las variedades para producción de Semillas de Calidad Declarada y mantener una lista actualizada de las variedades aptas aceptadas. Dicha lista incluirá el nombre de cada variedad, el nombre y la dirección de su mantenedor y cualquier otro requisito especial.
2. Evaluar y resolver las solicitudes de registro de los productores de semillas y mantener un registro actualizado de aquellos que han sido autorizados y evaluar el nombramiento de personas responsables.
3. Asegurar que se efectúen inspecciones en al menos el 10 por ciento de los campos de producción de semillas para la producción de Semillas de Calidad Declarada. Los resultados de estas inspecciones serán confrontados con las normas correspondientes.
4. Obtener muestras de semillas de por lo menos el 10 por ciento de las Semillas de Calidad Declarada ofrecidas en venta y someter esas muestras a los análisis correspondientes. Estos análisis incluirán germinación, pureza y otros que se consideren necesarios, como pruebas de campo para pureza varietal, análisis de laboratorio para enfermedades trasmitidas por semillas o contenido de humedad. Los resultados de todos los análisis serán confrontados con las normas correspondientes.
5. Recibir y conservar las muestras auténticas de las variedades aptas.
6. Tomar las medidas pertinentes cuando exista evidencia de incumplimiento de las normas correspondientes a Semillas de Calidad Declarada.

## PENALIZACIONES

Los gobiernos dictaminarán que las personas que utilicen los términos Semillas de Calidad Declarada en forma incorrecta serán culpables de un delito legal y estarán sujetas a la sanción apropiada. Por ejemplo: cuando la inspección de un cultivo de semillas dictamine el incumplimiento de las normas no se debería permitir que su cosecha se utilice para semillas; o cuando se haya demostrado que la semilla ofrecida para la venta incumple las normas debería ser retirada del mercado; o la persistencia de flagrantes violaciones de las normas debería ser penalizada con la exclusión del productor de semillas del registro, u otras sanciones consideradas en la ley nacional de semillas.

## ESTRUCTURA INSTITUCIONAL

Cuando un gobierno desee autorizar la producción de Semillas de Calidad Declarada en su territorio debe asegurarse de que se instituyan las siguientes organizaciones oficiales, con el personal capacitado y el equipamiento necesario.

## COMITÉ CONSULTIVO DE SEMILLAS Y REGISTRO DE VARIEDADES

Las funciones del Comité incluirán aconsejar al gobierno en aquellas materias concernientes al desarrollo de la industria de semillas, analizar y aconsejar al gobierno sobre la disponibilidad de variedades y recursos fitogenéticos tanto a nivel nacional como internacional, y establecer listas de variedades aptas para la producción de Semillas de Calidad Declarada sobre la base de las evidencias proporcionadas por los solicitantes. Si se considera apropiado, estas funciones pueden distribuirse entre diferentes unidades administrativas. En estas unidades deberían estar representados el Ministerio de Agricultura, el sector de investigaciones agrícolas, la organización de control de calidad de semillas, los servicios de extensión, los agricultores, las cooperativas y las organizaciones de comerciantes de semillas. En algunos casos se puede considerar incluir representantes de usuarios especializados de los productos agrícolas (p. ej., panaderías, cervecerías o fabricantes de alimentos).

## ORGANIZACIÓN DEL CONTROL DE CALIDAD

Las responsabilidades de dicha organización incluirán controlar y supervisar todas las actividades del sistema, establecer y mantener un registro de productores de semillas autorizados, inspeccionar una parte de los cultivos de semillas y tomar muestras de una parte de las semillas ofrecidas para la venta bajo el Sistema de Semillas de Calidad Declarada para su análisis, tomar las acciones pertinentes contra los productores de semillas o los técnicos designados que no cumplen sus funciones de control de calidad, capacitar a los productores y a los técnicos de semillas, y tomar las acciones pertinentes contra los comerciantes de semillas cuando haya evidencia del incumplimiento de las normas de las Semillas de Calidad Declarada que están siendo ofrecidas en venta.

## DECLARACIÓN DE SEMILLAS DE CALIDAD DECLARADA

Para cada lote de semillas el productor registrado deberá completar dos declaraciones: la primera después de la siembra y la segunda después del procesamiento de las semillas. Estas declaraciones se harán llegar a la organización de control de calidad de semillas o al comprador de semillas si así lo solicitara.

A continuación se expone un ejemplo de una declaración.

## SEMILLAS DE CALIDAD DECLARADA

A. Declaración de producción de cultivo para semillas
   1. Nombre y dirección del productor de semilla que hace la declaración
   2. Especie cultivada: nombre común
   3. Nombre científico y nombre de la variedad
   4. Área sembrada
   5. Número de parcelas para producción de semillas
   6. Ubicación

B. Declaración de procesamiento de semillas
   1. Nombre y dirección del productor de semillas que hace la declaración
   2. Especie cultivada: nombre común, nombre científico, subespecie.
   3. Nombre de la variedad
   4. Número de referencia del lote
   5. Peso del lote de semillas
   6. Número y clase de envases
   7. Ubicación del campo de producción
   8. Fecha en que fueron sellados los envases
   9. Fecha de los análisis: una muestra del lote de semillas de un peso de ____ gramos fue analizada en el laboratorio el _____ (fecha) con los siguientes resultados:
      9.1. Semilla pura ____ porcentaje en peso
      9.2 Otras semillas ____ porcentaje en peso
      9.3 Materia inerte ____ porcentaje en peso
      9.4. Semillas de otros cultivos (número/peso de acuerdo con las normas nacionales) de las siguientes especies:
         a._____
         b. _____
         c. _____
      9.5 Germinación: el _____ (fecha) fue de ____ (%)
   10. El lote de semillas recibió la siguiente fumigación o tratamiento de desinfección:
      10.1 Fecha del tratamiento
      10.2 Tipo de tratamiento aplicado
      10.3 Duración de la exposición al tratamiento (si corresponde)
      10.4 Temperatura (si corresponde)
      10.5 Ingrediente químico activo
      10.6 Concentración del producto químico
      10.7 Información adicional acerca del tratamiento (p. ej., toxicidad)
   11. Otra información adicional, por ejemplo:
      11.1 Pruebas de pureza varietal
      11.2 Indicación del número de generaciones de multiplicación
      11.3 Número de semillas de malezas
      11.4 Análisis de enfermedades trasmitidas por las semillas
      11.5 Contenido de humedad
   12. La siguiente declaración: «El lote de semillas que lleva el número de referencia arriba citado se ha producido de acuerdo con los requisitos establecidos para Semillas de Calidad Declarada y ha demostrado en las inspecciones apropiadas cumplir con las normas vigentes».

   Nombre y cargo del firmante autorizado_____

   Fecha y firma_____

# Cereales y seudocereales

## *AMARANTHUS CAUDATUS* L. – *AMARANTHACEAE*
## KIWICHA

### 1. Instalaciones y equipos

Recomendados:
- Depósito
- Clasificadora de zarandas y aire
- Equipo de pesado y embolsado

A ser especificados de acuerdo a las necesidades del lugar:
- Equipo de secado
- Separador de espiral
- Separador de gravedad
- Equipo de tratamiento de semillas

### 2. Requisitos de los terrenos

La tierra a ser usada para la producción de semillas deberá estar libre de plantas espontáneas, incluso de aquellas de especies silvestres de *Amaranthus* spp.

### 3. Normas de campo

#### 3.1 Aislamiento

El campo de producción de semillas deberá estar aislado de todos otros campos de *Amaranthus* (incluyendo quinoa salvaje, *A. spinosus*) por una distancia mínima de 200 m.

#### 3.2 Pureza varietal

Por lo menos 98 por ciento de las plantas de *Amaranthus* deben ajustarse a las características de la variedad.

#### 3.3 Pureza específica

No deberá haber más de dos por ciento de otros *Amaranthus* cultivados o salvajes con semillas de tamaño similar.

#### 3.4 Malezas (general)

El campo de producción de semillas deberá estar razonablemente libre de malezas; razonablemente libre significa que el crecimiento de las malezas no deberá ser tal como para impedir una evaluación correcta del *Amaranthus*. Se deberá poner especial atención en clasificar como malezas las especies salvajes de *Amaranthus*.

### 3.5 Malezas (específico)

No deberá haber más del número especificado de plantas de ciertas malezas por unidad de superficie (a ser especificado por cada país de acuerdo a la situación local).

### 3.6 Enfermedades trasmitidas por las semillas

El campo de producción de semillas deberá estar dentro de las normas para enfermedades trasmitidas por semillas especificadas en cada país de acuerdo a la situación local.

### 3.7 Otras enfermedades

El campo de producción de semillas deberá estar razonablemente libre de otras enfermedades; razonablemente libre significa que la cantidad de enfermedades no debería ser tal como para impedir una evaluación correcta de las características varietales.

## 4. Inspecciones de campo

### 4.1 Número y época

Los campos de producción de semillas deberán ser inspeccionados por lo menos dos veces: una antes de la floración y una segunda inspección en el momento de la floración. Podrán ser necesarias inspecciones adicionales si se presentaran problemas particulares.

### 4.2 Técnica

4.2.1  Antes de entrar en el campo: el inspector deberá confirmar con el productor de semillas la ubicación exacta del campo, la variedad, el cultivo anterior del campo. Los campos de más de cinco hectáreas deberán ser divididos en parcelas de una superficie máxima de cinco hectáreas cada una y serán inspeccionadas separadamente.

4.2.2.  En el campo: el inspector controlará que las plantas de *Amaranthus* se ajusten a las características de la variedad y después examinará los bordes del campo para controlar que los requisitos de aislamiento (párrafo 3.1) hayan sido satisfechos. A continuación se hará una supervisión general del campo y se hará una estimación de las plantas de malezas presentes y la situación de las enfermedades (párrafos 3.4, 3.5, 3.6 y 3.7). Durante esta supervisión el inspector examinará cuidadosamente 150 plantas tomadas al azar en grupos de 30 en cinco lugares separados del campo; el número de plantas que no correspondan a la variedad y el número de plantas de otras especies de *Amaranthus* con semillas de tamaño similar serán contadas separadamente. Si tanto el número de plantas fuera de tipo o el número de otras especies de *Amaranthus* supera tres, el campo deberá ser rechazado (párrafos 3.2 y 3.3)

4.2.3  Después de la inspección: se deberá compilar un informe de la inspección y será tomada una decisión para aceptar o rechazar el cultivo o recomendar medidas correctivas antes de tomar una decisión final.

## 5. Normas de calidad de semillas

Las semillas deberán ajustarse a las condiciones siguientes, de acuerdo a lo evaluado según las reglas nacionales para análisis de semillas:
- Germinación     60 por ciento mínimo
- Semilla pura    95 por ciento mínimo
- Pureza varietal 98 por ciento mínimo

y a los siguientes elementos especificados para cada país según las necesidades locales:
- Semillas de malezas y/u otros cultivos por unidad de peso
- Contenido de humedad
- Enfermedades trasmitidas por las semillas.

## *AVENA SATIVA* L. – *POACEAE*
## AVENA

### 1. Instalaciones y equipos

Recomendados:
- Depósito
- Clasificadora de zarandas y aire
- Equipo de pesado y embolsado

A ser especificados de acuerdo a las necesidades del lugar:
- Equipo de secado
- Cilindro alveolado
- Separador de gravedad
- Equipo de tratamiento de semillas

### 2. Requisitos de los terrenos

La tierra a ser usada para la producción de semillas deberá estar libre de plantas espontáneas; un cultivo de avena puede ser sembrado solamente en una tierra en la cual en los dos últimos años el cereal sembrado no haya sido avena o que haya sido sembrado con avena de otra variedad.

### 3. Normas de campo

#### 3.1 Aislamiento

El campo de producción de semillas deberá estar aislado de otros campos de avena por una distancia mínima de 150 m y de cualquier otro cultivo con semillas de tamaño similar por una distancia adecuada para prevenir las mezclas mecánicas o por medio de una barrera física (zanja, seto vivo, alambrado, etc.)

#### 3.2 Pureza varietal

Por lo menos 98 por ciento de las plantas de avena deben ajustarse a las características de la variedad.

#### 3.3 Pureza específica

No deberá haber más de dos por ciento de otras especies cultivadas con semillas de tamaño similar.

#### 3.4 Malezas (general)

El campo de producción de semillas deberá estar razonablemente libre de malezas; razonablemente libre significa que el crecimiento de las malezas no deberá ser tal como para impedir una evaluación correcta de la avean.

#### 3.5 Malezas (específico)

No deberá haber más del número especificado de plantas de ciertas malezas por unidad de superficie (a ser especificado por cada país de acuerdo a la situación local).

## 3.6 Enfermedades trasmitidas por las semillas

El campo de producción de semillas deberá estar dentro de las normas para enfermedades trasmitidas por semillas especificadas en cada país de acuerdo a la situación local.

## 3.7 Otras enfermedades

El campo de producción de semillas deberá estar razonablemente libre de otras enfermedades; razonablemente libre significa que la cantidad de enfermedades no debería ser tal como para impedir una evaluación correcta de las características varietales.

## 4. Inspecciones de campo

### 4.1 Número y época

Los campos de producción de semillas deberán ser inspeccionados por lo menos una vez cuando se puedan observar las características varietales. Podrán ser necesarias inspecciones adicionales si se presentaran problemas particulares.

### 4.2 Técnica

4.2.1  Antes de entrar en el campo: el inspector deberá confirmar con el productor de semillas la ubicación exacta del campo, la variedad y el cultivo anterior del campo. Los campos de más de 50 hectáreas deberán ser divididos en parcelas de una superficie máxima de 50 hectáreas cada una y serán inspeccionadas separadamente.

4.2.2.  En el campo: el inspector controlará que las plantas de avena se ajusten a las características de la variedad y después examinará los bordes del campo para controlar que los requisitos de aislamiento (párrafo 3.1) hayan sido satisfechos. A continuación se hará una supervisión general del campo y se hará una estimación de las plantas de malezas presentes y la situación de las enfermedades (párrafos 3.4, 3.5, 3.6 y 3.7). Durante esta supervisión el inspector examinará cuidadosamente 150 plantas tomadas al azar en grupos de 30 en cinco lugares separados del campo; el número de plantas que no correspondan a la variedad y el número de plantas de otras especies de cereales con semillas de tamaño similar serán contadas separadamente. Si tanto el número de plantas fuera de tipo o el número de otras especies de cereales supera tres, el campo deberá ser rechazado (párrafos 3.2 y 3.3)

4.2.3  Después de la inspección: se deberá compilar un informe de la inspección y será tomada una decisión para aceptar o rechazar el cultivo o recomendar medidas correctivas antes de tomar una decisión final.

## 5. Normas de calidad de semillas

Las semillas deberán ajustarse a las condiciones siguientes, de acuerdo a lo evaluado según las reglas nacionales para análisis de semillas:
- ➢ Germinación    80 por ciento mínimo
- ➢ Semilla pura    98 por ciento mínimo
- ➢ Pureza varietal    98 por ciento mínimo

y a los siguientes elementos especificados para cada país según las necesidades locales:
- Semillas de malezas y/u otros cultivos por unidad de peso
- Enfermedades trasmitidas por las semillas.
- Semillas de especies nocivas por unidad de peso
- Pureza varietal
- Contenido de humedad

## *HORDEUM VULGARE* L. – *POACEAE*
## CEBADA

### 1. Instalaciones y equipos

Recomendados:
- Depósito
- Clasificadora de zarandas y aire
- Equipo de pesado y embolsado

A ser especificados de acuerdo a las necesidades del lugar:
- Equipo de secado
- Cilindro alveolado
- Separador de gravedad
- Equipo de tratamiento de semillas

### 2. Requisitos de los terrenos

La tierra a ser usada para la producción de semillas deberá estar libre de plantas espontáneas; un cultivo de cebada puede ser sembrado solamente en una tierra en la cual en los dos últimos años el cereal sembrado no haya sido cebada o que haya sido sembrado con cebada de otra variedad.

### 3. Normas de campo

*3.1 Aislamiento*

El campo de producción de semillas deberá estar aislado de otros campos de cebada por una distancia mínima de 150 m y de cualquier otro cultivo con semillas de tamaño similar por una distancia adecuada para prevenir las mezclas mecánicas o por medio de una barrera física (zanja, seto vivo, alambrado, etc.)

*3.2 Pureza varietal*

Por lo menos 98 por ciento de las plantas de cebada deben ajustarse a las características de la variedad.

*3.3 Pureza específica*

No deberá haber más de dos por ciento de otras especies cultivadas con semillas de tamaño similar.

*3.4 Malezas (general)*

El campo de producción de semillas deberá estar razonablemente libre de malezas; razonablemente libre significa que el crecimiento de las malezas no deberá ser tal como para impedir una evaluación correcta de la avena.

*3.5 Malezas (específico)*

No deberá haber más del número especificado de plantas de ciertas malezas por unidad de superficie (a ser especificado por cada país de acuerdo a la situación local).

## 3.6 Enfermedades trasmitidas por las semillas

El campo de producción de semillas deberá estar dentro de las normas para enfermedades trasmitidas por semillas especificadas en cada país de acuerdo a la situación local.

## 3.7 Otras enfermedades

El campo de producción de semillas deberá estar razonablemente libre de otras enfermedades; razonablemente libre significa que la cantidad de enfermedades no debería ser tal como para impedir una evaluación correcta de las características varietales.

## 4. Inspecciones de campo

### 4.1 Número y época

Los campos de producción de semillas deberán ser inspeccionados por lo menos una vez cuando se puedan observar adecuadamente las características varietales. Podrán ser necesarias inspecciones adicionales si se presentaran problemas particulares.

### 4.2 Técnica

4.2.1 Antes de entrar en el campo: el inspector deberá confirmar con el productor de semillas la ubicación exacta del campo, la variedad y el cultivo anterior del campo. Los campos de más de 50 hectáreas deberán ser divididos en parcelas de una superficie máxima de 50 hectáreas cada una y serán inspeccionadas separadamente.

4.2.2 En el campo: el inspector controlará que las plantas de cebada se ajusten a las características de la variedad y después examinará los bordes del campo para controlar que los requisitos de aislamiento (párrafo 3.1) hayan sido satisfechos. A continuación se hará una supervisión general del campo y se hará una estimación de las plantas de malezas presentes y la situación de las enfermedades (párrafos 3.4, 3.5, 3.6 y 3.7). Durante esta supervisión el inspector examinará cuidadosamente 150 plantas tomadas al azar en grupos de 30 en cinco lugares separados del campo; el número de plantas que no correspondan a la variedad y el número de plantas de otras especies de cereales con semillas de tamaño similar serán contadas separadamente. Si tanto el número de plantas fuera de tipo o el número de otras especies de cereales supera tres, el campo deberá ser rechazado (párrafos 3.2 y 3.3)

4.2.3 Después de la inspección: se deberá compilar un informe de la inspección y será tomada una decisión para aceptar o rechazar el cultivo o recomendar medidas correctivas antes de tomar una decisión final.

## 5. Normas de calidad de semillas

Las semillas deberán ajustarse a las condiciones siguientes, de acuerdo a lo evaluado según las reglas nacionales para análisis de semillas:
- Germinación        80 por ciento mínimo
- Semilla pura       98 por ciento mínimo
- Pureza varietal    98 por ciento mínimo

y a los siguientes elementos especificados para cada país según las necesidades locales:
- Semillas de malezas y/u otros cultivos por unidad de peso
- Semillas de especies nocivas por unidad de peso
- Enfermedades trasmitidas por las semillas.
- Pureza varietal
- Contenido de humedad

## ORYZA SATIVA L. – POACEAE
## ARROZ (POLINIZACIÓN ABIERTA)

### 1. Instalaciones y equipos

Recomendados:
- Depósito
- Clasificadora de zarandas y aire
- Equipo de pesado y embolsado

A ser especificados de acuerdo a las necesidades del lugar:
- Equipo de secado
- Cilindro alveolado
- Separador de gravedad
- Equipo de tratamiento de semillas

### 2. Requisitos de los terrenos

La tierra a ser usada para la producción de semillas deberá estar libre de plantas espontáneas.

### 3. Normas de campo

*3.1 Aislamiento*

El campo de producción de semillas deberá estar aislado de otros campos de arroz por una distancia mínima de tres metros y de cualquier otro cultivo con semillas de tamaño similar por una distancia adecuada para prevenir las mezclas mecánicas o por medio de una barrera física (zanja, seto vivo, alambrado, etc.)

*3.2. Pureza varietal*

Por lo menos 98 por ciento de las plantas de arroz deben ajustarse a las características de la variedad.

*3.3. Pureza específica*

No deberá haber más de dos por ciento de otras especies cultivadas con semillas de tamaño similar.

*3.4. Malezas (general)*

El campo de producción de semillas deberá estar razonablemente libre de malezas; razonablemente libre significa que el crecimiento de las malezas no deberá ser tal como para impedir una evaluación correcta del arroz.

*3.5 Malezas (específico)*

No deberá haber más del número especificado de plantas de ciertas malezas por unidad de superficie (a ser especificado por cada país de acuerdo a la situación local).

*3.6 Enfermedades trasmitidas por las semillas*

El campo de producción de semillas deberá estar dentro de las normas para enfermedades trasmitidas por semillas especificadas en cada país de acuerdo a la situación local.

*3.7 Otras enfermedades*

El campo de producción de semillas deberá estar razonablemente libre de otras enfermedades; razonablemente libre significa que la cantidad de enfermedades no debería ser tal como para impedir una evaluación correcta de las características varietales.

## 4. Inspecciones de campo

*4.1 Número y época*

Los campos de producción de semillas deberán ser inspeccionados por lo menos una vez cuando se puedan observar adecuadamente las características varietales. Podrán ser necesarias inspecciones adicionales si se presentaran problemas particulares.

*4.2 Técnica*

4.2.1   Antes de entrar en el campo: el inspector deberá confirmar con el productor de semillas la ubicación exacta del campo, la variedad y el cultivo anterior del campo. Los campos de más de 50 hectáreas deberán ser divididos en parcelas de una superficie máxima de 50 hectáreas cada una y serán inspeccionadas separadamente.

4.2.2.   En el campo: el inspector controlará que las plantas de arroz se ajusten a las características de la variedad y después examinará los bordes del campo para controlar que los requisitos de aislamiento (párrafo 3.1) hayan sido satisfechos. A continuación se hará una supervisión general del campo y se hará una estimación de las plantas de malezas presentes y la situación de las enfermedades (párrafos 3.4, 3.5, 3.6 y 3.7). Durante esta supervisión el inspector examinará cuidadosamente 10 áreas de 1 m x 1 m y estimará el porcentaje de panículas que no satisfacen las características de la variedad y el porcentaje de otras semillas de cereales con tamaño similar.. Si el número de plantas fuera de tipo o el número de otras especies de cereales supera dos por ciento, el campo deberá ser rechazado (párrafos 3.2 y 3.3)

4.2.3   Después de la inspección: se deberá compilar un informe de la inspección y será tomada una decisión para aceptar o rechazar el cultivo o recomendar medidas correctivas antes de tomar una decisión final.

## 5. Normas de calidad de semillas

Las semillas deberán ajustarse a las condiciones siguientes, de acuerdo a lo evaluado según las reglas nacionales para análisis de semillas:
- Germinación         75 por ciento mínimo
- Semilla pura         98 por ciento mínimo
- Pureza varietal     98 por ciento mínimo

y a los siguientes elementos especificados para cada país según las necesidades locales:
- Semillas de malezas y/u otros cultivos por unidad de peso
- Enfermedades trasmitidas por las semillas.
- Contenido de humedad

## *ORYZA SATIVA* L. – *POACEAE*
## ARROZ (HÍBRIDO)

### 1. Material parental

Para la producción de semilla híbrida es necesario obtener líneas parentales endocriadas de categoría Mantenedor las cuales deben satisfacer como mínimo las normas de semillas de calidad declarada.

1.1. Una línea endocriada deberá ser una línea pura resultante de la autofecundación y selección.
1.2. Una línea macho estéril aprobada deberá ser usada como línea madre y una línea endocriada aprobada será usada como línea padre para la producción de semilla híbrida.
1.3. Una línea macho estéril deberá llevar esterilidad masculina genético-citoplasmática y sus plantas no deberán liberar polen viable; es mantenida por la línea hermana normal macho fértil.

### 2. Instalaciones y equipos

Recomendados:
- Depósito
- Clasificadora de zarandas y aire
- Equipo de pesado y embolsado

A ser especificados de acuerdo a las necesidades del lugar:
- Equipo de secado
- Cilindro alveolado
- Separador de gravedad
- Equipo de tratamiento de semillas

### 3. Requisitos de los terrenos

La tierra a ser usada para la producción de semillas deberá estar libre de plantas espontáneas.

### 4. Normas de campo
*4.1 Aislamiento*

El campo de producción de semillas deberá estar aislado de otros campos de arroz por una distancia mínima de 100 metros de cualquier otro cultivo de otras variedades de arroz o de los mismos híbridos que no satisfagan los requisitos de pureza varietal para las semillas de calidad declarada. El campo de producción de semillas también estará aislado de otros cultivos con semillas de tamaño similar por una distancia adecuada para prevenir las mezclas mecánicas o por medio de una barrera física (zanja, seto vivo, alambrado, etc.)

*4.2 Relación padre:madre*

Los campos para producir semillas de arroz híbrido deberán ser sembrados de modo que las plantas padre (polinizadoras) crezcan en surcos separados de las plantas madre (para semilla) manteniendo la proporción adecuada de plantas padre a plantas madre en todo el campo. La distancia entre los surcos de las plantas padre y las plantas madre deberá ser adecuada para permitir operaciones específicas, si fueran necesarias, tal como pasar una cuerda para polinizar o cortar la hoja bandera para facilitar el flujo uniforme del polen.

*4.3 Esparcido de polen*

Durante la floración no más del uno por ciento de las plantas madre deberán tener inflorescencias que han esparcido o esparcen polen.

*4.4 Pureza varietal*

Por lo menos 98 por ciento de las plantas de las líneas parentales deben ajustarse a las características de los respectivos progenitores.

*4.5 Malezas (general)*

El campo de producción de semillas deberá estar razonablemente libre de malezas de modo que el crecimiento de las malezas no impida una inspección correcta del cultivo de semillas.

*4.6 Malezas (específico)*

No deberá haber más del número especificado de plantas de ciertas malezas por unidad de superficie (a ser especificado por cada país de acuerdo a la situación local).

*4.7 Enfermedades trasmitidas por las semillas*

El campo de producción de semillas deberá estar razonablemente libre de otras enfermedades de modo de no impedir una correcta evaluación de las características varietales.

## 5. Inspecciones de campo

*5.1 Número y época*

Los campos de producción de semillas deberán ser inspeccionados por lo menos tres veces. Una vez antes de la floración, la segunda vez durante la floración y la tercera vez en la madurez. Podrán ser necesarias inspecciones adicionales durante la floración para controlar el derrame de polen en las plantas madre.

*5.2 Técnica*

5.2.1   Antes de entrar en el campo: el inspector deberá confirmar con el productor de semillas la ubicación exacta del campo, la identidad y las proporciones de las líneas parentales de las cuales se compone el híbrido y el cultivo anterior del campo. Los campos de más de 50 hectáreas deberán ser divididos en parcelas de una superficie máxima de 50 hectáreas cada una y serán inspeccionadas separadamente.

5.2.2.   En el campo: el inspector controlará que las plantas de arroz de ambos progenitores se ajusten a las características de los parentales y que las proporciones de las líneas polinizadoras y productoras de semillas hayan sido correctamente establecidas. El inspector después examinará los bordes del campo para controlar que los requisitos de aislamiento hayan sido satisfechos. A continuación se hará una supervisión general del campo y se hará una estimación de las plantas de malezas presentes y la situación de las enfermedades (párrafos 4.5 y 4.6). Durante cada supervisión el inspector examinará cuidadosamente 150 plantas de las plantas padre tomando muestras en grupos de al menos 30 plantas de cinco lugares al azar. Se contará el número de plantas que no correspondan a la variedad de cada una de las líneas parentales y si el número de plantas fuera de tipo tanto en los surcos padre como en los surcos madre supera tres (en 150) el debería ser rechazado. En la inspección durante la floración el inspector examinará además 300 plantas en los surcos madre en cinco lugares distribuidos al azar en el campo (60 plantas en cada lugar) y contará el número de plantas esparciendo o que han esparcido polen. Si el número de plantas que esparcen o han esparcido polen supera tres (en 300) el capo debería ser rechazado.

5.2.3 Después de la inspección: se deberá compilar un informe de la inspección y será tomada una decisión para aceptar o rechazar el cultivo o recomendar medidas correctivas antes de tomar una decisión final.

## 6. Normas de calidad de semillas

Las semillas deberán ajustarse a las condiciones siguientes, de acuerdo a lo evaluado según las reglas nacionales para análisis de semillas:
- Germinación       80 por ciento mínimo
- Semilla pura       98 por ciento mínimo
- Pureza varietal    98 por ciento mínimo

y a los siguientes elementos especificados para cada país según las necesidades locales:
- Semillas de malezas y/u otros cultivos por unidad de peso
- Enfermedades trasmitidas por las semillas.
- Contenido de humedad

## *PENNISETUM GLAUCUM* (L.) R. BR. – *POACEAE*
## MIJO PERLA (POLINIZACIÓN ABIERTA Y VARIEDAD SINTÉTICA)

### 1. Instalaciones y equipos

Recomendados:
- Depósito
- Equipo de secado
- Clasificadora de zarandas y aire
- Equipo de pesado y embolsado

A ser especificados de acuerdo a las necesidades del lugar:
- Equipo de secado
- Cilindro alveolado
- Separador de gravedad
- Equipo de tratamiento de semillas

### 2. Requisitos de los terrenos

La tierra a ser usada para la producción de semillas deberá estar libre de plantas espontáneas.

### 3. Normas de campo

#### 3.1 Aislamiento

El campo de producción de semillas deberá estar aislado 100 m de otros campos de mijo perla y de otros campos de la misma variedad que no correspondan a la variedad. El campo también estará aislado de cualquier otro cultivo con semillas de tamaño similar por una distancia adecuada para prevenir las mezclas mecánicas o por medio de una barrera física (zanja, seto vivo, alambrado, etc.)

#### 3.2 Pureza varietal

Por lo menos 98 por ciento de las plantas de mijo perla deben ajustarse a las características de la variedad..

#### 3.3 Malezas (general)

El campo de producción de semillas deberá estar razonablemente libre de malezas; razonablemente libre significa que el crecimiento de las malezas no deberá ser tal como para impedir una evaluación correcta del mijo perla.

#### 3.4 Malezas (específico)

No deberá haber más del número especificado de plantas de ciertas malezas por unidad de superficie (a ser especificado por cada país de acuerdo a la situación local).

#### 3.5 Enfermedades trasmitidas por las semillas

El campo de producción de semillas deberá estar dentro de las normas para enfermedades trasmitidas por semillas especificadas en cada país de acuerdo a la situación local.

*3.6 Otras enfermedades*

El campo de producción de semillas deberá estar razonablemente libre de otras enfermedades; razonablemente libre significa que la cantidad de enfermedades no debería ser tal como para impedir una evaluación correcta de las características varietales.

## 4. Inspecciones de campo

*4.1 Número y época*

Los campos de producción de semillas deberán ser inspeccionados por lo menos dos veces: la primera vez antes de aproximadamente el 50 por ciento de floración para controlar el aislamiento y la segunda vez durante la fase de maduración antes de la cosecha para determinar la incidencia de enfermedades trasmitidas por las semillas y verificar la pureza varietal. Si se presentaran problemas particulares podrían ser necesarias inspecciones adicionales.

*4.2 Técnica*

4.2.1  Antes de entrar en el campo: el inspector deberá confirmar con el productor de semillas la ubicación exacta del campo, la variedad y el cultivo anterior del campo. Los campos de más de 20 hectáreas deberán ser divididos en parcelas de una superficie máxima de 20 hectáreas cada una y serán inspeccionadas separadamente.

4.2.2  En el campo: el inspector controlará que las plantas de mijo perla se ajusten a las características de la variedad y después examinará los bordes del campo para controlar que los requisitos de aislamiento (párrafo 3.1) hayan sido satisfechos. A continuación se hará una supervisión general del campo y se hará una estimación de las plantas de malezas presentes y la situación de las enfermedades (párrafos 3.4, 3.5, 3.6 y 3.7). Durante esta supervisión el inspector examinará cuidadosamente 150 plantas al azar tomadas en grupos de 30 plantas en cinco sitios separados del campo, las plantas que no correspondan a las características de la variedad serán contadas. Si el número de plantas fuera de tipo o el número de otras especies de cereales supera tres, el campo deberá ser rechazado (párrafo 3.3).

4.2.3  Después de la inspección: se deberá compilar un informe de la inspección y será tomada una decisión para aceptar o rechazar el cultivo o recomendar medidas correctivas antes de tomar una decisión final.

## 5. Normas de calidad de semillas

Las semillas deberán ajustarse a las condiciones siguientes, de acuerdo a lo evaluado según las reglas nacionales para análisis de semillas:
- Germinación        70 por ciento mínimo
- Semilla pura       98 por ciento mínimo
- Pureza varietal    98 por ciento mínimo

y a los siguientes elementos especificados para cada país según las necesidades locales:
- Enfermedades trasmitidas por las semillas.
- Contenido de humedad

## *PENNISETUM GLAUCUM* (L.) R. BR. – *POACEAE*
## MIJO PERLA (HÍBRIDO)

### 1. Material parental

Para la producción de semilla híbrida es necesario obtener líneas endocriadas de categoría Mantenedor; otro material parental debe satisfacer como mínimo las normas de semillas de calidad declarada.

1.1. Una línea endocriada deberá ser una línea pura resultante de la autofecundación y selección.

1.2. Una línea macho estéril aprobada será usada como línea madre y una línea endocriada aprobada será usada como línea padre para la producción de semilla híbrida.

1.3 Una línea macho estéril deberá llevar esterilidad masculina genético-citoplasmática y sus plantas no deberán liberar polen viable; es mantenida por la línea hermana normal macho fértil.

### 2. Instalaciones y equipos

Recomendados:
- Depósito
- Equipo de secado
- Clasificadora de zarandas y aire
- Equipo de pesado y embolsado

A ser especificados de acuerdo a las necesidades del lugar:
- Cilindro alveolado
- Separador de gravedad
- Equipo de tratamiento de semillas

### 3. Requisitos de los terrenos

La tierra a ser usada para la producción de semillas deberá estar libre de plantas espontáneas.

### 4. Normas de campo

#### 4.1 Aislamiento

El campo de producción de semillas deberá estar aislado de otros campos de mijo perla por una distancia mínima de 200 metros de cualquier otro cultivo de otras variedades de mijo perla o de los mismos híbridos que no satisfagan los requisitos de pureza varietal para las semillas de calidad declarada. El campo de producción de semillas también estará aislado de otros cultivos con semillas de tamaño similar por una distancia adecuada para prevenir las mezclas mecánicas o por medio de una barrera física (zanja, seto vivo, alambrado, etc.)

#### 4.2 Relación padre:madre

Los campos para producir semillas de mijo perla híbrido deberán ser sembrados de modo que las plantas padre (polinizadoras) sean sembradas en surcos separados de las plantas madre (para semilla) manteniendo la proporción adecuada de plantas padre a plantas madre en todo el campo sin que haya mezclas de las mismas. Una proporción constante de surcos madre y surcos padre debe ser mantenida en todo el campo.

*4.3 Emasculación*

En el momento de la floración no más del uno por ciento de las plantas madre deberán tener inflorescencias que han esparcido o esparcen polen.

*4.4 Pureza varietal*

Por lo menos 99 por ciento de las plantas de las líneas parentales *de mijo perla* deben ajustarse a las características de los respectivos progenitores.

*4.5 Malezas (general)*

El campo de producción de semillas deberá estar razonablemente libre de malezas de modo que el crecimiento de las malezas no impida una inspección correcta del cultivo de semillas.

*4.6 Malezas (específico)*

No deberá haber más del número especificado de plantas de ciertas malezas por unidad de superficie (a ser especificado por cada país de acuerdo a la situación local).

*4.7 Enfermedades trasmitidas por las semillas*

El campo de producción de semillas deberá estar razonablemente libre de otras enfermedades de modo de no impedir una correcta evaluación de las características varietales.

*4.8 Otras enfermedades*

El campo de producción de semillas deberá estar razonablemente libre de otras enfermedades; razonablemente libre significa que la cantidad de enfermedades no debería ser tal como para impedir una evaluación correcta de las características varietales.

## 5. Inspecciones de campo
*5.1 Número y época*

Los campos de producción de semillas deberán ser inspeccionados por lo menos tres veces. Una vez antes de la floración, la segunda vez durante la floración y la tercera vez después que la semilla ha madurado y cuando pueden ser apreciadas las enfermedades trasmitidas por las semillas y las características varietales. Podrán ser necesarias inspecciones adicionales durante la floración para controlar el derrame de polen en las plantas madre.

*5.2 Técnica*

5.2.1 Antes de entrar en el campo: el inspector deberá confirmar con el productor de semillas la ubicación exacta del campo, la identidad y las proporciones de las líneas parentales de las cuales se compone el híbrido y el cultivo anterior del campo. Los campos de más de 20 hectáreas deberán ser divididos en parcelas de una superficie máxima de 20 hectáreas cada una y serán inspeccionadas separadamente.

5.2.2 En el campo: el inspector controlará que las plantas de mijo perla de ambos progenitores se ajusten a las características de los parentales y que las proporciones de las líneas polinizadoras y productoras de semillas hayan sido correctamente establecidas (párrafo 4.2). El inspector después examinará los bordes del campo para controlar que los requisitos de aislamiento (párrafo 4.1) hayan sido satisfechos. A continuación se hará una supervisión general del campo y se hará una estimación de las plantas de malezas presentes y la situación de las enfermedades (párrafos 4.5, 4.6 y 4.7). Durante cada supervisión el inspector examinará cuidadosamente 150 plantas de las plantas padre y 150 plantas madre. Estas plantas serán tomadas en grupos de al menos 30 plantas en cinco lugares al azar de los surcos madre y en cinco lugares al azar de los surcos padre. Se contará el número de plantas que no correspondan a la variedad de cada una de las líneas parentales y si el número de plantas fuera de tipo tanto en los surcos padre como en los surcos madre supera tres el cultivo debería ser rechazado (párrafo 4). En la inspección durante la floración el inspector examinará además 300 plantas en los surcos madre en cinco lugares distribuidos al azar en el campo (60 plantas en cada lugar) y contará el número de plantas que están esparciendo o que han esparcido polen. Si el número de plantas que esparcen o han esparcido polen supera tres el campo debería ser rechazado.

5.2.3  Después de la inspección: se deberá compilar un informe de la inspección y será tomada una decisión para aceptar o rechazar el cultivo o recomendar medidas correctivas antes de tomar una decisión final.

## 6. Normas de calidad de semillas

Las semillas deberán ajustarse a las condiciones siguientes, de acuerdo a lo evaluado según las reglas nacionales para análisis de semillas:
- Germinación       70 por ciento mínimo
- Semilla pura      98 por ciento mínimo
- Pureza varietal   98 por ciento mínimo

y a los siguientes elementos especificados para cada país según las necesidades locales:
- Enfermedades trasmitidas por las semillas.
- Contenido de humedad

## *SECALE CEREALE* L. – *POACEAE*
## CENTENO

### 1. Instalaciones y equipos

Recomendados:
- Depósito
- Clasificadora de zarandas y aire
- Equipo de pesado y embolsado

A ser especificados de acuerdo a las necesidades del lugar:
- Equipo de secado
- Cilindro alveolado
- Separador de gravedad
- Equipo de tratamiento de semillas

### 2. Requisitos de los terrenos

La tierra a ser usada para la producción de semillas deberá estar libre de plantas espontáneas; un cultivo de centeno puede ser sembrado solamente en una tierra en la cual en los dos últimos años el cereal sembrado no haya sido centeno o que haya sido sembrado con centeno de calidad declarada de la misma variedad.

### 3. Normas de campo

#### 3.1 *Aislamiento*

El campo de producción de semillas deberá estar aislado de otros campos de centeno por una distancia mínima de 800 m y de cualquier otro cultivo con semillas de tamaño similar por una distancia adecuada para prevenir las mezclas mecánicas o por medio de una barrera física (zanja, seto vivo, alambrado, etc.)

#### 3.2 *Pureza varietal*

Por lo menos 98 por ciento de las plantas de centeno deben ajustarse a las características de la variedad.

#### 3.3. *Pureza específica*

No deberá haber más de dos por ciento de otras especies cultivadas con semillas de tamaño similar.

#### 3.4 *Malezas (general)*

El campo de producción de semillas deberá estar razonablemente libre de malezas; razonablemente libre significa que el crecimiento de las malezas no deberá ser tal como para impedir una evaluación correcta de la avena.

#### 3.5 *Malezas (específico)*

No deberá haber más del número especificado de plantas de ciertas malezas por unidad de superficie (a ser especificado por cada país de acuerdo a la situación local).

*3.6 Enfermedades trasmitidas por las semillas*

El campo de producción de semillas deberá estar dentro de las normas para enfermedades trasmitidas por semillas especificadas en cada país de acuerdo a la situación local.

*3.7 Otras enfermedades*

El campo de producción de semillas deberá estar razonablemente libre de otras enfermedades; razonablemente libre significa que la cantidad de enfermedades no debería ser tal como para impedir una evaluación correcta de las características varietales.

## 4. Inspecciones de campo

*4.1 Número y época*

Los campos de producción de semillas deberán ser inspeccionados por lo menos una vez cuando se puedan observar las características varietales. Podrán ser necesarias inspecciones adicionales si se presentaran problemas particulares.

*4.2 Técnica*

4.2.1   Antes de entrar en el campo: el inspector deberá confirmar con el productor de semillas la ubicación exacta del campo, la variedad y el cultivo anterior del campo. Los campos de más de 50 hectáreas deberán ser divididos en parcelas de una superficie máxima de 50 hectáreas cada una y serán inspeccionadas separadamente.

4.2.2   En el campo: el inspector controlará que las plantas de centeno se ajusten a las características de la variedad y después examinará los bordes del campo para controlar que los requisitos de aislamiento (párrafo 3.1) hayan sido satisfechos. A continuación se hará una supervisión general del campo y se hará una estimación de las plantas de malezas presentes y la situación de las enfermedades (párrafos 3.4, 3.5, 3.6 y 3.7). Durante esta supervisión el inspector examinará cuidadosamente 150 plantas tomadas al azar en grupos de 30 en cinco lugares separados del campo; el número de plantas que no correspondan a la variedad y el número de plantas de otras especies de cereales con semillas de tamaño similar serán contadas separadamente. Si tanto el número de plantas fuera de tipo o el número de otras especies de cereales supera tres, el campo deberá ser rechazado (párrafos 3.2 y 3.3)

4.2.3   Después de la inspección: se deberá compilar un informe de la inspección y será tomada una decisión para aceptar o rechazar el cultivo o recomendar medidas correctivas antes de tomar una decisión final.

## 5. Normas de calidad de semillas

Las semillas deberán ajustarse a las condiciones siguientes, de acuerdo a lo evaluado según las reglas nacionales para análisis de semillas:
- Germinación        70 por ciento mínimo
- Semilla pura       96 por ciento mínimo
- Pureza varietal    98 por ciento mínimo

y a los siguientes elementos especificados para cada país según las necesidades locales:
- Semillas de malezas y/u otros cultivos por unidad de peso
- Enfermedades trasmitidas por las semillas.
- Semillas de especies nocivas por unidad de peso
- Pureza varietal
- Contenido de humedad

## SORGHUM BICOLOR (L.) MOENCH – POACEAE
## SORGO (POLINIZACIÓN ABIERTA)

### 1. Instalaciones y equipos

Recomendados:
- Depósito
- Clasificadora de zarandas y aire
- Equipo de pesado y embolsado

A ser especificados de acuerdo a las necesidades del lugar:
- Cilindro alveolado
- Separador de gravedad
- Equipo de tratamiento de semillas

### 2. Requisitos de los terrenos

La tierra a ser usada para la producción de semillas deberá estar libre de plantas espontáneas y de sorgo de alepo (*Sorghum halepense* (L.) Pers.).

### 3. Normas de campo

#### 3.1 Aislamiento

El campo de producción de semillas deberá estar aislado de otros campos de sorgo de la misma variedad o de sorgo de doble propósito por una distancia mínima de 100 m que no corresponden a los requisitos de pureza varietal de semillas de calidad declarada y 400 m de sorgo de Alepo o sorgo forrajero alto y panículas laxas. El cultivo de semillas también esará aislado de cualquier otro cultivo con semillas de tamaño similar por una distancia adecuada para prevenir las mezclas mecánicas o por medio de una barrera física (zanja, seto vivo, alambrado, etc.)

#### 3.2 Pureza varietal

Por lo menos 98 por ciento de las plantas de sorgo deben ajustarse a las características de la variedad.

#### 3.3 Malezas (general)

El campo de producción de semillas deberá estar razonablemente libre de malezas; razonablemente libre significa que el crecimiento de las malezas no deberá ser tal como para impedir una evaluación correcta de la avena.

#### 3.4 Malezas (específico)

No deberá haber más del número especificado de plantas de ciertas malezas por unidad de superficie (a ser especificado por cada país de acuerdo a la situación local).

#### 3.5 Enfermedades trasmitidas por las semillas

El campo de producción de semillas deberá estar dentro de las normas para enfermedades trasmitidas por semillas especificadas en cada país de acuerdo a la situación local.

*3.6 Otras enfermedades*

El campo de producción de semillas deberá estar razonablemente libre de otras enfermedades; razonablemente libre significa que la cantidad de enfermedades no debería ser tal como para impedir una evaluación correcta de las características varietales.

## 4. Inspecciones de campo

*4.1 Número y época*

Los campos de producción de semillas deberán ser inspeccionados por lo menos dos veces: la primera vez cuando haya cerca del 50 por ciento de floración para controlar el aislamiento y la segunda vez durante la fase de maduración y antes de la cosecha para determinar la incidencia de las enfermedades trasmitidas por las semillas y verificar las características varietales. Podrán ser necesarias inspecciones adicionales si se presentaran problemas particulares.

*4.2 Técnica*

4.2.1  Antes de entrar en el campo: el inspector deberá confirmar con el productor de semillas la ubicación exacta del campo, la variedad y el cultivo anterior del campo. Los campos de más de 50 hectáreas deberán ser divididos en parcelas de una superficie máxima de 50 hectáreas cada una y serán inspeccionadas separadamente.

4.2.2  En el campo: el inspector controlará que las plantas de sorgo se ajusten a las características de la variedad y después examinará los bordes del campo para controlar que los requisitos de aislamiento (párrafo 3.1) hayan sido satisfechos. A continuación se hará una supervisión general del campo y se hará una estimación de las plantas de malezas presentes y la situación de las enfermedades (párrafos 3.4, 3.5, 3.6 y 3.7). Durante esta supervisión el inspector examinará cuidadosamente 150 plantas tomadas al azar en grupos de 30 en cinco lugares separados del campo; el número de plantas que no correspondan a la variedad y el número de plantas de otras especies de cereales con semillas de tamaño similar serán contadas separadamente. Si el número de plantas fuera de tipo supera tres, el campo deberá ser rechazado (párrafo 3.2)

4.2.3  Después de la inspección: se deberá compilar un informe de la inspección y será tomada una decisión para aceptar o rechazar el cultivo o recomendar medidas correctivas antes de tomar una decisión final.

## 5. Normas de calidad de semillas

Las semillas deberán ajustarse a las condiciones siguientes, de acuerdo a lo evaluado según las reglas nacionales para análisis de semillas:
- Germinación        70 por ciento mínimo
- Semilla pura        98 por ciento mínimo
- Pureza varietal    98 por ciento mínimo

y a los siguientes elementos especificados para cada país según las necesidades locales:
- Enfermedades trasmitidas por las semillas
- Contenido de humedad

## *SORGHUM BICOLOR* (L.) MOENCH – *POACEAE*
## SORGO (HÍBRIDO)

### 1. Material parental

Para la producción de semilla híbrida es necesario obtener líneas endocriadas de categoría Mantenedor; otro material parental debe satisfacer como mínimo las normas de semillas de calidad declarada.

1.1 Una línea endocriada deberá ser una línea pura resultante de la autofecundación y selección.

1.2 Una línea macho estéril aprobada será usada como línea madre y una línea endocriada aprobada será usada como línea padre para la producción de semilla híbrida.

1.3 Una línea macho estéril deberá llevar esterilidad masculina genético-citoplasmática y sus plantas no deberán liberar polen viable; es mantenida por la línea hermana normal macho fertil.

### 2. Instalaciones y equipos

Recomendados:
- Depósito
- Equipo de secado
- Clasificadora de zarandas y aire
- Equipo de pesado y embolsado

A ser especificados de acuerdo a las necesidades del lugar:
- Cilindro alveolado
- Separador de gravedad
- Equipo de tratamiento de semillas

### 3. Requisitos de los terrenos

La tierra a ser usada para la producción de semillas deberá estar libre de plantas espontáneas de sorgo y de plantas de sorgo de Alepo (*Sorghum halepense* (L.) Pers.)

### 4. Normas de campo

#### 4.1 Aislamiento

El campo de producción de semillas deberá estar aislado de otros campos de sorgo por una distancia mínima de 100 metros de cualquier otro cultivo de otras variedades de sorgo o de sorgo de doble propósito o del mismo híbrido que no satisfagan los requisitos de pureza varietal para las semillas de calidad declarada y por 400 m del sorgo de Alepo o de sorgo forrajero alto y panículas laxas. El campo de producción de semillas también estará aislado de otros cultivos con semillas de tamaño similar por una distancia adecuada para prevenir las mezclas mecánicas o por medio de una barrera física (zanja, seto vivo, alambrado, etc.)

#### 4.2 Relación padre:madre

Los campos para producir semillas de sorgo híbrido deberán ser sembrados de modo que las plantas padre (polinizadoras) sean sembradas en surcos separados de las plantas madre (para semilla) manteniendo la proporción adecuada de plantas padre a plantas madre en todo el campo sin que haya mezclas de las mismas. Una proporción constante de surcos madre y surcos padre debe ser mantenida en todo el campo.

*4.3 Emasculación*

En el momento de la floración no más del uno por ciento de las plantas madre deberán tener inflorescencias que han esparcido o esparcen polen.

*4.4 Pureza varietal*

Por lo menos 98 por ciento de las plantas de las líneas parentales de sorgo deben ajustarse a las características de los respectivos progenitores.

*4.5 Malezas (general)*

El campo de producción de semillas deberá estar razonablemente libre de malezas de modo que el crecimiento de las malezas no impida una inspección correcta del cultivo de semillas.

*4.6 Malezas (específico)*

No deberá haber más del número especificado de plantas de ciertas malezas por unidad de superficie (a ser especificado por cada país de acuerdo a la situación local).

*4.7 Enfermedades trasmitidas por las semillas*

El campo de producción de semillas deberá estar razonablemente libre de otras enfermedades de modo de no impedir una correcta evaluación de las características varietales.

*4.8 Otras enfermedades*

El campo de producción de semillas deberá estar razonablemente libre de otras enfermedades; razonablemente libre significa que la cantidad de enfermedades no debería ser tal como para impedir una evaluación correcta de las características varietales.

## 5. Inspecciones de campo

*5.1 Número y época*

Los campos de producción de semillas deberán ser inspeccionados por lo menos tres veces. Una vez antes de la floración, la segunda vez durante la floración y la tercera vez después que la semilla ha madurado y cuando pueden ser apreciadas las enfermedades trasmitidas por las semillas y las características varietales. Podrán ser necesarias inspecciones adicionales durante la floración para controlar el derrame de polen en las plantas madre.

*5.2 Técnica*

5.2.1 Antes de entrar en el campo: el inspector deberá confirmar con el productor de semillas la ubicación exacta del campo, la identidad y las proporciones de las líneas parentales de las cuales se compone el híbrido y el cultivo anterior del campo. Los campos de más de 50 hectáreas deberán ser divididos en parcelas de una superficie máxima de 50 hectáreas cada una y serán inspeccionadas separadamente.

5.2.2 En el campo: el inspector controlará que las plantas de sorgo de ambos progenitores se ajusten a las características de los parentales y que las proporciones de las líneas polinizadoras y productoras de semillas hayan sido correctamente establecidas. El inspector después examinará los bordes del campo para controlar que los requisitos de aislamiento hayan sido satisfechos. A continuación se hará una supervisión general del campo y se hará una estimación de las plantas de malezas presentes y la situación de las enfermedades (párrafos 4.5, 4.6 y 4.7). Durante cada supervisión el inspector examinará cuidadosamente 150 plantas padre y 150 plantas madre. Estas plantas serán tomadas en grupos de al menos 30 plantas en cinco lugares al azar de los surcos madre y en cinco lugares al azar de los surcos padre. Se contará el número de plantas que no correspondan a la variedad de cada una de las líneas parentales y si el número de plantas fuera de tipo tanto en los surcos padre como en los surcos madre supera tres el cultivo debería ser rechazado. En la inspección durante la floración el inspector examinará además 300 plantas en los surcos madre en cinco lugares distribuidos al azar en el campo (60 plantas en cada lugar) y contará el número de plantas que están esparciendo o que han esparcido polen. Si el número de plantas que esparcen o han esparcido polen supera tres el campo debería ser rechazado.

5.2.3   Después de la inspección: se deberá compilar un informe de la inspección y será tomada una decisión para aceptar o rechazar el cultivo o recomendar medidas correctivas antes de tomar una decisión final.

## 6. Normas de calidad de semillas

Las semillas deberán ajustarse a las condiciones siguientes, de acuerdo a lo evaluado según las reglas nacionales para análisis de semillas:
- Germinación        70 por ciento mínimo
- Semilla pura       98 por ciento mínimo
- Pureza varietal    98 por ciento mínimo

y a los siguientes elementos especificados para cada país según las necesidades locales:
- Enfermedades trasmitidas por las semillas.
- Contenido de humedad

*Cereales y seudocereales*

## *TRITICUM AESTIVUM* L., *T. TURGIDUM* L. SUBSP. *DURUM (DESF.)* HUSN.
## *– POACEAE*
## TRIGO

### 1. Instalaciones y equipos

Recomendados:
> ➢ Depósito
> ➢ Clasificadora de zarandas y aire
> ➢ Equipo de pesado y embolsado

A ser especificados de acuerdo a las necesidades del lugar:
> ➢ Equipo de secado
> ➢ Cilindro alveolado
> ➢ Separador de gravedad
> ➢ Equipo de tratamiento de semillas

### 3. Requisitos de los terrenos

La tierra a ser usada para la producción de semillas deberá estar libre de plantas espontáneas del mismo género.

### 3. Normas de campo

*3.1 Aislamiento*

El campo de producción de semillas deberá estar aislado de otros campos de trigo o de cualquier otro cultivo con semillas de tamaño similar por una distancia adecuada para prevenir las mezclas mecánicas o por medio de una barrera física (zanja, seto vivo, alambrado, etc.)

*3.2 Pureza varietal*

Por lo menos 98 por ciento de las plantas de trigo deben ajustarse a las características de la variedad.

*3.3 Pureza específica*

No deberá haber más de dos por ciento de otras especies cultivadas con semillas de tamaño similar.

*3.4 Malezas (general)*

El campo de producción de semillas deberá estar razonablemente libre de malezas; razonablemente libre significa que el crecimiento de las malezas no deberá ser tal como para impedir una evaluación correcta de la avena.

*3.5 Malezas (específico)*

No deberá haber más del número especificado de plantas de ciertas malezas por unidad de superficie (a ser especificado por cada país de acuerdo a la situación local).

### 3.6 Enfermedades trasmitidas por las semillas

El campo de producción de semillas deberá estar dentro de las normas para enfermedades trasmitidas por semillas especificadas en cada país de acuerdo a la situación local.

### 3.7 Otras enfermedades

El campo de producción de semillas deberá estar razonablemente libre de otras enfermedades; razonablemente libre significa que la cantidad de enfermedades no debería ser tal como para impedir una evaluación correcta de las características varietales.

## 4. Inspecciones de campo

### 4.1 Número y época

Los campos de producción de semillas deberán ser inspeccionados por lo menos una vez cuando se puedan observar las características varietales. Podrán ser necesarias inspecciones adicionales si se presentaran problemas particulares.

### 4.2 Técnica

4.2.1   Antes de entrar en el campo: el inspector deberá confirmar con el productor de semillas la ubicación exacta del campo, la variedad y el cultivo anterior del campo. Los campos de más de 50 hectáreas deberán ser divididos en parcelas de una superficie máxima de 50 hectáreas cada una y serán inspeccionadas separadamente.

4.2.2.   En el campo: el inspector controlará que las plantas de trigo se ajusten a las características de la variedad y después examinará los bordes del campo para controlar que los requisitos de aislamiento (párrafo 3.1) hayan sido satisfechos. A continuación se hará una supervisión general del campo y se hará una estimación de las plantas de malezas presentes y la situación de las enfermedades (párrafos 3.4, 3.5, 3.6 y 3.7). Durante esta supervisión el inspector examinará cuidadosamente 150 plantas tomadas al azar en grupos de 30 en cinco lugares separados del campo; el número de plantas que no correspondan a la variedad y el número de plantas de otras especies de cereales con semillas de tamaño similar serán contadas separadamente. Si tanto el número de plantas fuera de tipo o el número de otras especies de cereales supera tres, el campo deberá ser rechazado (párrafos 3.2 y 3.3)

4.2.3   Después de la inspección: se deberá compilar un informe de la inspección y será tomada una decisión para aceptar o rechazar el cultivo o recomendar medidas correctivas antes de tomar una decisión final.

## 5. Normas de calidad de semillas

Las semillas deberán ajustarse a las condiciones siguientes, de acuerdo a lo evaluado según las reglas nacionales para análisis de semillas:
- Germinación        80 por ciento mínimo
- Semilla pura        98 por ciento mínimo
- Pureza varietal    98 por ciento mínimo

y a los siguientes elementos especificados para cada país según las necesidades locales:
- Semillas de malezas y/u otros cultivos por unidad de peso
- Enfermedades trasmitidas por las semillas
- Contenido de humedad

## ZEA MAYS (L.) - POACEAE
## MAÍZ (POLINIZACIÓN ABIERTA)

### 1. Instalaciones y equipos

Recomendados:
- Depósito
- Desgranadora
- Clasificadora de zarandas y aire
- Equipo de pesado y embolsado

A ser especificados de acuerdo a las necesidades del lugar:
- Equipo de secado
- Equipo para clasificar por tamaño
- Equipo de tratamiento de semillas

### 2. Requisitos de los terrenos

La tierra a ser usada para la producción de semillas deberá estar libre de plantas espontáneas; un cultivo de maíz puede ser sembrado solamente en una tierra en la cual en los dos últimos años el cereal sembrado no haya sido maíz o que haya sido sembrado con maíz de calidad declarada de la misma variedad.

### 3. Normas de campo
#### 3.1 *Aislamiento*

El campo de producción de semillas deberá estar aislado de otras fuentes indeseables de polen por una distancia mínima de 200 m. La aislamiento también puede ser hecha en tiempo, como mínimo 30 días de diferencia en la floración.

#### 3.2 *Pureza varietal*

Por lo menos 98 por ciento de las plantas de maíz deben ajustarse a las características de la variedad.

#### 3.3 *Enfermedades trasmitidas por las semillas*

El campo de producción de semillas deberá estar dentro de las normas para enfermedades trasmitidas por semillas especificadas en cada país de acuerdo a la situación local.

#### 3.4 *Otras enfermedades*

El campo de producción de semillas deberá estar razonablemente libre de otras enfermedades; razonablemente libre significa que la cantidad de enfermedades no debería ser tal como para impedir una evaluación correcta de las características varietales.

### 4. Inspecciones de campo
#### 4.1 *Número y época*

Los campos de producción de semillas deberán ser inspeccionados por lo menos una vez cuando se puedan observar adecuadamente las características varietalesdos veces. Podrán ser necesarias inspecciones adicionales si se presentaran problemas particulares.

*4.2 Técnica*

4.2.1   Antes de entrar en el campo: el inspector deberá confirmar con el productor de semillas la ubicación exacta del campo, la variedad y el cultivo anterior del campo. Los campos de más de 50 hectáreas deberán ser divididos en parcelas de una superficie máxima de 50 hectáreas cada una y serán inspeccionadas separadamente.

4.2.2.   En el campo: el inspector controlará que las plantas de maíz se ajusten a las características de la variedad y después examinará los bordes del campo para controlar que los requisitos de aislamiento hayan sido satisfechos. A continuación se hará una supervisión general del campo y se hará una estimación de las plantas de malezas presentes y la situación de las enfermedades. Durante esta supervisión el inspector examinará cuidadosamente 150 plantas tomadas al azar en grupos de 30 en cinco lugares separados del campo; el número de plantas que no correspondan a la variedad y el número de plantas de otras especies de cereales con semillas de tamaño similar serán contadas separadamente. Si el número de plantas fuera de tipo supera tres, el campo deberá ser rechazado.

4.2.3   Después de la inspección: se deberá compilar un informe de la inspección y será tomada una decisión para aceptar o rechazar el cultivo o recomendar medidas correctivas antes de tomar una decisión final.

## 5. Normas de calidad de semillas

Las semillas deberán ajustarse a las condiciones siguientes, de acuerdo a lo evaluado según las reglas nacionales para análisis de semillas:
- Germinación         80 por ciento mínimo
- Semilla pura         98 por ciento mínimo
- Pureza varietal      98 por ciento mínimo

y a los siguientes elementos especificados para cada país según las necesidades locales:
- Enfermedades trasmitidas por las semillas
- Contenido de humedad

## ZEA MAYS (L.) – POACEAE
## MAÍZ (HÍBRIDO)

### 1. Material parental

Para la producción de semilla híbrida es necesario obtener líneas endocriadas de categoría Mantenedor; otro material parental debe satisfacer como mínimo las normas de semillas de calidad declarada.

Una línea endocriada deberá ser una línea pura resultante de la autofecundación y selección.

### 2. Instalaciones y equipos

Recomendados:
- Depósito
- Desgranadora
- Clasificadora de zarandas y aire
- Equipo de pesado y embolsado

A ser especificados de acuerdo a las necesidades del lugar:
- Cilindro alveolado
- Equipo para clasificar por tamaño
- Equipo de tratamiento de semillas

### 3. Requisitos de los terrenos

La tierra a ser usada para la producción de semillas deberá estar libre de plantas espontáneas; un cultivo de maíz puede ser sembrado solamente en una tierra en la cual en los dos últimos años el cereal sembrado no haya sido maíz o que haya sido sembrado con maíz de calidad declarada de la misma variedad.

### 4. Normas de campo

#### 4.1 Aislamiento

El campo de producción de semillas deberá estar aislado de otras fuentes indeseables de polen por una distancia mínima de 200 m. La aislamiento también puede ser hecha en tiempo, como mínimo 30 días de diferencia en la floración. La reducción de la distancia de aislamiento puede ser permitida sembrando en los bordes filas de plantas padre alrededor de todo el campo.

#### 4.2 Relación padre:madre

Los campos para producir semillas de maíz híbrido deberán ser sembrados de modo que las plantas padre (polinizadoras) sean sembradas en surcos separados de las plantas madre (para semilla) sin que haya mezclas de las mismas. Una proporción constante de surcos madre y surcos padre debe ser mantenida en todo el campo.

#### 4.3. Emasculación

En el momento de la floración no más del uno por ciento de las plantas madre deberán tener inflorescencias que han esparcido o esparcen polen.

### 4.4 Pureza varietal

Por lo menos 98 por ciento de las plantas de las líneas parentales de sorgo deben ajustarse a las características de los respectivos progenitores.

### 4.5 Enfermedades trasmitidas por las semillas

El campo de producción de semillas deberá estar dentro de las normas para enfermedades trasmitidas por semillas especificadas en cada país de acuerdo a la situación local.

### 4.6 Otras enfermedades

El campo de producción de semillas deberá estar razonablemente libre de otras enfermedades; razonablemente libre significa que la cantidad de enfermedades no debería ser tal como para impedir una evaluación correcta de las características varietales.

## 5. Inspecciones de campo

### 5.1 Número y época

Los campos de producción de semillas deberán ser inspeccionados por lo menos tres veces. Una vez antes de la floración, la segunda vez durante la floración y la tercera vez después que la semilla ha madurado y cuando pueden ser apreciadas las características varietales. Podrán ser necesarias inspecciones adicionales durante la floración para controlar el derrame de polen en las plantas madre o cuando haya problemas particulares.

### 5.2 Técnica

5.2.1  Antes de entrar en el campo: el inspector deberá confirmar con el productor de semillas la ubicación exacta del campo, la identidad y las proporciones de las líneas parentales de las cuales se compone el híbrido (párrafos 1 y 4.2) y el cultivo anterior del campo. Los campos de más de 50 hectáreas deberán ser divididos en parcelas de una superficie máxima de 50 hectáreas cada una y serán inspeccionadas separadamente.

5.2.2.  En el campo: el inspector controlará que las plantas de maíz de ambos progenitores se ajusten a las características de los parentales y que las proporciones de las líneas polinizadoras y productoras de semillas hayan sido correctamente establecidas (párrafo 4.2). El inspector después examinará los bordes del campo para controlar que los requisitos de aislamiento hayan sido satisfechos (párrafo 4.1). A continuación se hará una supervisión general del campo y se hará una estimación de las plantas de malezas presentes y la situación de las enfermedades (párrafos 4.5 y 4.6). Durante cada supervisión el inspector examinará cuidadosamente 150 plantas padre y 150 plantas madre. Estas plantas serán tomadas en grupos de al menos 30 plantas en cinco lugares al azar de los surcos madre y en cinco lugares al azar de los surcos padre. Se contará el número de plantas que no correspondan a la variedad de cada una de las líneas parentales y si el número de plantas fuera de tipo tanto en los surcos padre como en los surcos madre supera tres el cultivo debería ser rechazado (párrafo 4.4). En la inspección durante la floración el inspector examinará además 300 plantas en los surcos madre en cinco lugares distribuidos al azar en el campo (60 plantas en cada lugar) y contará el número de plantas que están esparciendo o que han esparcido polen. Si el número de plantas que esparcen o han esparcido polen supera tres el campo debería ser rechazado.

5.2.3   Después de la inspección: se deberá compilar un informe de la inspección y será tomada una decisión para aceptar o rechazar el cultivo o recomendar medidas correctivas antes de tomar una decisión final.

## 6. Normas de calidad de semillas

Las mazorcas con granos para semilla no deberían contener más de 0,5 por ciento de mazorcas fuera de tipo, incluyendo mazorcas con granos decolorados.

Las semillas deberán ajustarse a las condiciones siguientes, de acuerdo a lo evaluado según las reglas nacionales para análisis de semillas:
- Germinación      80 por ciento mínimo (para cruzas simples)
  
  85 por ciento (para cruzas de tres vías o cruzas dobles)
- Semilla pura      98 por ciento mínimo
- Pureza varietal   98 por ciento mínimo

y a los siguientes elementos especificados para cada país según las necesidades locales:
- Enfermedades trasmitidas por las semillas.
- Contenido de humedad

# Leguminosas alimenticias

### *CAJANUS CAJAN* (L). MILLSP. – *FABACEAE*
### GUANDUL

#### 1. Instalaciones y equipos

Recomendados:
- Depósito
- Clasificadora de zarandas y aire
- Equipo de pesado y embolsado

A ser especificado de acuerdo a las necesidades del lugar:
- Equipo de secado
- Separador por gravedad
- Trilladora
- Separador por color
- Equipo de tratamiento de semillas

#### 2. Requisitos de los terrenos

La tierra a ser usada para la producción de semillas deberá estar libre de plantas espontáneas.

#### 3. Normas de campo

*3.1 Aislación*

El campo deberá estar aislado de cualquier otro campo de guandul por una distancia de 100 m o de otras especies con semillas de tamaño similar por una distancia adecuada para prevenir mezclas mecánicas o por una barrera física (zanja, seto vivo, alambrado, etc.)

*3.2 Pureza varietal*

Por lo menos 98 por ciento de las plantas de guandul deben ajustarse a las características de la variedad.

*3.3 Pureza específica*

No deberá haber más de dos por ciento de otras especies de leguminosas con semillas de tamaño similar.

*3.4 Malezas (general)*

El campo de producción de semillas deberá estar razonablemente libre de malezas; razonablemente libre significa que el crecimiento de las malezas no deberá ser tal como para impedir una evaluación correcta del guandul.

### 3.5 Malezas (específico)

No deberá haber más del número especificado de plantas de ciertas malezas por unidad de superficie (a ser especificado por cada país de acuerdo a la situación local).

### 3.6 Enfermedades trasmitidas por las semillas

El campo de producción de semillas deberá estar dentro de las normas para enfermedades trasmitidas por semillas especificadas en cada país de acuerdo a la situación local.

### 3.7 Otras enfermedades

El campo de producción de semillas deberá estar razonablemente libre de otras enfermedades; razonablemente libre significa que la cantidad de enfermedades no debería ser tal como para impedir una evaluación correcta de las características varietales.

## 4. Inspecciones de campo

### 4.1 Número y época

Los campos de producción de semillas deberán ser inspeccionados por lo menos tres veces una de las cuales durante la floración cuando se pueden observar adecuadamente las características de la variedad. Podrían ser necesarias inspecciones adicionales si se presentaran problemas particulares.

### 4.2 Técnica

4.2.1 Antes de entrar en el campo: el inspector deberá confirmar con el productor de semillas la ubicación exacta del campo, la variedad, el cultivo anterior del campo. Los campos de más de 10 hectáreas deberán ser divididos en parcelas de una superficie máxima de 10 hectáreas cada una y serán inspeccionadas separadamente.

4.2.2 En el campo: el inspector controlará que las plantas de guandul se ajusten a las características de la variedad y después examinará los bordes del campo para controlar que los requisitos de aislamiento (párrafo 3.1) hayan sido satisfechos. A continuación se hará una supervisión general del campo y se hará una estimación de las plantas de malezas presentes y la situación de las enfermedades (párrafos 3.4, 3.5, 3.6 y 3.7). Durante esta supervisión el inspector examinará cuidadosamente 150 plantas tomadas al azar en grupos de 30 en cinco lugares separados del campo; el número de plantas que no correspondan a la variedad y el número de plantas de otras especies de leguminosas con semillas de tamaño similar serán contadas separadamente. Si tanto el número de plantas fuera de tipo o el número de otras especies de leguminosas supera tres, el campo deberá ser rechazado (párrafos 3.2 y 3.3)

4.2.3 Después de la inspección: se deberá compilar un informe de la inspección y será tomada una decisión para aceptar o rechazar el cultivo o recomendar medidas correctivas antes de tomar una decisión final.

## 5. Normas de calidad de semillas

Las semillas deberán ajustarse a las condiciones siguientes, de acuerdo a lo evaluado según las reglas nacionales para análisis de semillas:
- Germinación     70 por ciento mínimo
- Semilla pura     98 por ciento mínimo
- Pureza varietal     98 por ciento mínimo

y a los siguientes elementos especificados para cada país según las necesidades locales:
- Semillas de malezas y/u otros cultivos por unidad de peso
- Contenido de humedad
- Enfermedades trasmitidas por las semillas.

## *CICER ARIETINUM* L.. – *FABACEAE*
## GARBANZO

### 1. Instalaciones y equipos

Recomendados:
- Depósito
- Clasificadora de zarandas y aire
- Equipo de pesado y embolsado

A ser especificado de acuerdo a las necesidades del lugar:
- Equipo de secado
- Separador por gravedad
- Escarificadora
- Equipo de tratamiento de semillas

### 2. Requisitos de los terrenos

La tierra a ser usada para la producción de semillas deberá estar libre de plantas espontáneas.

### 3. Normas de campo

#### 3.1 Aislación

El campo deberá estar aislado de cualquier otro campo de garbanzos por una distancia de cinco metros o de otras especies con semillas de tamaño similar por una distancia adecuada para prevenir mezclas mecánicas o por una barrera física (zanja, seto vivo, alambrado, etc.)

#### 3.2 Pureza varietal

Por lo menos 98 por ciento de las plantas de garbanzo deben ajustarse a las características de la variedad.

#### 3.3 Pureza específica

No deberá haber más de dos por ciento de otras especies de leguminosas con semillas de tamaño similar.

#### 3.4 Malezas (general)

El campo de producción de semillas deberá estar razonablemente libre de malezas; razonablemente libre significa que el crecimiento de las malezas no deberá ser tal como para impedir una evaluación correcta del garbanzo.

#### 3.5 Malezas (específico)

No deberá haber más del número especificado de plantas de ciertas malezas por unidad de superficie (a ser especificado por cada país de acuerdo a la situación local).

#### 3.6 Enfermedades trasmitidas por las semillas

El campo de producción de semillas deberá estar dentro de las normas para enfermedades trasmitidas por semillas especificadas en cada país de acuerdo a la situación local.

*3.7 Otras enfermedades*

El campo de producción de semillas deberá estar razonablemente libre de otras enfermedades; razonablemente libre significa que la cantidad de enfermedades no debería ser tal como para impedir una evaluación correcta de las características varietales.

## 4. Inspecciones de campo

*4.1 Número y época*

Los campos de producción de semillas deberán ser inspeccionados por lo menos una vez cuando se puedan observar adecuadamente las características de la variedad. Podrían ser necesarias inspecciones adicionales si se presentaran problemas particulares.

*4.2 Técnica*

4.2.1   Antes de entrar en el campo: el inspector deberá confirmar con el productor de semillas la ubicación exacta del campo, la variedad, el cultivo anterior del campo. Los campos de más de 50 hectáreas deberán ser divididos en parcelas de una superficie máxima de 50 hectáreas cada una y serán inspeccionadas separadamente.

4.2.2.   En el campo: el inspector controlará que las plantas de garbanzo se ajusten a las características de la variedad y después examinará los bordes del campo para controlar que los requisitos de aislamiento (párrafo 3.1) hayan sido satisfechos. A continuación se hará una supervisión general del campo y se hará una estimación de las plantas de malezas presentes y la situación de las enfermedades (párrafos 3.4, 3.5, 3.6 y 3.7). Durante esta supervisión el inspector examinará cuidadosamente 150 plantas tomadas al azar en grupos de 30 en cinco lugares separados del campo; el número de plantas que no correspondan a la variedad y el número de plantas de otras especies de leguminosas con semillas de tamaño similar serán contadas separadamente. Si tanto el número de plantas fuera de tipo o el número de otras especies de leguminosas supera tres, el campo deberá ser rechazado (párrafos 3.2 y 3.3)

4.2.3   Después de la inspección: se deberá compilar un informe de la inspección y será tomada una decisión para aceptar o rechazar el cultivo o recomendar medidas correctivas antes de tomar una decisión final.

## 5. Normas de calidad de semillas

Las semillas deberán ajustarse a las condiciones siguientes, de acuerdo a lo evaluado según las reglas nacionales para análisis de semillas:
- ➢ Germinación        75 por ciento mínimo (incluyendo semillas duras)
- ➢ Semilla pura        98 por ciento mínimo
- ➢ Pureza varietal    98 por ciento mínimo

y a los siguientes elementos especificados para cada país según las necesidades locales:
- ➢ Semillas de malezas y/u otros cultivos por unidad de peso
- ➢ Contenido de humedad
- ➢ Enfermedades trasmitidas por las semillas.

## *LENS CULINARIS* MEDIK. – *FABACEAE*
## LENTEJA

### 1. Instalaciones y equipos

Recomendados:
- Depósito
- Clasificadora de zarandas y aire
- Equipo de pesado y embolsado

A ser especificado de acuerdo a las necesidades del lugar:
- Equipo de secado
- Trilladora
- Separador por gravedad
- Separador por color
- Equipo de tratamiento de semillas

### 2. Requisitos de los terrenos

La tierra a ser usada para la producción de semillas deberá estar libre de plantas espontáneas.

### 3. Normas de campo

#### 3.1 Aislación

El campo deberá estar aislado de cualquier otro campo de lentejas por una distancia de cinco metros o de otras especies con semillas de tamaño similar por una distancia adecuada para prevenir mezclas mecánicas o por una barrera física (zanja, seto vivo, alambrado, etc.)

#### 3.2 Pureza varietal

Por lo menos 98 por ciento de las plantas de garbanzo deben ajustarse a las características de la variedad.

#### 3.3 Pureza específica

No deberá haber más de dos por ciento de otras especies de leguminosas con semillas de tamaño similar.

#### 3.4 Malezas (general)

El campo de producción de semillas deberá estar razonablemente libre de malezas; razonablemente libre significa que el crecimiento de las malezas no deberá ser tal como para impedir una evaluación correcta de la lenteja.

#### 3.5 Malezas (específico)

No deberá haber más del número especificado de plantas de ciertas malezas por unidad de superficie (a ser especificado por cada país de acuerdo a la situación local).

*Leguminosas alimenticias*

## *3.6 Enfermedades trasmitidas por las semillas*

El campo de producción de semillas deberá estar dentro de las normas para enfermedades trasmitidas por semillas especificadas en cada país de acuerdo a la situación local.

## *3.7 Otras enfermedades*

El campo de producción de semillas deberá estar razonablemente libre de otras enfermedades; razonablemente libre significa que la cantidad de enfermedades no debería ser tal como para impedir una evaluación correcta de las características varietales.

## 4. Inspecciones de campo

### *4.1 Número y época*

Los campos de producción de semillas deberán ser inspeccionados por lo menos una vez cuando se puedan observar adecuadamente las características de la variedad. Podrían ser necesarias inspecciones adicionales si se presentaran problemas particulares.

### *4.2 Técnica*

4.2.1   Antes de entrar en el campo: el inspector deberá confirmar con el productor de semillas la ubicación exacta del campo, la variedad, el cultivo anterior del campo. Los campos de más de 50 hectáreas deberán ser divididos en parcelas de una superficie máxima de 50 hectáreas cada una y serán inspeccionadas separadamente.

4.2.2   En el campo: el inspector controlará que las plantas de lentejas se ajusten a las características de la variedad y después examinará los bordes del campo para controlar que los requisitos de aislamiento (párrafo 3.1) hayan sido satisfechos. A continuación se hará una supervisión general del campo y se hará una estimación de las plantas de malezas presentes y la situación de las enfermedades (párrafos 3.4, 3.5, 3.6 y 3.7). Durante esta supervisión el inspector examinará cuidadosamente 150 plantas tomadas al azar en grupos de 30 en cinco lugares separados del campo; el número de plantas que no correspondan a la variedad y el número de plantas de otras especies de leguminosas con semillas de tamaño similar serán contadas separadamente. Si tanto el número de plantas fuera de tipo o el número de otras especies de leguminosas supera tres, el campo deberá ser rechazado (párrafos 3.2 y 3.3)

4.2.3   Después de la inspección: se deberá compilar un informe de la inspección y será tomada una decisión para aceptar o rechazar el cultivo o recomendar medidas correctivas antes de tomar una decisión final.

## 5. Normas de calidad de semillas

Las semillas deberán ajustarse a las condiciones siguientes, de acuerdo a lo evaluado según las reglas nacionales para análisis de semillas:
- ➢ Germinación      70 por ciento mínimo (incluyendo semillas duras)
- ➢ Semilla pura     98 por ciento mínimo
- ➢ Pureza varietal  98 por ciento mínimo

y a los siguientes elementos especificados para cada país según las necesidades locales:
- ➢ Semillas de malezas y/u otros cultivos por unidad de peso
- ➢ Contenido de humedad
- ➢ Enfermedades trasmitidas por las semillas.

## *PHASEOLUS* SPP. L. – *FABACEAE*
FRIJOL, HABICHUELA, POROTO

### 1. Instalaciones y equipos

Recomendados:
- Depósito
- Clasificadora de zarandas y aire
- Equipo de pesado y embolsado

A ser especificado de acuerdo a las necesidades del lugar:
- Equipo de secado
- Separador por gravedad
- Separador por color
- Equipo de tratamiento de semillas

### 2. Requisitos de los terrenos

La tierra a ser usada para la producción de semillas deberá estar libre de plantas espontáneas.

### 3. Normas de campo

*3.1 Aislación*

El campo deberá estar aislado de cualquier otro campo de lentejas por una distancia de 20 metros o de otras especies con semillas de tamaño similar por una distancia adecuada para prevenir mezclas mecánicas o por una barrera física (zanja, seto vivo, alambrado, etc.)

*3.2 Pureza varietal*

Por lo menos 98 por ciento de las plantas de frijoles deben ajustarse a las características de la variedad.

*3.3 Pureza específica*

No deberá haber más de dos por ciento de otras especies de leguminosas con semillas de tamaño similar.

*3.4 Malezas (general)*

El campo de producción de semillas deberá estar razonablemente libre de malezas; razonablemente libre significa que el crecimiento de las malezas no deberá ser tal como para impedir una evaluación correcta del frijol.

*3.5 Malezas (específico)*

No deberá haber más del número especificado de plantas de ciertas malezas por unidad de superficie (a ser especificado por cada país de acuerdo a la situación local).

*3.6 Enfermedades trasmitidas por las semillas*

El campo de producción de semillas deberá estar dentro de las normas para enfermedades trasmitidas por semillas especificadas en cada país de acuerdo a la situación local.

*Leguminosas alimenticias*

*3.7 Otras enfermedades*

El campo de producción de semillas deberá estar razonablemente libre de otras enfermedades; razonablemente libre significa que la cantidad de enfermedades no debería ser tal como para impedir una evaluación correcta de las características varietales.

## 4. Inspecciones de campo

*4.1 Número y época*

Los campos de producción de semillas deberán ser inspeccionados por lo menos dos veces: una vez en la floración y una segunda vez en la madurez. Podrían ser necesarias inspecciones adicionales si se presentaran problemas particulares.

*4.2 Técnica*

4.2.1 Antes de entrar en el campo: el inspector deberá confirmar con el productor de semillas la ubicación exacta del campo, la variedad, el cultivo anterior del campo. Los campos de más de 50 hectáreas deberán ser divididos en parcelas de una superficie máxima de 50 hectáreas cada una y serán inspeccionadas separadamente.

4.2.2 En el campo: el inspector controlará que las plantas de *Phaseolus* se ajusten a las características de la variedad y después examinará los bordes del campo para controlar que los requisitos de aislamiento (párrafo 3.1) hayan sido satisfechos. A continuación se hará una supervisión general del campo y se hará una estimación de las plantas de malezas presentes y la situación de las enfermedades (párrafos 3.4, 3.5, 3.6 y 3.7). Durante esta supervisión el inspector examinará cuidadosamente 150 plantas tomadas al azar en grupos de 30 en cinco lugares separados del campo; el número de plantas que no correspondan a la variedad y el número de plantas de otras especies de leguminosas con semillas de tamaño similar serán contadas separadamente. Si tanto el número de plantas fuera de tipo o el número de otras especies de leguminosas supera tres, el campo deberá ser rechazado (párrafos 3.2 y 3.3)

4.2.3 Después de la inspección: se deberá compilar un informe de la inspección y será tomada una decisión para aceptar o rechazar el cultivo o recomendar medidas correctivas antes de tomar una decisión final.

## 5. Normas de calidad de semillas

Las semillas deberán ajustarse a las condiciones siguientes, de acuerdo a lo evaluado según las reglas nacionales para análisis de semillas:
- ➢ Germinación   60 por ciento mínimo
- ➢ Semilla pura   98 por ciento mínimo
- ➢ Pureza varietal   98 por ciento mínimo

y a los siguientes elementos especificados para cada país según las necesidades locales:
- ➢ Semillas de malezas y/u otros cultivos por unidad de peso
- ➢ Contenido de humedad
- ➢ Enfermedades trasmitidas por las semillas

## PISUM SATIVUM L. – FABACEAE
## ARVEJA

### 1. Instalaciones y equipos

Recomendados:
- Depósito
- Clasificadora de zarandas y aire
- Equipo de pesado y embolsado

A ser especificado de acuerdo a las necesidades del lugar:
- Equipo de secado
- Trilladora
- Separador por gravedad
- Separador por color
- Separador de espiral
- Clasificador de cinta
- Equipo de tratamiento de semillas

### 2. Requisitos de los terrenos

La tierra a ser usada para la producción de semillas deberá estar libre de plantas espontáneas.

### 3. Normas de campo

*3.1 Aislación*

El campo deberá estar aislado de cualquier otro campo de arvejas lentejas por una distancia de cinco metros o de otras especies con semillas de tamaño similar por una distancia adecuada para prevenir mezclas mecánicas o por una barrera física (zanja, seto vivo, alambrado, etc.)

*3.2 Pureza varietal*

Por lo menos 98 por ciento de las plantas de arvejas deben ajustarse a las características de la variedad.

*3.3 Pureza específica*

*No deberá haber más de dos por ciento de otras especies de leguminosas con semillas de tamaño similar.*

*3.4 Malezas (general)*

El campo de producción de semillas deberá estar razonablemente libre de malezas; razonablemente libre significa que el crecimiento de las malezas no deberá ser tal como para impedir una evaluación correcta de las arvejas.

*3.5 Malezas (específico)*

No deberá haber más del número especificado de plantas de ciertas malezas por unidad de superficie (a ser especificado por cada país de acuerdo a la situación local).

*Leguminosas alimenticias*

## 3.6 Enfermedades trasmitidas por las semillas

El campo de producción de semillas deberá estar dentro de las normas para enfermedades trasmitidas por semillas especificadas en cada país de acuerdo a la situación local.

## 3.7 Otras enfermedades

El campo de producción de semillas deberá estar razonablemente libre de otras enfermedades; razonablemente libre significa que la cantidad de enfermedades no debería ser tal como para impedir una evaluación correcta de las características varietales.

## 4. Inspecciones de campo

### 4.1 Número y época

Los campos de producción de semillas deberán ser inspeccionados por lo menos dos veces: una vez en la floración y una segunda vez en la madurez de la vaina. Podrían ser necesarias inspecciones adicionales si se presentaran problemas particulares.

### 4.2 Técnica

4.2.1 Antes de entrar en el campo: el inspector deberá confirmar con el productor de semillas la ubicación exacta del campo, la variedad, el cultivo anterior del campo. Los campos de más de 50 hectáreas deberán ser divididos en parcelas de una superficie máxima de 50 hectáreas cada una y serán inspeccionadas separadamente.

4.2.2. En el campo: el inspector controlará que las plantas de arveja se ajusten a las características de la variedad y después examinará los bordes del campo para controlar que los requisitos de aislamiento (párrafo 3.1) hayan sido satisfechos. A continuación se hará una supervisión general del campo y se hará una estimación de las plantas de malezas presentes y la situación de las enfermedades (párrafos 3.4, 3.5, 3.6 y 3.7). Durante esta supervisión el inspector examinará cuidadosamente 150 plantas tomadas al azar en grupos de 30 en cinco lugares separados del campo; el número de plantas que no correspondan a la variedad y el número de plantas de otras especies de leguminosas con semillas de tamaño similar serán contadas separadamente. Si tanto el número de plantas fuera de tipo o el número de otras especies de leguminosas supera tres, el campo deberá ser rechazado (párrafos 3.2 y 3.3)

4.2.3 Después de la inspección: se deberá compilar un informe de la inspección y será tomada una decisión para aceptar o rechazar el cultivo o recomendar medidas correctivas antes de tomar una decisión final.

## 5. Normas de calidad de semillas

Las semillas deberán ajustarse a las condiciones siguientes, de acuerdo a lo evaluado según las reglas nacionales para análisis de semillas:
- Germinación          75 por ciento mínimo
- Semilla pura         98 por ciento mínimo
- Pureza varietal      98 por ciento mínimo

y a los siguientes elementos especificados para cada país según las necesidades locales:
- Semillas de malezas y/u otros cultivos por unidad de peso
- Contenido de humedad
- Enfermedades trasmitidas por las semillas

## *VICIA FABA* L. – *FABACEAE*
## HABA

### 1. Instalaciones y equipos

Recomendados:
- Depósito
- Clasificadora de zarandas y aire
- Equipo de pesado y embolsado

A ser especificado de acuerdo a las necesidades del lugar:
- Equipo de secado
- Separador por gravedad
- Separador por color
- Equipo de tratamiento de semillas

### 2. Requisitos de los terrenos

La tierra a ser usada para la producción de semillas deberá estar libre de plantas espontáneas.

### 3. Normas de campo

*3.1 Aislación*

El campo deberá estar aislado de cualquier otra fuente de polen indeseable una distancia de 100 metros o de otras especies con semillas de tamaño similar por una distancia adecuada para prevenir mezclas mecánicas o por una barrera física (zanja, seto vivo, alambrado, etc.)

*3.2. Pureza varietal*

Por lo menos 98 por ciento de las plantas de habas deben ajustarse a las características de la variedad.

*3.3 Pureza específica*

No deberá haber más de dos por ciento de otras especies de leguminosas con semillas de tamaño similar.

*3.4 Malezas (general)*

El campo de producción de semillas deberá estar razonablemente libre de malezas; razonablemente libre significa que el crecimiento de las malezas no deberá ser tal como para impedir una evaluación correcta de las habas.

*3.5 Malezas (específico)*

No deberá haber más del número especificado de plantas de ciertas malezas por unidad de superficie (a ser especificado por cada país de acuerdo a la situación local).

*3.6 Enfermedades trasmitidas por las semillas*

El campo de producción de semillas deberá estar dentro de las normas para enfermedades trasmitidas por semillas especificadas en cada país de acuerdo a la situación local.

*3.7 Otras enfermedades*

El campo de producción de semillas deberá estar razonablemente libre de otras enfermedades; razonablemente libre significa que la cantidad de enfermedades no debería ser tal como para impedir una evaluación correcta de las características varietales.

## 4. Inspecciones de campo

*4.1 Número y época*

Los campos de producción de semillas deberán ser inspeccionados por lo menos dos veces: una vez en la floración y una segunda vez en la madurez cuando se puedan observar las características varietales. Podrían ser necesarias inspecciones adicionales si se presentaran problemas particulares.

*4.2 Técnica*

4.2.1 Antes de entrar en el campo: el inspector deberá confirmar con el productor de semillas la ubicación exacta del campo, la variedad, el cultivo anterior del campo. Los campos de más de 50 hectáreas deberán ser divididos en parcelas de una superficie máxima de 50 hectáreas cada una y serán inspeccionadas separadamente.

4.2.2 En el campo: el inspector controlará que las plantas de haba se ajusten a las características de la variedad y después examinará los bordes del campo para controlar que los requisitos de aislamiento (párrafo 3.1) hayan sido satisfechos. A continuación se hará una supervisión general del campo y se hará una estimación de las plantas de malezas presentes y la situación de las enfermedades (párrafos 3.4, 3.5, 3.6 y 3.7). Durante esta supervisión el inspector examinará cuidadosamente 150 plantas tomadas al azar en grupos de 30 en cinco lugares separados del campo; el número de plantas que no correspondan a la variedad y el número de plantas de otras especies de leguminosas con semillas de tamaño similar serán contadas separadamente. Si tanto el número de plantas fuera de tipo o el número de otras especies de leguminosas supera tres, el campo deberá ser rechazado (párrafos 3.2 y 3.3)

4.2.3 Después de la inspección: se deberá compilar un informe de la inspección y será tomada una decisión para aceptar o rechazar el cultivo o recomendar medidas correctivas antes de tomar una decisión final.

## 5. Normas de calidad de semillas

Las semillas deberán ajustarse a las condiciones siguientes, de acuerdo a lo evaluado según las reglas nacionales para análisis de semillas:
- ➢ Germinación         70 por ciento mínimo
- ➢ Semilla pura        98 por ciento mínimo
- ➢ Pureza varietal     98 por ciento mínimo

y a los siguientes elementos especificados para cada país según las necesidades locales:
- ➢ Semillas de malezas y/u otros cultivos por unidad de peso
- ➢ Contenido de humedad
- ➢ Enfermedades trasmitidas por las semillas

## *VIGNA RADIATA* (L.) R. WILZEC (=*PHASEOLUS RADIATUS*) – FABACEAE

**FRIJOL MUNGO**

### 1. Instalaciones y equipos

Recomendados:
- Depósito
- Clasificadora de zarandas y aire
- Equipo de pesado y embolsado

A ser especificado de acuerdo a las necesidades del lugar:
- Equipo de secado
- Trilladora
- Separador por gravedad
- Separador por color
- Separador en espiral
- Equipo de tratamiento de semillas

### 2. Requisitos de los terrenos

La tierra a ser usada para la producción de semillas deberá estar libre de plantas espontáneas.

### 3. Normas de campo

#### 3.1 Aislación

El campo deberá estar aislado de cualquier otra fuente de polen indeseable una distancia de cinco metros o de otras especies con semillas de tamaño similar por una distancia adecuada para prevenir mezclas mecánicas o por una barrera física (zanja, seto vivo, alambrado, etc.)

#### 3.2 Pureza varietal

Por lo menos 98 por ciento de las plantas de frijol mungo deben ajustarse a las características de la variedad.

#### 3.3 Pureza específica

No deberá haber más de dos por ciento de otras especies de leguminosas con semillas de tamaño similar.

#### 3.4 Malezas (general)

El campo de producción de semillas deberá estar razonablemente libre de malezas; razonablemente libre significa que el crecimiento de las malezas no deberá ser tal como para impedir una evaluación correcta del frijol mungo.

#### 3.5 Malezas (específico)

No deberá haber más del número especificado de plantas de ciertas malezas por unidad de superficie (a ser especificado por cada país de acuerdo a la situación local).

*3.6 Enfermedades trasmitidas por las semillas*

El campo de producción de semillas deberá estar dentro de las normas para enfermedades trasmitidas por semillas especificadas en cada país de acuerdo a la situación local.

*3.7 Otras enfermedades*

El campo de producción de semillas deberá estar razonablemente libre de otras enfermedades; razonablemente libre significa que la cantidad de enfermedades no debería ser tal como para impedir una evaluación correcta de las características varietales.

## 4. Inspecciones de campo

*4.1 Número y época*

Los campos de producción de semillas deberán ser inspeccionados por lo menos dos veces: una vez en la floración y una segunda vez en la madurez cuando se puedan observar las características varietales. Podrían ser necesarias inspecciones adicionales si se presentaran problemas particulares.

*4.2 Técnica*

4.2.1   Antes de entrar en el campo: el inspector deberá confirmar con el productor de semillas la ubicación exacta del campo, la variedad, el cultivo anterior del campo. Los campos de más de 50 hectáreas deberán ser divididos en parcelas de una superficie máxima de 50 hectáreas cada una y serán inspeccionadas separadamente.

4.2.2   En el campo: el inspector controlará que las plantas de frijol mungo se ajusten a las características de la variedad y después examinará los bordes del campo para controlar que los requisitos de aislamiento (párrafo 3.1) hayan sido satisfechos. A continuación se hará una supervisión general del campo y se hará una estimación de las plantas de malezas presentes y la situación de las enfermedades (párrafos 3.4, 3.5, 3.6 y 3.7). Durante esta supervisión el inspector examinará cuidadosamente 150 plantas tomadas al azar en grupos de 30 en cinco lugares separados del campo; el número de plantas que no correspondan a la variedad y el número de plantas de otras especies de leguminosas con semillas de tamaño similar serán contadas separadamente. Si tanto el número de plantas fuera de tipo o el número de otras especies de leguminosas supera tres, el campo deberá ser rechazado (párrafos 3.2 y 3.3)

4.2.3   Después de la inspección: se deberá compilar un informe de la inspección y será tomada una decisión para aceptar o rechazar el cultivo o recomendar medidas correctivas antes de tomar una decisión final.

## 5. Normas de calidad de semillas

Las semillas deberán ajustarse a las condiciones siguientes, de acuerdo a lo evaluado según las reglas nacionales para análisis de semillas:
- Germinación        75 por ciento mínimo
- Semilla pura        98 por ciento mínimo
- Pureza varietal    98 por ciento mínimo

y a los siguientes elementos especificados para cada país según las necesidades locales:
- Semillas de malezas y/u otros cultivos por unidad de peso
- Contenido de humedad
- Enfermedades trasmitidas por las semillas

## *VIGNA UNGUICULATA* (L.) R. WALP. – *FABACEAE*
## CAUPÍ

### 1. Instalaciones y equipos

Recomendados:
- Depósito
- Clasificadora de zarandas y aire
- Equipo de pesado y embolsado

A ser especificado de acuerdo a las necesidades del lugar:
- Equipo de secado
- Separador por gravedad
- Separador por color
- Equipo de tratamiento de semillas

### 2. Requisitos de los terrenos

La tierra a ser usada para la producción de semillas deberá estar libre de plantas espontáneas.

### 3. Normas de campo

*3.1 Aislación*

El campo deberá estar aislado de cualquier otra fuente de polen indeseable una distancia de 20 metros o de otras especies con semillas de tamaño similar por una distancia adecuada para prevenir mezclas mecánicas o por una barrera física (zanja, seto vivo, alambrado, etc.)

*3.2 Pureza varietal*

Por lo menos 98 por ciento de las plantas de caupí/frijol mungo deben ajustarse a las características de la variedad.

*3.3 Pureza específica*

No deberá haber más de dos por ciento de otras especies de leguminosas con semillas de tamaño similar.

*3.4 Malezas (general)*

El campo de producción de semillas deberá estar razonablemente libre de malezas; razonablemente libre significa que el crecimiento de las malezas no deberá ser tal como para impedir una evaluación correcta del caupí.

*3.5 Malezas (específico)*

No deberá haber más del número especificado de plantas de ciertas malezas por unidad de superficie (a ser especificado por cada país de acuerdo a la situación local).

*3.6 Enfermedades trasmitidas por las semillas*

El campo de producción de semillas deberá estar dentro de las normas para enfermedades trasmitidas por semillas especificadas en cada país de acuerdo a la situación local.

*3.7 Otras enfermedades*

El campo de producción de semillas deberá estar razonablemente libre de otras enfermedades; razonablemente libre significa que la cantidad de enfermedades no debería ser tal como para impedir una evaluación correcta de las características varietales.

## 4. Inspecciones de campo

*4.1 Número y época*

Los campos de producción de semillas deberán ser inspeccionados por lo menos dos veces: una vez en la floración y una segunda vez en la madurez cuando se puedan observar las características varietales. Podrían ser necesarias inspecciones adicionales si se presentaran problemas particulares.

*4.2 Técnica*

4.2.1 Antes de entrar en el campo: el inspector deberá confirmar con el productor de semillas la ubicación exacta del campo, la variedad, el cultivo anterior del campo. Los campos de más de 50 hectáreas deberán ser divididos en parcelas de una superficie máxima de 50 hectáreas cada una y serán inspeccionadas separadamente.

4.2.2   En el campo: el inspector controlará que las plantas de frijol mungo se ajusten a las características de la variedad y después examinará los bordes del campo para controlar que los requisitos de aislamiento (párrafo 3.1) hayan sido satisfechos. A continuación se hará una supervisión general del campo y se hará una estimación de las plantas de malezas presentes y la situación de las enfermedades (párrafos 3.4, 3.5, 3.6 y 3.7). Durante esta supervisión el inspector examinará cuidadosamente 150 plantas tomadas al azar en grupos de 30 en cinco lugares separados del campo; el número de plantas que no correspondan a la variedad y el número de plantas de otras especies de leguminosas con semillas de tamaño similar serán contadas separadamente. Si tanto el número de plantas fuera de tipo o el número de otras especies de leguminosas supera tres, el campo deberá ser rechazado (párrafos 3.2 y 3.3)

4.2.3   Después de la inspección: se deberá compilar un informe de la inspección y será tomada una decisión para aceptar o rechazar el cultivo o recomendar medidas correctivas antes de tomar una decisión final.

## 5. Normas de calidad de semillas

Las semillas deberán ajustarse a las condiciones siguientes, de acuerdo a lo evaluado según las reglas nacionales para análisis de semillas:
- Germinación        75 por ciento mínimo
- Semilla pura        98 por ciento mínimo
- Pureza varietal    98 por ciento mínimo

y a los siguientes elementos especificados para cada país según las necesidades locales:
- Semillas de malezas y/u otros cultivos por unidad de peso
- Contenido de humedad
- Enfermedades trasmitidas por las semillas

# Cultivos oleaginosos

***ARACHIS HYPOGAEA* L. – FABACEAE**
**MANÍ**

## 1. Instalaciones y equipos

Recomendados:
- Depósito
- Descascaradora
- Clasificadora de zarandas y aire
- Equipo de pesado y embolsado

A ser especificados de acuerdo a las necesidades del lugar:
- Equipo de secado
- Trilladora
- Separador por gravedad
- Separador por color
- Equipo de tratamiento de semillas

## 2. Requisitos de los terrenos

La tierra a ser usada para la producción de semillas deberá estar libre de plantas espontáneas de la especie.

## 3. Normas de campo

### 3.1 Aislamiento

El campo de producción de semillas deberá estar aislado de otras fuentes de polen indeseable por una distancia mínima de cinco metros y de otro cultivo con semillas de tamaño similar por una distancia adecuada para prevenir mezclas mecánicas o una barrera física (zanja, seto vivo, alambrado, etc.).

### 3.2 Pureza varietal

Por lo menos 98 por ciento de las plantas de maní deben ajustarse a las características de la variedad.

### 3.3 Pureza específica

No deberá haber más de dos por ciento de otras especies de fabáceas con tamaño similar de la semilla.

### 3.4 Malezas (general)

El campo de producción de semillas deberá estar razonablemente libre de malezas; razonablemente libre significa que el crecimiento de las malezas no deberá ser tal como para impedir una evaluación correcta del maní.

### 3.5 Malezas (específico)

No deberá haber más del número especificado de plantas de ciertas malezas por unidad de superficie (a ser especificado por cada país de acuerdo a la situación local).

### 3.6 Enfermedades trasmitidas por las semillas

El campo de producción de semillas deberá estar dentro de las normas para enfermedades trasmitidas por semillas especificadas en cada país de acuerdo a la situación local.

### 3.7 Otras enfermedades

El campo de producción de semillas deberá estar razonablemente libre de otras enfermedades; razonablemente libre significa que la cantidad de enfermedades no debería ser tal como para impedir una evaluación correcta de las características varietales.

## 4. Inspecciones de campo

### 4.1 Número y época

Los campos de producción de semillas deberán ser inspeccionados por lo menos dos veces: una vez durante la floración y una segunda vez en el momento de la madurez. Podrán ser necesarias inspecciones adicionales si se presentaran problemas particulares.

### 4.2 Técnica

4.2.1 Antes de entrar en el campo: el inspector deberá confirmar con el productor de semillas la ubicación exacta del campo, la variedad, el cultivo anterior del campo. Los campos de más de 50 hectáreas deberán ser divididos en parcelas de una superficie máxima de 50 hectáreas cada una y serán inspeccionadas separadamente.

4.2.2. En el campo: el inspector controlará que las plantas de maní se ajusten a las características de la variedad y después examinará los bordes del campo para controlar que los requisitos de aislamiento (párrafo 3.1) hayan sido satisfechos. A continuación se hará una supervisión general del campo y se hará una estimación de las plantas de malezas presentes y la situación de las enfermedades (párrafos 3.4, 3.5, 3.6 y 3.7). Durante esta supervisión el inspector examinará cuidadosamente 150 plantas tomadas al azar en grupos de 30 en cinco lugares separados del campo; el número de plantas que no correspondan a la variedad y el número de plantas de otras especies con semillas de tamaño similar serán contadas separadamente. Si tanto el número de plantas fuera de tipo o el número de otras especies supera tres, el campo deberá ser rechazado (párrafos 3.2 y 3.3)

4.2.3 Después de la inspección: se deberá compilar un informe de la inspección y será tomada una decisión para aceptar o rechazar el cultivo o recomendar medidas correctivas antes de tomar una decisión final.

## 5. Normas de calidad de semillas

Las semillas deberán ajustarse a las condiciones siguientes, de acuerdo a lo evaluado según las reglas nacionales para análisis de semillas:
- Germinación         60 por ciento mínimo
- Semilla pura        98 por ciento mínimo
- Pureza varietal     98 por ciento mínimo

y a los siguientes elementos especificados para cada país según las necesidades locales:
- Semillas de malezas y/u otros cultivos por unidad de peso
- Contenido de humedad
- Enfermedades trasmitidas por las semillas.

## *BRASSICA NAPUS* L. – *BRASSICACEAE*
## COLZA

### Especies relacionadas

Las siguientes especies de *Brassica* se intercruzan: *B. juncea, B. napus, B. nigra, B. rapa* (incluyendo subsp. *campestris, chinensis* y *pekinensis*) y *B. tournefortii.*

### 1. Instalaciones y equipos

Recomendados:
- Depósito
- Clasificadora de zarandas y aire
- Equipo de pesado y embolsado

A ser especificados de acuerdo a las necesidades del lugar:
- Equipo de secado
- Separador en espiral
- Separador por gravedad
- Equipo de tratamiento de semillas

### 2. Requisitos de los terrenos

La tierra a ser usada para la producción de semillas deberá estar libre de plantas espontáneas, incluyendo otras especies de *Brassica*..

### 3. Normas de campo

#### 3.1 Aislamiento

El campo de producción de semillas deberá estar aislado de otros campos con especies relacionadas por una distancia mínima de 100 m

#### 3.2 Pureza varietal

Por lo menos 98 por ciento de las plantas de colza deben ajustarse a las características de la variedad.

#### 3.3 Pureza específica

No deberá haber más de dos por ciento de otras especies de brassicáceas con tamaño similar de la semilla.

#### 3.4 Malezas (general)

El campo de producción de semillas deberá estar razonablemente libre de malezas; razonablemente libre significa que el crecimiento de las malezas no deberá ser tal como para impedir una evaluación correcta del maní..

#### 3.5 Malezas (específico)

No deberá haber más del número especificado de plantas de ciertas malezas por unidad de superficie (a ser especificado por cada país de acuerdo a la situación local).

*3.6 Enfermedades trasmitidas por las semillas*

El campo de producción de semillas deberá estar dentro de las normas para enfermedades trasmitidas por semillas especificadas en cada país de acuerdo a la situación local.

*3.7 Otras enfermedades*

El campo de producción de semillas deberá estar razonablemente libre de otras enfermedades; razonablemente libre significa que la cantidad de enfermedades no debería ser tal como para impedir una evaluación correcta de las características varietales.

## 4. Inspecciones de campo

*4.1 Número y época*

Los campos de producción de semillas deberán ser inspeccionados por lo menos tres veces: una vez en la etapa vegetativa, una segunda vez durante la floración y una tercera vez en el momento de la madurez antes de la cosecha. Podrán ser necesarias inspecciones adicionales si se presentaran problemas particulares.

*4.2 Técnica*

4.2.1   Antes de entrar en el campo: el inspector deberá confirmar con el productor de semillas la ubicación exacta del campo, la variedad, el cultivo anterior del campo. Los campos de más de 10 hectáreas deberán ser divididos en parcelas de una superficie máxima de 10 hectáreas cada una y serán inspeccionadas separadamente.

4.2.2.   En el campo: el inspector controlará que las plantas de colza se ajusten a las características de la variedad y después examinará los bordes del campo para controlar que los requisitos de aislamiento (párrafo 3.1) hayan sido satisfechos. A continuación se hará una supervisión general del campo y se hará una estimación de las plantas de malezas presentes y la situación de las enfermedades (párrafos 3.4, 3.5, 3.6 y 3.7). Durante esta supervisión el inspector examinará cuidadosamente 150 plantas tomadas al azar en grupos de 30 en cinco lugares separados del campo; el número de plantas que no correspondan a la variedad y el número de plantas de otras especies de *Brassica* con semillas de tamaño similar serán contadas separadamente. Si tanto el número de plantas fuera de tipo o el número de otras especies de brassicáceas supera tres, el campo deberá ser rechazado (párrafos 3.2 y 3.3)

4.2.3   Después de la inspección: se deberá compilar un informe de la inspección y será tomada una decisión para aceptar o rechazar el cultivo o recomendar medidas correctivas antes de tomar una decisión final.

## 5. Normas de calidad de semillas

Las semillas deberán ajustarse a las condiciones siguientes, de acuerdo a lo evaluado según las reglas nacionales para análisis de semillas:
- Germinación       85 por ciento mínimo
- Semilla pura       98 por ciento mínimo
- Pureza varietal    98 por ciento mínimo

y a los siguientes elementos especificados para cada país según las necesidades locales:
- Semillas de malezas y/u otros cultivos por unidad de peso
- Contenido de humedad
- Enfermedades trasmitidas por las semillas.

## BRASSICA NIGRA L. W. D. J. KOCH– BRASSICACEAE
## MOSTAZA

### Especies relacionadas

Las siguientes especies de *Brassica* se intercruzan: *B. juncea, B. napus, B. nigra, B. rapa* (incluyendo subspp. *campestris, chinensis* y *pekinensis*) y *B. tournefortii.*

### 1. Instalaciones y equipos

Recomendados:
> Depósito
> Clasificadora de zarandas y aire
> Equipo de pesado y embolsado

A ser especificados de acuerdo a las necesidades del lugar:
> Equipo de secado
> Separador en espiral
> Separador por gravedad
> Equipo de tratamiento de semillas

### 2. Requisitos de los terrenos

La tierra a ser usada para la producción de semillas deberá estar libre de plantas espontáneas, incluyendo otras especies de *Brassica*..

### 3. Normas de campo
*3.1 Aislamiento*

El campo de producción de semillas deberá estar aislado de otros campos con especies relacionadas por una distancia mínima de 100 m

*3.2 Pureza varietal*

Por lo menos 98 por ciento de las plantas de mostaza deben ajustarse a las características de la variedad.

*3.3 Pureza específica*

No deberá haber más de dos por ciento de otras especies de brassicáceas con tamaño similar de la semilla.

*3.4 Malezas (general)*

El campo de producción de semillas deberá estar razonablemente libre de malezas; razonablemente libre significa que el crecimiento de las malezas no deberá ser tal como para impedir una evaluación correcta del maní..

*3.5 Malezas (específico)*

No deberá haber más del número especificado de plantas de ciertas malezas por unidad de superficie (a ser especificado por cada país de acuerdo a la situación local).

*3.6 Enfermedades trasmitidas por las semillas*

El campo de producción de semillas deberá estar dentro de las normas para enfermedades trasmitidas por semillas especificadas en cada país de acuerdo a la situación local.

*3.7 Otras enfermedades*

El campo de producción de semillas deberá estar razonablemente libre de otras enfermedades; razonablemente libre significa que la cantidad de enfermedades no debería ser tal como para impedir una evaluación correcta de las características varietales.

## 4. Inspecciones de campo

*4.1 Número y época*

Los campos de producción de semillas deberán ser inspeccionados por lo menos tres veces: una vez en la etapa vegetativa, una segunda vez durante la floración y una tercera vez en el momento de la madurez antes de la cosecha. Podrán ser necesarias inspecciones adicionales si se presentaran problemas particulares.

*4.2 Técnica*

4.2.1    Antes de entrar en el campo: el inspector deberá confirmar con el productor de semillas la ubicación exacta del campo, la variedad, el cultivo anterior del campo. Los campos de más de 10 hectáreas deberán ser divididos en parcelas de una superficie máxima de 10 hectáreas cada una y serán inspeccionadas separadamente.

4.2.2.    En el campo: el inspector controlará que las plantas de colza se ajusten a las características de la variedad y después examinará los bordes del campo para controlar que los requisitos de aislamiento (párrafo 3.1) hayan sido satisfechos. A continuación se hará una supervisión general del campo y se hará una estimación de las plantas de malezas presentes y la situación de las enfermedades (párrafos 3.4, 3.5, 3.6 y 3.7). Durante esta supervisión el inspector examinará cuidadosamente 150 plantas tomadas al azar en grupos de 30 en cinco lugares separados del campo; el número de plantas que no correspondan a la variedad y el número de plantas de otras especies de *Brassica* con semillas de tamaño similar serán contadas separadamente. Si tanto el número de plantas fuera de tipo o el número de otras especies de brassicáceas supera tres, el campo deberá ser rechazado (párrafos 3.2 y 3.3)

4.2.3    Después de la inspección: se deberá compilar un informe de la inspección y será tomada una decisión para aceptar o rechazar el cultivo o recomendar medidas correctivas antes de tomar una decisión final.

## 5. Normas de calidad de semillas

Las semillas deberán ajustarse a las condiciones siguientes, de acuerdo a lo evaluado según las reglas nacionales para análisis de semillas:
- Germinación           85 por ciento mínimo
- Semilla pura          98 por ciento mínimo
- Pureza varietal       98 por ciento mínimo

y a los siguientes elementos especificados para cada país según las necesidades locales:
- Semillas de malezas y/u otros cultivos por unidad de peso
- Contenido de humedad
- Enfermedades trasmitidas por las semillas.

## *GLYCINE MAX* (L). MERR.– *FABACEAE*
## SOJA

### 1. Instalaciones y equipos

Recomendados:
- Depósito
- Equipo de secado
- Clasificadora de zarandas y aire
- Equipo de pesado y embolsado

A ser especificados de acuerdo a las necesidades del lugar:
- Separador en espiral
- Separador por gravedad
- Equipo de tratamiento de semillas

### 2. Requisitos de los terrenos

La tierra a ser usada para la producción de semillas deberá estar libre de plantas espontáneas.

### 3. Normas de campo

#### 3.1 Aislamiento

El campo de producción de semillas deberá estar aislado de otros campos de soja o de cultivos con semillas de tamaño similar por una distancia adecuada para prevenir mezclas mecánicas o por una barrera física (zanja, seto vivo, alambrado, etc.).

#### 3.2 Pureza varietal

Por lo menos 98 por ciento de las plantas de soja deben ajustarse a las características de la variedad.

#### 3.3 Pureza específica

No deberá haber más de dos por ciento de otras especies de fabáceas con tamaño similar de la semilla.

#### 3.4 Malezas (general)

El campo de producción de semillas deberá estar razonablemente libre de malezas; razonablemente libre significa que el crecimiento de las malezas no deberá ser tal como para impedir una evaluación correcta del maní..

#### 3.5 Malezas (específico)

No deberá haber más del número especificado de plantas de ciertas malezas por unidad de superficie (a ser especificado por cada país de acuerdo a la situación local).

#### 3.6 Enfermedades trasmitidas por las semillas

El campo de producción de semillas deberá estar dentro de las normas para enfermedades trasmitidas por semillas especificadas en cada país de acuerdo a la situación local.

*3.7 Otras enfermedades*

El campo de producción de semillas deberá estar razonablemente libre de otras enfermedades; razonablemente libre significa que la cantidad de enfermedades no debería ser tal como para impedir una evaluación correcta de las características varietales.

## 4. Inspecciones de campo

*4.1 Número y época*

Los campos de producción de semillas deberán ser inspeccionados por lo menos dos veces: una vez durante la floración y una segunda vez en el momento de la madurez. Podrán ser necesarias inspecciones adicionales si se presentaran problemas particulares.

*4.2 Técnica*

4.2.1 Antes de entrar en el campo: el inspector deberá confirmar con el productor de semillas la ubicación exacta del campo, la variedad, el cultivo anterior del campo. Los campos de más de 50 hectáreas deberán ser divididos en parcelas de una superficie máxima de 50 hectáreas cada una y serán inspeccionadas separadamente.

4.2.2. En el campo: el inspector controlará que las plantas de soja se ajusten a las características de la variedad y después examinará los bordes del campo para controlar que los requisitos de aislamiento (párrafo 3.1) hayan sido satisfechos. A continuación se hará una supervisión general del campo y se hará una estimación de las plantas de malezas presentes y la situación de las enfermedades (párrafos 3.4, 3.5, 3.6 y 3.7). Durante esta supervisión el inspector examinará cuidadosamente 150 plantas tomadas al azar en grupos de 30 en cinco lugares separados del campo; el número de plantas que no correspondan a la variedad y el número de plantas de otras especies con semillas de tamaño similar serán contadas separadamente. Si tanto el número de plantas fuera de tipo o el número de otras especies de brassicáceas supera tres, el campo deberá ser rechazado (párrafos 3.2 y 3.3)

4.2.3 Después de la inspección: se deberá compilar un informe de la inspección y será tomada una decisión para aceptar o rechazar el cultivo o recomendar medidas correctivas antes de tomar una decisión final.

## 5. Normas de calidad de semillas

Las semillas deberán ajustarse a las condiciones siguientes, de acuerdo a lo evaluado según las reglas nacionales para análisis de semillas:
- Germinación      65 por ciento mínimo (trópico húmedo)
                   70 por ciento mínimo (otros lugares)
- Semilla pura     98 por ciento mínimo
- Pureza varietal  98 por ciento mínimo

y a los siguientes elementos especificados para cada país según las necesidades locales:
- Semillas de malezas y/u otros cultivos por unidad de peso
- Contenido de humedad
- Enfermedades trasmitidas por las semillas.

## *HELIANTHUS ANNUUS* L. - *ASTERACEAE*
## GIRASOL (POLINIZACIÓN ABIERTA)

### 1. Instalaciones y equipos

Recomendados:
- Depósito
- Clasificadora de zarandas y aire
- Equipo de pesado y embolsado

A ser especificados de acuerdo a las necesidades del lugar:
- Equipo de secado
- Separador por gravedad
- Equipo de tratamiento de semillas

### 2. Requisitos de los terrenos

La tierra a ser usada para la producción de semillas deberá estar libre de plantas espontáneas.

### 3. Normas de campo

#### 3.1 Aislamiento

El campo de producción de semillas deberá estar aislado de otros campos con fuentes de polen indeseable por una distancia de 200 m. o de cultivos con semillas de tamaño similar por una distancia adecuada para prevenir mezclas mecánicas o por una barrera física (zanja, seto vivo, alambrado, etc.).

#### 3.2 Pureza varietal

Por lo menos 98 por ciento de las plantas de girasol deben ajustarse a las características de la variedad.

#### 3.3 Malezas (general)

El campo de producción de semillas deberá estar razonablemente libre de malezas; razonablemente libre significa que el crecimiento de las malezas no deberá ser tal como para impedir una evaluación correcta del maní..

#### 3.4 Enfermedades trasmitidas por las semillas

El campo de producción de semillas deberá estar dentro de las normas para enfermedades trasmitidas por semillas especificadas en cada país de acuerdo a la situación local.

#### 3.5 Otras enfermedades

El campo de producción de semillas deberá estar razonablemente libre de otras enfermedades; razonablemente libre significa que la cantidad de enfermedades no debería ser tal como para impedir una evaluación correcta de las características varietales.

## 4. Inspecciones de campo

### 4.1 *Número y época*

Los campos de producción de semillas deberán ser inspeccionados por lo menos una vez cuando se puedan observar adecuadamente las características varietales. Podrán ser necesarias inspecciones adicionales si se presentaran problemas particulares.

### 4.2 *Técnica*

4.2.1 Antes de entrar en el campo: el inspector deberá confirmar con el productor de semillas la ubicación exacta del campo, la variedad, el cultivo anterior del campo. Los campos de más de 50 hectáreas deberán ser divididos en parcelas de una superficie máxima de 50 hectáreas cada una y serán inspeccionadas separadamente.

4.2.2. En el campo: el inspector controlará que las plantas de girasol se ajusten a las características de la variedad y después examinará los bordes del campo para controlar que los requisitos de aislamiento (párrafo 3.1) hayan sido satisfechos. A continuación se hará una supervisión general del campo y se hará una estimación de las plantas de malezas presentes y la situación de las enfermedades (párrafos 3.4, 3.5, 3.6 y 3.7). Durante esta supervisión el inspector examinará cuidadosamente 150 plantas tomadas al azar en grupos de 30 en cinco lugares separados del campo; el número de plantas que no correspondan a la variedad y el número de plantas de otras especies con semillas de tamaño similar serán contadas separadamente. Si tanto el número de plantas fuera de tipo o el número de otras especies de brassicáceas supera tres, el campo deberá ser rechazado (párrafos 3.2 y 3.3)

4.2.3 Después de la inspección: se deberá compilar un informe de la inspección y será tomada una decisión para aceptar o rechazar el cultivo o recomendar medidas correctivas antes de tomar una decisión final.

## 5. Normas de calidad de semillas

Las semillas deberán ajustarse a las condiciones siguientes, de acuerdo a lo evaluado según las reglas nacionales para análisis de semillas:
- Germinación       70 por ciento mínimo
- Semilla pura       98 por ciento mínimo
- Pureza varietal    98 por ciento mínimo

y a los siguientes elementos especificados para cada país según las necesidades locales:
- Contenido de humedad
- Enfermedades trasmitidas por las semillas.

## *HELIANTHUS ANNUUS* L. - *ASTERACEAE*
## GIRASOL (HÍBRIDO)

### 1. Material parental

Para la producción de semillas híbridas de girasol son necesarias líneas endocriadas del mantenedor.

    1.1 Una línea endocriada es una línea pura resultante de autofecundación con selección.

    1.2 Una línea macho estéril aprobada será usada como línea madre y una línea endocriada aprobada será usada como padre para la producción de semilla híbrida.

    1.3 Una línea macho estéril será portadora de esterilidad masculina genético-citoplasmática y sus plantas no deberán esparcir polen viable; es mantenida por la línea hermana normal macho fértil.

### 2. Instalaciones y equipos

Recomendados:
- Depósito
- Clasificadora de zarandas y aire
- Equipo de pesado y embolsado

A ser especificados de acuerdo a las necesidades del lugar:
- Equipo de secado
- Separador por gravedad
- Equipo de tratamiento de semillas

### 3. Requisitos de los terrenos

La tierra a ser usada para la producción de semillas deberá estar libre de plantas espontáneas.

### 4. Normas de campo

#### 4.1 Aislamiento

El campo de producción de semillas deberá estar aislado de otros campos con fuentes de polen indeseable por una distancia de 400 m. El aislamiento también se puede obtener por 40 días de diferencia en el momento de la floración. El campo de producción de semillas también estará aislado de otras especies con tamaño similar por una distancia adecuada para prevenir mezclas mecánicas o por una barrera física (zanja, seto vivo, alambrado, etc.).

#### 4.2 Relación parental

Los campos para producir semillas de girasol híbrido deberán ser sembrados de modo que las plantas padre (polinizadoras) se encuentren en surcos o bloques separados (los bloques solo en caso de polinización manual) de los surcos de plantas madre (productoras de semillas); no debe mezclarse entre las mismas. Una proporción constante de plantas madre a plantas padre se debe mantener en todo el campo.

*4.3 Emasculación*

En el momento de la floración no más de uno por ciento de las plantas madre podrán tener inflorescencias que han esparcido o esparcen polen.

*4.4 Pureza varietal*

Por lo menos 98 por ciento de las plantas de girasol deben ajustarse a las características de los respectivos padres.

*4.5 Malezas (general)*

El campo de producción de semillas deberá estar razonablemente libre de malezas; razonablemente libre significa que el crecimiento de las malezas no deberá ser tal como para impedir una evaluación correcta de las plantas de girasol..

*4.6 Enfermedades trasmitidas por las semillas*

El campo de producción de semillas deberá estar dentro de las normas para enfermedades trasmitidas por semillas especificadas en cada país de acuerdo a la situación local.

*4.7 Otras enfermedades*

El campo de producción de semillas deberá estar razonablemente libre de otras enfermedades; razonablemente libre significa que la cantidad de enfermedades no debería ser tal como para impedir una evaluación correcta de las características varietales.

## 5. Inspecciones de campo

*5.1 Número y época*

Los campos de producción de semillas deberán ser inspeccionados por lo menos dos veces: La primera durante la floración y la segunda en la madurez cuando se puedan observar adecuadamente las características varietales. Podrán ser necesarias inspecciones adicionales si se presentaran problemas particulares.

*5.2 Técnica*

5.2.1   Antes de entrar en el campo: el inspector deberá confirmar con el productor de semillas la ubicación exacta del campo, la variedad, el cultivo anterior del campo. Los campos de más de 50 hectáreas deberán ser divididos en parcelas de una superficie máxima de 50 hectáreas cada una y serán inspeccionadas separadamente.

5.2.2.   En el campo: el inspector controlará que las plantas de girasol se ajusten a las características de la variedad y que las relaciones parentales sean correctas (párrafo 4.2); después examinará los bordes del campo para controlar que los requisitos de aislamiento (párrafo 4.1) hayan sido satisfechos. A continuación se hará una supervisión general del campo y se hará una estimación de las plantas de malezas presentes y la situación de las enfermedades (párrafos 4.5, 4.6 y 4.7). Durante esta supervisión el inspector examinará cuidadosamente 150 plantas madre y 150 plantas padre tomadas al azar en grupos de 30 en cinco lugares separados del campo; el número de plantas que no correspondan a la característica del padre correspondiente supera tres, el campo deberá ser rechazado (párrafo 4.4). en las inspecciones durante la floración el inspector controlará 300 plantas en los surcos madre tomadas en cinco lugares al azar, en grupos de 60 plantas y contará el número de plantas que están esparciendo polen; si el número de plantas excede tres el campo deberá ser rechazado.

5.2.3 Después de la inspección: se deberá compilar un informe de la inspección y será tomada una decisión para aceptar o rechazar el cultivo o recomendar medidas correctivas antes de tomar una decisión final.

## 6. Normas de calidad de semillas

Las semillas deberán ajustarse a las condiciones siguientes, de acuerdo a lo evaluado según las reglas nacionales para análisis de semillas:
- Germinación    70 por ciento mínimo
- Semilla pura    98 por ciento mínimo
- Pureza varietal    98 por ciento mínimo

y a los siguientes elementos especificados para cada país según las necesidades locales:
- Contenido de humedad
- Enfermedades trasmitidas por las semillas.

## *SESAMUM INDICUM* L. - *PEDALIACEAE*
## SÉSAMO

### 1. Instalaciones y equipos

Recomendados:
- Depósito
- Clasificadora de zarandas y aire
- Equipo de pesado y embolsado

A ser especificados de acuerdo a las necesidades del lugar:
- Equipo de secado
- Separador por gravedad
- Cilindro alveolado
- Separador por color
- Equipo de tratamiento de semillas

### 2. Requisitos de los terrenos

La tierra a ser usada para la producción de semillas deberá estar libre de plantas espontáneas.

### 3. Normas de campo

#### 3.1 Aislamiento

El campo de producción de semillas deberá estar aislado de otros campos con fuentes de polen indeseable por una distancia de 50 m. o de cultivos con semillas de tamaño similar por una distancia adecuada para prevenir mezclas mecánicas o por una barrera física (zanja, seto vivo, alambrado, etc.).

#### 3.2 Pureza varietal

Por lo menos 98 por ciento de las plantas de sésamo deben ajustarse a las características de la variedad.

#### 3.3 Pureza específica

No deberá haber más de dos por ciento de otras especies cultivadas con tamaño similar de la semilla.

#### 3.4 Malezas (general)

El campo de producción de semillas deberá estar razonablemente libre de malezas; razonablemente libre significa que el crecimiento de las malezas no deberá ser tal como para impedir una evaluación correcta del maní..

#### 3.5 Malezas (específico)

No deberá haber más del número especificado de plantas de ciertas malezas por unidad de superficie (a ser especificado por cada país de acuerdo a la situación local).

*3.6 Enfermedades trasmitidas por las semillas*

El campo de producción de semillas deberá estar dentro de las normas para enfermedades trasmitidas por semillas especificadas en cada país de acuerdo a la situación local.

*3.7 Otras enfermedades*

El campo de producción de semillas deberá estar razonablemente libre de otras enfermedades; razonablemente libre significa que la cantidad de enfermedades no debería ser tal como para impedir una evaluación correcta de las características varietales.

## 4. Inspecciones de campo

*4.1 Número y época*

Los campos de producción de semillas deberán ser inspeccionados por lo menos dos veces: la primera vez en la floración y la segunda vez en la madurez cuando se puedan observar adecuadamente las características varietales. Podrán ser necesarias inspecciones adicionales si se presentaran problemas particulares.

*4.2 Técnica*

4.2.1  Antes de entrar en el campo: el inspector deberá confirmar con el productor de semillas la ubicación exacta del campo, la variedad, el cultivo anterior del campo. Los campos de más de 50 hectáreas deberán ser divididos en parcelas de una superficie máxima de 50 hectáreas cada una y serán inspeccionadas separadamente.

4.2.2  En el campo: el inspector controlará que las plantas de sésamo se ajusten a las características de la variedad y después examinará los bordes del campo para controlar que los requisitos de aislamiento hayan sido satisfechos. A continuación se hará una supervisión general del campo y se hará una estimación de las plantas de malezas presentes y la situación de las enfermedades. Durante esta supervisión el inspector examinará cuidadosamente 150 plantas tomadas al azar en grupos de 30 en cinco lugares separados del campo; el número de plantas que no correspondan a la variedad y el número de plantas de otras especies con semillas de tamaño similar serán contadas separadamente. Si tanto el número de plantas fuera de tipo o el número de otras especies de brassicáceas supera tres, el campo deberá ser rechazado (párrafos 3.2 y 3.3)

4.2.3  Después de la inspección: se deberá compilar un informe de la inspección y será tomada una decisión para aceptar o rechazar el cultivo o recomendar medidas correctivas antes de tomar una decisión final.

## 5. Normas de calidad de semillas

Las semillas deberán ajustarse a las condiciones siguientes, de acuerdo a lo evaluado según las reglas nacionales para análisis de semillas:
- Germinación        60 por ciento mínimo
- Semilla pura       98 por ciento mínimo
- Pureza varietal    98 por ciento mínimo

y a los siguientes elementos especificados para cada país según las necesidades locales:
- Semillas de malezas/otros cultivos por unidad de peso
- Contenido de humedad
- Enfermedades trasmitidas por las semillas.

# Especies forrajeras – *Poaceae*

***ANDROPOGON GAYANUS* KUNTH**

### 1. Instalaciones y equipos

Recomendados:
- Depósito
- Trilladora
- Clasificadora de zarandas y aire
- Equipo de pesado y embolsado

A ser especificados de acuerdo a las necesidades del lugar:
- Equipo de secado
- Equipo de tratamiento de semillas

### 2. Requisitos de los terrenos

La tierra a ser usada para la producción de semillas deberá estar libre de plantas espontáneas.

### 3. Normas de campo

*3.1 Aislamiento*

El campo de producción de semillas deberá estar aislado de otros campos de *A. gayanus* por una distancia mínima de 100 m y de otras especies cultivadas con semillas de tamaño similar por una distancia adecuada para prevenir mezclas mecánicas o por una barrera física (zanja, seto vivo, alambrado, etc.).

*3.2 Pureza varietal*

Por lo menos 98 por ciento de las plantas de *A. gayanus* deben ajustarse a las características de la variedad.

*3.3 Pureza específica*

No deberá haber más de dos por ciento de otras especies de poáceas con semillas de tamaño similar.

*3.4 Malezas (general)*

El campo de producción de semillas deberá estar razonablemente libre de malezas; razonablemente libre significa que el crecimiento de las malezas no deberá ser tal como para impedir una evaluación correcta del *A. gayanus*.

*3.5 Malezas (específico)*

No deberá haber más del número especificado de plantas de ciertas malezas por unidad de superficie (a ser especificado por cada país de acuerdo a la situación local).

### 3.6 Enfermedades trasmitidas por las semillas

El campo de producción de semillas deberá estar dentro de las normas para enfermedades trasmitidas por semillas especificadas en cada país de acuerdo a la situación local.

### 3.7 Otras enfermedades

El campo de producción de semillas deberá estar razonablemente libre de otras enfermedades; razonablemente libre significa que la cantidad de enfermedades no debería ser tal como para impedir una evaluación correcta de las características varietales.

## 4. Inspecciones de campo

### 4.1 Número y época

Los campos de producción de semillas deberán ser inspeccionados por lo menos dos veces: una antes de la floración y una segunda inspección en el momento de la floración cuando puedan ser observadas adecuadamente las características varietales y pueda ser constatada la aislamiento. Podrán ser necesarias inspecciones adicionales si se presentaran problemas particulares.

### 4.2 Técnica

4.2.1 Antes de entrar en el campo: el inspector deberá confirmar con el productor de semillas la ubicación exacta del campo, la variedad, el cultivo anterior del campo. Los campos de más de 50 hectáreas deberán ser divididos en parcelas de una superficie máxima de 50 hectáreas cada una y serán inspeccionadas separadamente.

4.2.2 En el campo: el inspector controlará que las plantas de *Amaranthus* se ajusten a las características de la variedad y después examinará los bordes del campo para controlar que los requisitos de aislamiento (párrafo 3.1) hayan sido satisfechos. A continuación se hará una supervisión general del campo y se hará una estimación de las plantas de malezas presentes y la situación de las enfermedades (párrafos 3.4, 3.5, 3.6 y 3.7). Durante esta supervisión el inspector examinará cuidadosamente al azar porciones de surcos según se describe en el cuadro adjunto. El porcentaje de plantas que no correspondan a la variedad y el número de plantas de otras especies de poáceas con semillas de tamaño similar serán contadas separadamente. Si tanto el número de plantas fuera de tipo o el número de otras especies de poáceas supera dos por ciento, el campo deberá ser rechazado (párrafos 3.2 y 3.3).

**Número de áreas a muestrear**

| Área del campo | Número de áreas de muestreo | |
|---|---|---|
| | Surcos de 5 m | Cultivos al voleo, unidades de 1 m² |
| Menos de 10 ha | 10 | 5 |
| 10 a 50 ha | 20 | 10 |

4.2.3 Después de la inspección: se deberá compilar un informe de la inspección y será tomada una decisión para aceptar o rechazar el cultivo o recomendar medidas correctivas antes de tomar una decisión final.

## 5. Normas de calidad de semillas

Las semillas deberán ajustarse a las condiciones siguientes, de acuerdo a lo evaluado según las reglas nacionales para análisis de semillas:
  ➢ Germinación        10 por ciento mínimo

➢ Semilla pura        50 por ciento mínimo

y a los siguientes elementos especificados para cada país según las necesidades locales:

➢ Semillas de malezas y/u otros cultivos por unidad de peso
➢ Contenido de humedad
➢ Enfermedades trasmitidas por las semillas.
➢ Pureza varietal

## *BOTHRIOCHLOA INSCULPTA* (HOCHST. EX A. RICH) A. CAMUS

### 1. Instalaciones y equipos

Recomendados:
> ➤ Depósito
> ➤ Trilladora cónica
> ➤ Clasificadora de zarandas y aire
> ➤ Equipo de pesado y embolsado

A ser especificados de acuerdo a las necesidades del lugar:
> ➤ Equipo de secado
> ➤ Equipo de tratamiento de semillas

### 2. Requisitos de los terrenos

La tierra a ser usada para la producción de semillas deberá estar libre de plantas espontáneas.

### 3. Normas de campo

*3.1 Aislamiento*

El campo de producción de semillas deberá estar aislado de otros campos de *Bothriochloa* spp. por una distancia mínima de cinco metros y de otras especies cultivadas con semillas de tamaño similar por una distancia adecuada para prevenir mezclas mecánicas o por una barrera física (zanja, seto vivo, alambrado, etc.).

*3.2 Pureza varietal*

Por lo menos 98 por ciento de las plantas de *Bothriochloa insculpta* deben ajustarse a las características de la variedad.

*3.3 Pureza específica*

No deberá haber más de dos por ciento de otras especies de poáceas con semillas de tamaño similar.

*3.4 Malezas (general)*

El campo de producción de semillas deberá estar razonablemente libre de malezas; razonablemente libre significa que el crecimiento de las malezas no deberá ser tal como para impedir una evaluación correcta de la *Bothriochloa insculpta*.

*3.5 Malezas (específico)*

No deberá haber más del número especificado de plantas de ciertas malezas por unidad de superficie (a ser especificado por cada país de acuerdo a la situación local).

*3.6 Enfermedades trasmitidas por las semillas*

El campo de producción de semillas deberá estar dentro de las normas para enfermedades trasmitidas por semillas especificadas en cada país de acuerdo a la situación local.

*Especies forrajeras – Poaceae*

*3.7 Otras enfermedades*

El campo de producción de semillas deberá estar razonablemente libre de otras enfermedades; razonablemente libre significa que la cantidad de enfermedades no debería ser tal como para impedir una evaluación correcta de las características varietales.

## 4. Inspecciones de campo

*4.1 Número y época*

Los campos de producción de semillas deberán ser inspeccionados por lo menos una vez durante la floración cuando puedan ser observadas adecuadamente las características varietales. Podrán ser necesarias inspecciones adicionales si se presentaran problemas particulares.

*4.2 Técnica*

4.2.1   Antes de entrar en el campo: el inspector deberá confirmar con el productor de semillas la ubicación exacta del campo, la variedad, el cultivo anterior del campo. Los campos de más de 50 hectáreas deberán ser divididos en parcelas de una superficie máxima de 50 hectáreas cada una y serán inspeccionadas separadamente.

4.2.2   En el campo: el inspector controlará que las plantas de *Bothriochloa insculpta* se ajusten a las características de la variedad y después examinará los bordes del campo para controlar que los requisitos de aislamiento (párrafo 3.1) hayan sido satisfechos. A continuación se hará una supervisión general del campo y se hará una estimación de las plantas de malezas presentes y la situación de las enfermedades (párrafos 3.4, 3.5, 3.6 y 3.7). Durante esta supervisión el inspector examinará cuidadosamente al azar porciones de surcos según se describe en el cuadro adjunto. El porcentaje de plantas que no correspondan a la variedad y el número de plantas de otras especies de poáceas con semillas de tamaño similar serán contadas separadamente. Si tanto el número de plantas fuera de tipo o el número de otras especies de poáceas supera dos por ciento, el campo deberá ser rechazado (párrafos 3.2 y 3.3).

**Número de áreas a muestrear**

| Área del campo | Número de áreas de muestreo | |
| --- | --- | --- |
|  | Surcos de 5 m | Cultivos al voleo, unidades de 1 m² |
| Menos de 10 ha | 10 | 5 |
| 10 a 50 ha | 20 | 10 |

4.2.3   Después de la inspección: se deberá compilar un informe de la inspección y será tomada una decisión para aceptar o rechazar el cultivo o recomendar medidas correctivas antes de tomar una decisión final.

## 5. Normas de calidad de semillas

Las semillas deberán ajustarse a las condiciones siguientes, de acuerdo a lo evaluado según las reglas nacionales para análisis de semillas:
- Germinación         10 por ciento mínimo
- Semilla pura         30 por ciento mínimo

y a los siguientes elementos especificados para cada país según las necesidades locales:
- Semillas de malezas y/u otros cultivos por unidad de peso
- Contenido de humedad
- Enfermedades trasmitidas por las semillas
- Pureza varietal

## *BROMUS CATHARTICUS* VAHL
## CEBADILLA

### 1. Instalaciones y equipos

Recomendados:
- Depósito
- Clasificadora de zarandas y aire
- Equipo de pesado y embolsado
- Cilindro alveolado

A ser especificados de acuerdo a las necesidades del lugar:
- Equipo de secado
- Separador por gravedad
- Máquina para cepillar/pulir
- Equipo de tratamiento de semillas

### 2. Requisitos de los terrenos

La tierra a ser usada para la producción de semillas deberá estar libre de plantas espontáneas.

### 3. Normas de campo

#### 3.1 Aislamiento

El campo de producción de semillas deberá estar aislado de otros campos de *Bromus catharticus* por una distancia mínima de 50 m y de otras especies cultivadas con semillas de tamaño similar por una distancia adecuada para prevenir mezclas mecánicas o por una barrera física (zanja, seto vivo, alambrado, etc.).

#### 3.2 Pureza varietal

Por lo menos 98 por ciento de las plantas de *Bromus catharticus* deben ajustarse a las características de la variedad.

#### 3.3 Pureza específica

No deberá haber más de dos por ciento de otras especies de poáceas con semillas de tamaño similar.

#### 3.4 Malezas (general)

El campo de producción de semillas deberá estar razonablemente libre de malezas; razonablemente libre significa que el crecimiento de las malezas no deberá ser tal como para impedir una evaluación correcta del *Bromus catharticus*.

#### 3.5 Malezas (específico)

No deberá haber más del número especificado de plantas de ciertas malezas por unidad de superficie (a ser especificado por cada país de acuerdo a la situación local).

*Especies forrajeras – Poaceae*

*3.6 Enfermedades trasmitidas por las semillas*

El campo de producción de semillas deberá estar dentro de las normas para enfermedades trasmitidas por semillas especificadas en cada país de acuerdo a la situación local.

*3.7 Otras enfermedades*

El campo de producción de semillas deberá estar razonablemente libre de otras enfermedades; razonablemente libre significa que la cantidad de enfermedades no debería ser tal como para impedir una evaluación correcta de las características varietales.

## 4. Inspecciones de campo

*4.1 Número y época*

Los campos de producción de semillas deberán ser inspeccionados por lo menos una vez durante la floración cuando puedan ser observadas adecuadamente las características varietales. Podrán ser necesarias inspecciones adicionales si se presentaran problemas particulares.

*4.2 Técnica*

4.2.1 Antes de entrar en el campo: el inspector deberá confirmar con el productor de semillas la ubicación exacta del campo, la variedad, el cultivo anterior del campo. Los campos de más de 50 hectáreas deberán ser divididos en parcelas de una superficie máxima de 50 hectáreas cada una y serán inspeccionadas separadamente.

4.2.2 En el campo: el inspector controlará que las plantas de *Bromus catharticus* se ajusten a las características de la variedad y después examinará los bordes del campo para controlar que los requisitos de aislamiento (párrafo 3.1) hayan sido satisfechos. A continuación se hará una supervisión general del campo y se hará una estimación de las plantas de malezas presentes y la situación de las enfermedades (párrafos 3.4, 3.5, 3.6 y 3.7). Durante esta supervisión el inspector examinará cuidadosamente al azar porciones de surcos según se describe en el cuadro adjunto. El porcentaje de plantas que no correspondan a la variedad y el número de plantas de otras especies de poáceas con semillas de tamaño similar serán contadas separadamente. Si tanto el número de plantas fuera de tipo o el número de otras especies de poáceas supera dos por ciento, el campo deberá ser rechazado (párrafos 3.2 y 3.3).

Número de áreas a muestrear

| Área del campo | Número de áreas de muestreo | |
|---|---|---|
| | Surcos de 5 m | Cultivos al voleo, unidades de 1 m² |
| Menos de 10 ha | 10 | 5 |
| 10 a 50 ha | 20 | 10 |

4.2.3 Después de la inspección: se deberá compilar un informe de la inspección y será tomada una decisión para aceptar o rechazar el cultivo o recomendar medidas correctivas antes de tomar una decisión final.

## 5. Normas de calidad de semillas

Las semillas deberán ajustarse a las condiciones siguientes, de acuerdo a lo evaluado según las reglas nacionales para análisis de semillas:
- ➢ Germinación      75 por ciento mínimo
- ➢ Semilla pura      95 por ciento mínimo

y a los siguientes elementos especificados para cada país según las necesidades locales:
- Semillas de malezas y/u otros cultivos por unidad de peso
- Contenido de humedad
- Enfermedades trasmitidas por las semillas
- Pureza varietal

## CENCHRUS CILIARIS L. (= PENNISETUM CILIARE)
## PASTO BUFFEL

### 1. Instalaciones y equipos

Recomendados:
- Depósito
- Clasificadora de zarandas y aire
- Equipo de pesado y embolsado
- Limpiadora Walker o Nesbit

A ser especificados de acuerdo a las necesidades del lugar:
- Equipo de secado
- Equipo de tratamiento de semillas

### 2. Requisitos de los terrenos

La tierra a ser usada para la producción de semillas deberá estar libre de plantas espontáneas.

### 3. Normas de campo

*3.1 Aislamiento*

El campo de producción de semillas deberá estar aislado de otros campos de la misma especie o de otras especies y de otras especies cultivadas con semillas de tamaño similar por una distancia mínima adecuada (10 m) para prevenir mezclas mecánicas o por una barrera física (zanja, seto vivo, alambrado, etc.) y por una distancia de 100 m de otros campos con especies con las cuales se pueda cruzar.

*3.2 Pureza varietal*

Por lo menos 98 por ciento de las plantas de *Bromus catharticus* deben ajustarse a las características de la variedad.

*3.3 Pureza específica*

No deberá haber más de dos por ciento de otras especies de poáceas con semillas de tamaño similar.

*3.4 Malezas (general)*

El campo de producción de semillas deberá estar razonablemente libre de malezas; razonablemente libre significa que el crecimiento de las malezas no deberá ser tal como para impedir una evaluación correcta del *Cenchrus*.

*3.5 Malezas (específico)*

No deberá haber más del número especificado de plantas de ciertas malezas por unidad de superficie (a ser especificado por cada país de acuerdo a la situación local).

*3.6 Enfermedades trasmitidas por las semillas*

El campo de producción de semillas deberá estar dentro de las normas para enfermedades trasmitidas por semillas especificadas en cada país de acuerdo a la situación local.

## 3.7 Otras enfermedades

El campo de producción de semillas deberá estar razonablemente libre de otras enfermedades; razonablemente libre significa que la cantidad de enfermedades no debería ser tal como para impedir una evaluación correcta de las características varietales.

## 4. Inspecciones de campo

### 4.1 Número y época

Los campos de producción de semillas deberán ser inspeccionados por lo menos dos veces: una vez durante la floración y una segunda vez cuando puedan ser observadas adecuadamente las características varietales y constatada la aislamiento. Podrán ser necesarias inspecciones adicionales si se presentaran problemas particulares.

### 4.2 Técnica

4.2.1 Antes de entrar en el campo: el inspector deberá confirmar con el productor de semillas la ubicación exacta del campo, la variedad, el cultivo anterior del campo. Los campos de más de 50 hectáreas deberán ser divididos en parcelas de una superficie máxima de 50 hectáreas cada una y serán inspeccionadas separadamente.

4.2.2 En el campo: el inspector controlará que las plantas de *Cenchrus ciliaris* se ajusten a las características de la variedad y después examinará los bordes del campo para controlar que los requisitos de aislamiento (párrafo 3.1) hayan sido satisfechos. A continuación se hará una supervisión general del campo y se hará una estimación de las plantas de malezas presentes y la situación de las enfermedades (párrafos 3.4, 3.5, 3.6 y 3.7). Durante esta supervisión el inspector examinará cuidadosamente al azar porciones de surcos según se describe en el cuadro adjunto. El porcentaje de plantas que no correspondan a la variedad y el número de plantas de otras especies de poáceas con semillas de tamaño similar serán contadas separadamente. Si tanto el número de plantas fuera de tipo o el número de otras especies de poáceas supera dos por ciento, el campo deberá ser rechazado (párrafos 3.2 y 3.3).

**Número de áreas a muestrear**

| Área del campo | Número de áreas de muestreo | |
|---|---|---|
| | Surcos de 5 m | Cultivos al voleo, unidades de 1 m² |
| Menos de 10 ha | 10 | 5 |
| 10 a 50 ha | 20 | 10 |

4.2.3 Después de la inspección: se deberá compilar un informe de la inspección y será tomada una decisión para aceptar o rechazar el cultivo o recomendar medidas correctivas antes de tomar una decisión final.

## 5. Normas de calidad de semillas

Las semillas deberán ajustarse a las condiciones siguientes, de acuerdo a lo evaluado según las reglas nacionales para análisis de semillas:
- Germinación    20 por ciento mínimo
- Semilla pura    90 por ciento mínimo

y a los siguientes elementos especificados para cada país según las necesidades locales:
- Semillas de malezas y/u otros cultivos por unidad de peso
- Contenido de humedad
- Enfermedades trasmitidas por las semillas
- Pureza varietal

## *CHLORIS GAYANA* KUNTH
## PASTO RHODES

### 1. Instalaciones y equipos

Recomendados:
- Depósito
- Clasificadora de zarandas y aire
- Equipo de pesado y embolsado
- Cilindro alveolado
- Separador de discos

A ser especificados de acuerdo a las necesidades del lugar:
- Equipo de secado
- Equipo de tratamiento de semillas

### 2. Requisitos de los terrenos

La tierra a ser usada para la producción de semillas deberá estar libre de plantas espontáneas.

### 3. Normas de campo

*3.1 Aislamiento*

El campo de producción de semillas deberá estar aislado de otros campos de *Chloris gayana* o de otras especies de ploidía similar (diploides o tetraploides) por una distancia mínima de 100 m y de otras especies cultivadas con semillas de tamaño similar por una distancia adecuada para prevenir mezclas mecánicas o por una barrera física (zanja, seto vivo, alambrado, etc.).

*3.2 Pureza varietal*

Por lo menos 98 por ciento de las plantas de *Chloris gayana* deben ajustarse a las características de la variedad.

*3.3 Pureza específica*

No deberá haber más de dos por ciento de otras especies de poáceas con semillas de tamaño similar.

*3.4 Malezas (general)*

El campo de producción de semillas deberá estar razonablemente libre de malezas; razonablemente libre significa que el crecimiento de las malezas no deberá ser tal como para impedir una evaluación correcta del *Chloris gayana*.

*3.5 Malezas (específico)*

No deberá haber más del número especificado de plantas de ciertas malezas por unidad de superficie (a ser especificado por cada país de acuerdo a la situación local).

## 3.6 Enfermedades trasmitidas por las semillas

El campo de producción de semillas deberá estar dentro de las normas para enfermedades trasmitidas por semillas especificadas en cada país de acuerdo a la situación local.

## 3.7 Otras enfermedades

El campo de producción de semillas deberá estar razonablemente libre de otras enfermedades; razonablemente libre significa que la cantidad de enfermedades no debería ser tal como para impedir una evaluación correcta de las características varietales.

## 4. Inspecciones de campo

### 4.1 Número y época

Los campos de producción de semillas deberán ser inspeccionados por lo menos una vez cuando puedan ser observadas adecuadamente las características varietales y constatada la aislamiento. Podrán ser necesarias inspecciones adicionales si se presentaran problemas particulares.

### 4.2 Técnica

4.2.1 Antes de entrar en el campo: el inspector deberá confirmar con el productor de semillas la ubicación exacta del campo, la variedad, el cultivo anterior del campo. Los campos de más de 50 hectáreas deberán ser divididos en parcelas de una superficie máxima de 50 hectáreas cada una y serán inspeccionadas separadamente.

4.2.2 En el campo: el inspector controlará que las plantas de *Chloris gayana* se ajusten a las características de la variedad y después examinará los bordes del campo para controlar que los requisitos de aislamiento (párrafo 3.1) hayan sido satisfechos. A continuación se hará una supervisión general del campo y se hará una estimación de las plantas de malezas presentes y la situación de las enfermedades (párrafos 3.4, 3.5, 3.6 y 3.7). Durante esta supervisión el inspector examinará cuidadosamente al azar porciones de surcos según se describe en el cuadro adjunto. El porcentaje de plantas que no correspondan a la variedad y el número de plantas de otras especies de poáceas con semillas de tamaño similar serán contadas separadamente. Si tanto el número de plantas fuera de tipo o el número de otras especies de poáceas supera dos por ciento, el campo deberá ser rechazado (párrafos 3.2 y 3.3).

**Número de áreas a muestrear**

| Área del campo | Número de áreas de muestreo | |
|---|---|---|
| | Surcos de 5 m | Cultivos al voleo, unidades de 1 m² |
| Menos de 10 ha | 10 | 5 |
| 10 a 50 ha | 20 | 10 |

4.2. Después de la inspección: se deberá compilar un informe de la inspección y será tomada una decisión para aceptar o rechazar el cultivo o recomendar medidas correctivas antes de tomar una decisión final.

## 5. Normas de calidad de semillas

Las semillas deberán ajustarse a las condiciones siguientes, de acuerdo a lo evaluado según las reglas nacionales para análisis de semillas:

- ➢ Germinación        20 por ciento mínimo; tetraploides: 10 por ciento mínimo
- ➢ Semilla pura        85 por ciento mínimo; tetraploides: 75 por ciento mínimo

y a los siguientes elementos especificados para cada país según las necesidades locales:
- ➢ Semillas de malezas y/u otros cultivos por unidad de peso
- ➢ Contenido de humedad
- ➢ Enfermedades trasmitidas por las semillas
- ➢ Pureza varietal

## *DACTYLIS GLOMERATA* L.
## PASTO OVILLO, PASTO AZUL

### 1. Instalaciones y equipos

Recomendados:
- Depósito
- Clasificadora de zarandas y aire
- Equipo de pesado y embolsado
- Cilindro alveolado

A ser especificados de acuerdo a las necesidades del lugar:
- Equipo de secado
- Separador por gravedad
- Desbarbador
- Equipo de tratamiento de semillas

### 2. Requisitos de los terrenos

La tierra a ser usada para la producción de semillas deberá estar libre de plantas espontáneas.

### 3. Normas de campo

#### 3.1 Aislamiento

El campo de producción de semillas deberá estar aislado de otros campos de *Dactylis glomerata* por una distancia mínima de 50 m y de otras especies cultivadas con semillas de tamaño similar por una distancia adecuada para prevenir mezclas mecánicas o por una barrera física (zanja, seto vivo, alambrado, etc.).

#### 3.2 Pureza varietal

Por lo menos 98 por ciento de las plantas de *Dactylis glomerata* deben ajustarse a las características de la variedad.

#### 3.3 Pureza específica

No deberá haber más de dos por ciento de otras especies de poáceas con semillas de tamaño similar.

#### 3.4 Malezas (general)

El campo de producción de semillas deberá estar razonablemente libre de malezas; razonablemente libre significa que el crecimiento de las malezas no deberá ser tal como para impedir una evaluación correcta del *Dactylis glomerata*.

#### 3.5 Malezas (específico)

No deberá haber más del número especificado de plantas de ciertas malezas por unidad de superficie (a ser especificado por cada país de acuerdo a la situación local).

*Especies forrajeras – Poaceae*

## 3.6 Enfermedades trasmitidas por las semillas

El campo de producción de semillas deberá estar dentro de las normas para enfermedades trasmitidas por semillas especificadas en cada país de acuerdo a la situación local.

## 3.7 Otras enfermedades

El campo de producción de semillas deberá estar razonablemente libre de otras enfermedades; razonablemente libre significa que la cantidad de enfermedades no debería ser tal como para impedir una evaluación correcta de las características varietales.

## 4. Inspecciones de campo

### 4.1 Número y época

Los campos de producción de semillas deberán ser inspeccionados por lo menos una vez cuando puedan ser observadas adecuadamente las características varietales y constatada la aislamiento. Podrán ser necesarias inspecciones adicionales si se presentaran problemas particulares.

### 4.2 Técnica

4.2.1    Antes de entrar en el campo: el inspector deberá confirmar con el productor de semillas la ubicación exacta del campo, la variedad, el cultivo anterior del campo. Los campos de más de 50 hectáreas deberán ser divididos en parcelas de una superficie máxima de 50 hectáreas cada una y serán inspeccionadas separadamente.

4.2.2.    En el campo: el inspector controlará que las plantas de *Dactylis glomerata* se ajusten a las características de la variedad y después examinará los bordes del campo para controlar que los requisitos de aislamiento (párrafo 3.1) hayan sido satisfechos. A continuación se hará una supervisión general del campo y se hará una estimación de las plantas de malezas presentes y la situación de las enfermedades (párrafos 3.4, 3.5, 3.6 y 3.7). Durante esta supervisión el inspector examinará cuidadosamente al azar porciones de surcos según se describe en el cuadro adjunto. El porcentaje de plantas que no correspondan a la variedad y el número de plantas de otras especies de poáceas con semillas de tamaño similar serán contadas separadamente. Si tanto el número de plantas fuera de tipo o el número de otras especies de poáceas supera dos por ciento, el campo deberá ser rechazado (párrafos 3.2 y 3.3).

**Número de áreas a muestrear**

| Área del campo | Número de áreas de muestreo | |
|---|---|---|
| | Surcos de 5 m | Cultivos al voleo, unidades de 1 m² |
| Menos de 10 ha | 10 | 5 |
| 10 a 50 ha | 20 | 10 |

4.2.3    Después de la inspección: se deberá compilar un informe de la inspección y será tomada una decisión para aceptar o rechazar el cultivo o recomendar medidas correctivas antes de tomar una decisión final.

## 5. Normas de calidad de semillas

Las semillas deberán ajustarse a las condiciones siguientes, de acuerdo a lo evaluado según las reglas nacionales para análisis de semillas:
- Germinación     70 por ciento mínimo
- Semilla pura     80 por ciento mínimo

y a los siguientes elementos especificados para cada país según las necesidades locales:
- Semillas de malezas y/u otros cultivos por unidad de peso
- Contenido de humedad
- Enfermedades trasmitidas por las semillas
- Pureza varietal

## *ERAGROSTIS CURVULA* (SCHRAD.) NEES

### 1. Instalaciones y equipos

Recomendados:
- Depósito
- Clasificadora de zarandas y aire
- Separador de discos
- Equipo de pesado y embolsado
- Cilindro alveolado

A ser especificados de acuerdo a las necesidades del lugar:
- Equipo de secado
- Equipo de tratamiento de semillas

### 2. Requisitos de los terrenos

La tierra a ser usada para la producción de semillas deberá estar libre de plantas espontáneas.

### 3. Normas de campo

#### 3.1 Aislamiento

El campo de producción de semillas deberá estar aislado de otros campos de *Eragrostis curvula* de ploidía similar (diploides o tetraploides) por una distancia mínima de 100 m y de otras especies cultivadas con semillas de tamaño similar por una distancia adecuada para prevenir mezclas mecánicas o por una barrera física (zanja, seto vivo, alambrado, etc.).

#### 3.2 Pureza varietal

Por lo menos 98 por ciento de las plantas de *Eragrostis curvula* deben ajustarse a las características de la variedad.

#### 3.3 Pureza específica

No deberá haber más de dos por ciento de otras especies de poáceas con semillas de tamaño similar.

#### 3.4 Malezas (general)

El campo de producción de semillas deberá estar razonablemente libre de malezas; razonablemente libre significa que el crecimiento de las malezas no deberá ser tal como para impedir una evaluación correcta del *Eragrosits curvula*.

#### 3.5 Malezas (específico)

No deberá haber más del número especificado de plantas de ciertas malezas por unidad de superficie (a ser especificado por cada país de acuerdo a la situación local).

#### 3.6 Enfermedades trasmitidas por las semillas

El campo de producción de semillas deberá estar dentro de las normas para enfermedades trasmitidas por semillas especificadas en cada país de acuerdo a la situación local.

## 3.7 Otras enfermedades

El campo de producción de semillas deberá estar razonablemente libre de otras enfermedades; razonablemente libre significa que la cantidad de enfermedades no debería ser tal como para impedir una evaluación correcta de las características varietales.

## 4. Inspecciones de campo

### 4.1 Número y época

Los campos de producción de semillas deberán ser inspeccionados por lo menos una vez cuando puedan ser observadas adecuadamente las características varietales y constatada la aislamiento. Podrán ser necesarias inspecciones adicionales si se presentaran problemas particulares.

### 4.2 Técnica

4.2.1 Antes de entrar en el campo: el inspector deberá confirmar con el productor de semillas la ubicación exacta del campo, la variedad, el cultivo anterior del campo. Los campos de más de 50 hectáreas deberán ser divididos en parcelas de una superficie máxima de 50 hectáreas cada una y serán inspeccionadas separadamente.

4.2.2 En el campo: el inspector controlará que las plantas de *Eragrostis curvula* se ajusten a las características de la variedad y después examinará los bordes del campo para controlar que los requisitos de aislamiento (párrafo 3.1) hayan sido satisfechos. A continuación se hará una supervisión general del campo y se hará una estimación de las plantas de malezas presentes y la situación de las enfermedades (párrafos 3.4, 3.5, 3.6 y 3.7). Durante esta supervisión el inspector examinará cuidadosamente al azar porciones de surcos según se describe en el cuadro adjunto. El porcentaje de plantas que no correspondan a la variedad y el número de plantas de otras especies de poáceas con semillas de tamaño similar serán contadas separadamente. Si tanto el número de plantas fuera de tipo o el número de otras especies de poáceas supera dos por ciento, el campo deberá ser rechazado (párrafos 3.2 y 3.3).

**Número de áreas a muestrear**

| Área del campo | Número de áreas de muestreo | |
|---|---|---|
| | Surcos de 5 m | Cultivos al voleo, unidades de 1 m² |
| Menos de 10 ha | 10 | 5 |
| 10 a 50 ha | 20 | 10 |

4.2.3 Después de la inspección: se deberá compilar un informe de la inspección y será tomada una decisión para aceptar o rechazar el cultivo o recomendar medidas correctivas antes de tomar una decisión final.

## 5. Normas de calidad de semillas

Las semillas deberán ajustarse a las condiciones siguientes, de acuerdo a lo evaluado según las reglas nacionales para análisis de semillas:
- Germinación      60 por ciento mínimo
- Semilla pura     60 por ciento mínimo

y a los siguientes elementos especificados para cada país según las necesidades locales:
- Semillas de malezas y/u otros cultivos por unidad de peso
- Contenido de humedad
- Enfermedades trasmitidas por las semillas
- Pureza varietal

## *FESTUCA ARUNDINACEAE* SCHREB.
## FESTUCA ALTA

### 1. Instalaciones y equipos

Recomendados:
- Depósito
- Clasificadora de zarandas y aire
- Equipo de pesado y embolsado
- Cilindro alveolado

A ser especificados de acuerdo a las necesidades del lugar:
- Equipo de secado
- Separador por gravedad
- Máquina para cepillar/pulir
- Equipo de tratamiento de semillas

### 2. Requisitos de los terrenos

La tierra a ser usada para la producción de semillas deberá estar libre de plantas espontáneas.

### 3. Normas de campo

*3.1 Aislamiento*

El campo de producción de semillas deberá estar aislado de otros campos de *Festuca arundinacea* por una distancia mínima de 100 m y de otras especies cultivadas con semillas de tamaño similar por una distancia adecuada para prevenir mezclas mecánicas o por una barrera física (zanja, seto vivo, alambrado, etc.).

*3.2 Pureza varietal*

Por lo menos 98 por ciento de las plantas de *Festuca arundinacea* deben ajustarse a las características de la variedad.

*3.3 Pureza específica*

No deberá haber más de dos por ciento de otras especies de poáceas con semillas de tamaño similar.

*3.4 Malezas (general)*

El campo de producción de semillas deberá estar razonablemente libre de malezas; razonablemente libre significa que el crecimiento de las malezas no deberá ser tal como para impedir una evaluación correcta de la *Festuca arundinacea*.

*3.5 Malezas (específico)*

No deberá haber más del número especificado de plantas de ciertas malezas por unidad de superficie (a ser especificado por cada país de acuerdo a la situación local).

## 3.6 Enfermedades trasmitidas por las semillas

El campo de producción de semillas deberá estar dentro de las normas para enfermedades trasmitidas por semillas especificadas en cada país de acuerdo a la situación local.

## 3.7 Otras enfermedades

El campo de producción de semillas deberá estar razonablemente libre de otras enfermedades; razonablemente libre significa que la cantidad de enfermedades no debería ser tal como para impedir una evaluación correcta de las características varietales.

## 4. Inspecciones de campo

### 4.1 Número y época

Los campos de producción de semillas deberán ser inspeccionados por lo menos una vez cuando puedan ser observadas adecuadamente las características varietales y constatada la aislamiento. Podrán ser necesarias inspecciones adicionales si se presentaran problemas particulares.

### 4.2 Técnica

4.2.1 Antes de entrar en el campo: el inspector deberá confirmar con el productor de semillas la ubicación exacta del campo, la variedad, el cultivo anterior del campo. Los campos de más de 50 hectáreas deberán ser divididos en parcelas de una superficie máxima de 50 hectáreas cada una y serán inspeccionadas separadamente.

4.2.2 En el campo: el inspector controlará que las plantas de *Festuca arundinacea* se ajusten a las características de la variedad y después examinará los bordes del campo para controlar que los requisitos de aislamiento (párrafo 3.1) hayan sido satisfechos. A continuación se hará una supervisión general del campo y se hará una estimación de las plantas de malezas presentes y la situación de las enfermedades (párrafos 3.4, 3.5, 3.6 y 3.7). Durante esta supervisión el inspector examinará cuidadosamente al azar porciones de surcos según se describe en el cuadro adjunto. El porcentaje de plantas que no correspondan a la variedad y el número de plantas de otras especies de poáceas con semillas de tamaño similar serán contadas separadamente. Si tanto el número de plantas fuera de tipo o el número de otras especies de poáceas supera dos por ciento, el campo deberá ser rechazado (párrafos 3.2 y 3.3).

**Número de áreas a muestrear**

| Área del campo | Número de áreas de muestreo | |
|---|---|---|
| | Surcos de 5 m | Cultivos al voleo, unidades de 1 m² |
| Menos de 10 ha | 10 | 5 |
| 10 a 50 ha | 20 | 10 |

4.2.3 Después de la inspección: se deberá compilar un informe de la inspección y será tomada una decisión para aceptar o rechazar el cultivo o recomendar medidas correctivas antes de tomar una decisión final.

## 5. Normas de calidad de semillas

Las semillas deberán ajustarse a las condiciones siguientes, de acuerdo a lo evaluado según las reglas nacionales para análisis de semillas:
- Germinación     75 por ciento mínimo
- Semilla pura     95 por ciento mínimo

y a los siguientes elementos especificados para cada país según las necesidades locales:
- Semillas de malezas y/u otros cultivos por unidad de peso
- Contenido de humedad
- Enfermedades trasmitidas por las semillas
- Pureza varietal

## *LOLIUM MULTIFLORUM* LAM.
## RAIGRÁS ITALIANO

### 1. Instalaciones y equipos

Recomendados:
- Depósito
- Clasificadora de zarandas y aire
- Equipo de pesado y embolsado
- Cilindro alveolado

A ser especificados de acuerdo a las necesidades del lugar:
- Equipo de secado
- Separador por gravedad
- Máquina para cepillar/pulir
- Equipo de tratamiento de semillas

### 2. Requisitos de los terrenos

La tierra a ser usada para la producción de semillas deberá estar libre de plantas espontáneas.

### 3. Normas de campo

*3.1 Aislamiento*

El campo de producción de semillas deberá estar aislado de otros campos de *Lolium* spp. por una distancia mínima de 50 m y de otras especies cultivadas con semillas de tamaño similar por una distancia adecuada para prevenir mezclas mecánicas o por una barrera física (zanja, seto vivo, alambrado, etc.).

*3.2 Pureza varietal*

Por lo menos 98 por ciento de las plantas de *Lolium multiflorum* deben ajustarse a las características de la variedad.

*3.3 Pureza específica*

No deberá haber más de dos por ciento de otras especies de poáceas con semillas de tamaño similar.

*3.4 Malezas (general)*

El campo de producción de semillas deberá estar razonablemente libre de malezas; razonablemente libre significa que el crecimiento de las malezas no deberá ser tal como para impedir una evaluación correcta del *Lolium multiflorum.*

*3.5 Malezas (específico)*

No deberá haber más del número especificado de plantas de ciertas malezas por unidad de superficie (a ser especificado por cada país de acuerdo a la situación local).

*3.6 Enfermedades trasmitidas por las semillas*

El campo de producción de semillas deberá estar dentro de las normas para enfermedades trasmitidas por semillas especificadas en cada país de acuerdo a la situación local.

*3.7 Otras enfermedades*

El campo de producción de semillas deberá estar razonablemente libre de otras enfermedades; razonablemente libre significa que la cantidad de enfermedades no debería ser tal como para impedir una evaluación correcta de las características varietales.

## 4. Inspecciones de campo
*4.1 Número y época*

Los campos de producción de semillas deberán ser inspeccionados por lo menos una vez cuando puedan ser observadas adecuadamente las características varietales y constatada la aislamiento. Podrán ser necesarias inspecciones adicionales si se presentaran problemas particulares.

*4.2 Técnica*

4.2.1  Antes de entrar en el campo: el inspector deberá confirmar con el productor de semillas la ubicación exacta del campo, la variedad, el cultivo anterior del campo. Los campos de más de 50 hectáreas deberán ser divididos en parcelas de una superficie máxima de 50 hectáreas cada una y serán inspeccionadas separadamente.

4.2.2  En el campo: el inspector controlará que las plantas de *Lolium multiflorum* se ajusten a las características de la variedad y después examinará los bordes del campo para controlar que los requisitos de aislamiento (párrafo 3.1) hayan sido satisfechos. A continuación se hará una supervisión general del campo y se hará una estimación de las plantas de malezas presentes y la situación de las enfermedades (párrafos 3.4, 3.5, 3.6 y 3.7). Durante esta supervisión el inspector examinará cuidadosamente al azar porciones de surcos según se describe en el cuadro adjunto. El porcentaje de plantas que no correspondan a la variedad y el número de plantas de otras especies de poáceas con semillas de tamaño similar serán contadas separadamente. Si tanto el número de plantas fuera de tipo o el número de otras especies de poáceas supera dos por ciento, el campo deberá ser rechazado (párrafos 3.2 y 3.3).

**Número de áreas a muestrear**

| Área del campo | Número de áreas de muestreo ||
| --- | --- | --- |
| | Surcos de 5 m | Cultivos al voleo, unidades de 1 m² |
| Menos de 10 ha | 10 | 5 |
| 10 a 50 ha | 20 | 10 |

4.2.3  Después de la inspección: se deberá compilar un informe de la inspección y será tomada una decisión para aceptar o rechazar el cultivo o recomendar medidas correctivas antes de tomar una decisión final.

## 5. Normas de calidad de semillas

Las semillas deberán ajustarse a las condiciones siguientes, de acuerdo a lo evaluado según las reglas nacionales para análisis de semillas:
- ➢ Germinación    75 por ciento mínimo
- ➢ Semilla pura    95 por ciento mínimo

y a los siguientes elementos especificados para cada país según las necesidades locales:
- Semillas de malezas y/u otros cultivos por unidad de peso
- Contenido de humedad
- Enfermedades trasmitidas por las semillas
- Pureza varietal

*Especies forrajeras – Poaceae*

## *MEGATHYRSUS MAXIMUS* (JACQ.) B. K. SIMON & W. L. JACOBS (= *PANICUM MAXIMUM* JACQ.)

### 1. Instalaciones y equipos

Recomendados:
- Depósito
- Clasificadora de zarandas y aire
- Equipo de pesado y embolsado
- Cilindro alveolado
- Separador de discos

A ser especificados de acuerdo a las necesidades del lugar:
- Equipo de secado
- Equipo de tratamiento de semillas

### 2. Requisitos de los terrenos

La tierra a ser usada para la producción de semillas deberá estar libre de plantas espontáneas.

### 3. Normas de campo

*3.1 Aislamiento*

El campo de producción de semillas deberá estar aislado de otros campos de *Megathyrsus maximus*. por una distancia mínima de 10 m y de otras especies cultivadas con semillas de tamaño similar por una distancia adecuada para prevenir mezclas mecánicas o por una barrera física (zanja, seto vivo, alambrado, etc.) y por una distancia de 100 m de otros campos de *Megathyrsus maximus* que se puedan cruzar con el mismo.

*3.2 Pureza varietal*

Por lo menos 98 por ciento de las plantas de *Megathyrsus maximus* deben ajustarse a las características de la variedad.

*3.3 Pureza específica*

No deberá haber más de dos por ciento de otras especies de poáceas con semillas de tamaño similar.

*3.4 Malezas (general)*

El campo de producción de semillas deberá estar razonablemente libre de malezas; razonablemente libre significa que el crecimiento de las malezas no deberá ser tal como para impedir una evaluación correcta del *Megathyrsus maximus*.

*3.5 Malezas (específico)*

No deberá haber más del número especificado de plantas de ciertas malezas por unidad de superficie (a ser especificado por cada país de acuerdo a la situación local).

### 3.6 Enfermedades trasmitidas por las semillas

El campo de producción de semillas deberá estar dentro de las normas para enfermedades trasmitidas por semillas especificadas en cada país de acuerdo a la situación local.

### 3.7 Otras enfermedades

El campo de producción de semillas deberá estar razonablemente libre de otras enfermedades; razonablemente libre significa que la cantidad de enfermedades no debería ser tal como para impedir una evaluación correcta de las características varietales.

## 4. Inspecciones de campo

### 4.1 Número y época

Los campos de producción de semillas deberán ser inspeccionados por lo menos dos veces: una vez antes y una primera vez después de la floración cuando puedan ser observadas adecuadamente las características varietales y constatada la aislamiento. Podrán ser necesarias inspecciones adicionales si se presentaran problemas particulares.

### 4.2 Técnica

4.2.1 Antes de entrar en el campo: el inspector deberá confirmar con el productor de semillas la ubicación exacta del campo, la variedad, el cultivo anterior del campo. Los campos de más de 50 hectáreas deberán ser divididos en parcelas de una superficie máxima de 50 hectáreas cada una y serán inspeccionadas separadamente.

4.2.2 En el campo: el inspector controlará que las plantas de *Megathyrsus maximus* se ajusten a las características de la variedad y después examinará los bordes del campo para controlar que los requisitos de aislamiento (párrafo 3.1) hayan sido satisfechos. A continuación se hará una supervisión general del campo y se hará una estimación de las plantas de malezas presentes y la situación de las enfermedades (párrafos 3.4, 3.5, 3.6 y 3.7). Durante esta supervisión el inspector examinará cuidadosamente al azar porciones de surcos según se describe en el cuadro adjunto. El porcentaje de plantas que no correspondan a la variedad y el número de plantas de otras especies de poáceas con semillas de tamaño similar serán contadas separadamente. Si tanto el número de plantas fuera de tipo o el número de otras especies de poáceas supera dos por ciento, el campo deberá ser rechazado (párrafos 3.2 y 3.3).

**Número de áreas a muestrear**

| Área del campo | Número de áreas de muestreo | |
|---|---|---|
| | Surcos de 5 m | Cultivos al voleo, unidades de 1 m$^2$ |
| Menos de 10 ha | 10 | 5 |
| 10 a 50 ha | 20 | 10 |

4.2.3 Después de la inspección: se deberá compilar un informe de la inspección y será tomada una decisión para aceptar o rechazar el cultivo o recomendar medidas correctivas antes de tomar una decisión final.

## 5. Normas de calidad de semillas

Las semillas deberán ajustarse a las condiciones siguientes, de acuerdo a lo evaluado según las reglas nacionales para análisis de semillas:

➢ Germinación    70 por ciento mínimo

➤ Semilla pura      75 por ciento mínimo

y a los siguientes elementos especificados para cada país según las necesidades locales:
- ➤ Semillas de malezas y/u otros cultivos por unidad de peso
- ➤ Contenido de humedad
- ➤ Enfermedades trasmitidas por las semillas
- ➤ Pureza varietal

## *PANICUM COLORATUM* L.
## PASTO COLORADO

### 1. Instalaciones y equipos

Recomendados:
- Depósito
- Clasificadora de zarandas y aire
- Equipo de pesado y embolsado

A ser especificados de acuerdo a las necesidades del lugar:
- Equipo de secado
- Equipo de tratamiento de semillas

### 2. Requisitos de los terrenos

La tierra a ser usada para la producción de semillas deberá estar libre de plantas espontáneas.

### 3. Normas de campo

#### 3.1 Aislamiento

El campo de producción de semillas deberá estar aislado de otros campos de *Panicum coloratum*. por una distancia mínima de 100 m y de otras especies cultivadas con semillas de tamaño similar por una distancia adecuada para prevenir mezclas mecánicas o por una barrera física (zanja, seto vivo, alambrado, etc.).

#### 3.2 Pureza varietal

Por lo menos 98 por ciento de las plantas de *Panicum coloratum* deben ajustarse a las características de la variedad.

#### 3.3 Pureza específica

No deberá haber más de dos por ciento de otras especies de poáceas con semillas de tamaño similar.

#### 3.4 Malezas (general)

El campo de producción de semillas deberá estar razonablemente libre de malezas; razonablemente libre significa que el crecimiento de las malezas no deberá ser tal como para impedir una evaluación correcta del *Panicum coloratum*.

#### 3.5 Malezas (específico)

No deberá haber más del número especificado de plantas de ciertas malezas por unidad de superficie (a ser especificado por cada país de acuerdo a la situación local).

#### 3.6 Enfermedades trasmitidas por las semillas

El campo de producción de semillas deberá estar dentro de las normas para enfermedades trasmitidas por semillas especificadas en cada país de acuerdo a la situación local.

*Especies forrajeras – Poaceae*

*3.7 Otras enfermedades*

El campo de producción de semillas deberá estar razonablemente libre de otras enfermedades; razonablemente libre significa que la cantidad de enfermedades no debería ser tal como para impedir una evaluación correcta de las características varietales.

## 4. Inspecciones de campo

*4.1 Número y época*

Los campos de producción de semillas deberán ser inspeccionados por lo menos una vez durante la floración cuando puedan ser observadas adecuadamente las características varietales y constatada la aislamiento. Podrán ser necesarias inspecciones adicionales si se presentaran problemas particulares.

*4.2 Técnica*

4.2.1   Antes de entrar en el campo: el inspector deberá confirmar con el productor de semillas la ubicación exacta del campo, la variedad, el cultivo anterior del campo. Los campos de más de 50 hectáreas deberán ser divididos en parcelas de una superficie máxima de 50 hectáreas cada una y serán inspeccionadas separadamente.

4.2.2   En el campo: el inspector controlará que las plantas de *Panicum coloratum* se ajusten a las características de la variedad y después examinará los bordes del campo para controlar que los requisitos de aislamiento (párrafo 3.1) hayan sido satisfechos. A continuación se hará una supervisión general del campo y se hará una estimación de las plantas de malezas presentes y la situación de las enfermedades (párrafos 3.4, 3.5, 3.6 y 3.7). Durante esta supervisión el inspector examinará cuidadosamente al azar porciones de surcos según se describe en el cuadro adjunto. El porcentaje de plantas que no correspondan a la variedad y el número de plantas de otras especies de poáceas con semillas de tamaño similar serán contadas separadamente. Si tanto el número de plantas fuera de tipo o el número de otras especies de poáceas supera dos por ciento, el campo deberá ser rechazado (párrafos 3.2 y 3.3).

**Número de áreas a muestrear**

| Área del campo | Número de áreas de muestreo | |
|---|---|---|
| | Surcos de 5 m | Cultivos al voleo, unidades de 1 m² |
| Menos de 10 ha | 10 | 5 |
| 10 a 50 ha | 20 | 10 |

4.2.3   Después de la inspección: se deberá compilar un informe de la inspección y será tomada una decisión para aceptar o rechazar el cultivo o recomendar medidas correctivas antes de tomar una decisión final.

## 5. Normas de calidad de semillas

Las semillas deberán ajustarse a las condiciones siguientes, de acuerdo a lo evaluado según las reglas nacionales para análisis de semillas:
- Germinación      20 por ciento mínimo
- Semilla pura     80 por ciento mínimo

y a los siguientes elementos especificados para cada país según las necesidades locales:
- Semillas de malezas y/u otros cultivos por unidad de peso
- Contenido de humedad
- Enfermedades trasmitidas por las semillas
- Pureza varietal

## *PASPALUM DILATATUM* POIR.
## PASTO MIEL

### 1. Instalaciones y equipos

Recomendados:
- Depósito
- Clasificadora de zarandas y aire
- Equipo de pesado y embolsado

A ser especificados de acuerdo a las necesidades del lugar:
- Equipo de secado
- Equipo de tratamiento de semillas

### 2. Requisitos de los terrenos

La tierra a ser usada para la producción de semillas deberá estar libre de plantas espontáneas.

### 3. Normas de campo

*3.1 Aislamiento*

El campo de producción de semillas deberá estar aislado de otros campos de *Paspalum dilatatum* y de otras especies cultivadas con semillas de tamaño similar por una distancia adecuada para prevenir mezclas mecánicas o por una barrera física (zanja, seto vivo, alambrado, etc.).

*3.2 Pureza varietal*

Por lo menos 98 por ciento de las plantas de *Paspalum dilatatum* deben ajustarse a las características de la variedad.

*3.3 Pureza específica*

No deberá haber más de dos por ciento de otras especies de poáceas con semillas de tamaño similar.

*3.4 Malezas (general)*

El campo de producción de semillas deberá estar razonablemente libre de malezas; razonablemente libre significa que el crecimiento de las malezas no deberá ser tal como para impedir una evaluación correcta del *Paspalum dilatatum*.

*3.5 Malezas (específico)*

No deberá haber más del número especificado de plantas de ciertas malezas por unidad de superficie (a ser especificado por cada país de acuerdo a la situación local).

*3.6 Enfermedades trasmitidas por las semillas*

El campo de producción de semillas deberá estar dentro de las normas para enfermedades trasmitidas por semillas especificadas en cada país de acuerdo a la situación local.

*Especies forrajeras – Poaceae*

*3.7 Otras enfermedades*

El campo de producción de semillas deberá estar razonablemente libre de otras enfermedades; razonablemente libre significa que la cantidad de enfermedades no debería ser tal como para impedir una evaluación correcta de las características varietales.

## 4. Inspecciones de campo

*4.1 Número y época*

Los campos de producción de semillas deberán ser inspeccionados por lo menos una vez durante la floración cuando puedan ser observadas adecuadamente las características varietales y constatada la aislamiento. Podrán ser necesarias inspecciones adicionales si se presentaran problemas particulares.

*4.2 Técnica*

4.2.1  Antes de entrar en el campo: el inspector deberá confirmar con el productor de semillas la ubicación exacta del campo, la variedad, el cultivo anterior del campo. Los campos de más de 50 hectáreas deberán ser divididos en parcelas de una superficie máxima de 50 hectáreas cada una y serán inspeccionadas separadamente.

4.2.2  En el campo: el inspector controlará que las plantas de *Paspalum dilatatum* se ajusten a las características de la variedad y después examinará los bordes del campo para controlar que los requisitos de aislamiento (párrafo 3.1) hayan sido satisfechos. A continuación se hará una supervisión general del campo y se hará una estimación de las plantas de malezas presentes y la situación de las enfermedades (párrafos 3.4, 3.5, 3.6 y 3.7). Durante esta supervisión el inspector examinará cuidadosamente al azar porciones de surcos según se describe en el cuadro adjunto. El porcentaje de plantas que no correspondan a la variedad y el número de plantas de otras especies de poáceas con semillas de tamaño similar serán contadas separadamente. Si tanto el número de plantas fuera de tipo o el número de otras especies de poáceas supera dos por ciento, el campo deberá ser rechazado (párrafos 3.2 y 3.3).

**Número de áreas a muestrear**

| Área del campo | Número de áreas de muestreo | |
|---|---|---|
| | Surcos de 5 m | Cultivos al voleo, unidades de 1 m² |
| Menos de 10 ha | 10 | 5 |
| 10 a 50 ha | 20 | 10 |

4.2.3  espués de la inspección: se deberá compilar un informe de la inspección y será tomada una decisión para aceptar o rechazar el cultivo o recomendar medidas correctivas antes de tomar una decisión final.

## 5. Normas de calidad de semillas

Las semillas deberán ajustarse a las condiciones siguientes, de acuerdo a lo evaluado según las reglas nacionales para análisis de semillas:
- Germinación     60 por ciento mínimo
- Semilla pura     60 por ciento mínimo

y a los siguientes elementos especificados para cada país según las necesidades locales:
- Semillas de malezas y/u otros cultivos por unidad de peso
- Contenido de humedad
- Enfermedades trasmitidas por las semillas
- Pureza varietal

## *PENNISETUM CLANDESTINUM* HOCHST. EX CHIOV.
## PASTO KIKUYO

### 1. Istalaciones y equipos

Recomendados:
- Depósito
- Clasificadora de zarandas y aire
- Cilindro alveolado
- Separador de discos
- Equipo de pesado y embolsado

A ser especificados de acuerdo a las necesidades del lugar:
- Equipo de secado
- Equipo de tratamiento de semillas

### 2. Requisitos de los terrenos

La tierra a ser usada para la producción de semillas deberá estar libre de plantas espontáneas.

### 3. Normas de campo

#### 3.1 Aislamiento

El campo de producción de semillas deberá estar aislado de otros campos de *Pennisetum clandestinum* por una distancia mínima de cinco metros y de otras especies cultivadas con semillas de tamaño similar por una distancia adecuada para prevenir mezclas mecánicas o por una barrera física (zanja, seto vivo, alambrado, etc.).

#### 3.2 Pureza varietal

Por lo menos 98 por ciento de las plantas de *Pennisetum clandestinum* deben ajustarse a las características de la variedad.

#### 3.3 Pureza específica

No deberá haber más de dos por ciento de otras especies de poáceas con semillas de tamaño similar.

#### 3.4 Malezas (general)

El campo de producción de semillas deberá estar razonablemente libre de malezas; razonablemente libre significa que el crecimiento de las malezas no deberá ser tal como para impedir una evaluación correcta del *Pennisetum clandestinum*.

#### 3.5 Malezas (específico)

No deberá haber más del número especificado de plantas de ciertas malezas por unidad de superficie (a ser especificado por cada país de acuerdo a la situación local).

#### 3.6 Enfermedades trasmitidas por las semillas

El campo de producción de semillas deberá estar dentro de las normas para enfermedades trasmitidas por semillas especificadas en cada país de acuerdo a la situación local.

*Especies forrajeras – Poaceae*

*3.7 Otras enfermedades*

El campo de producción de semillas deberá estar razonablemente libre de otras enfermedades; razonablemente libre significa que la cantidad de enfermedades no debería ser tal como para impedir una evaluación correcta de las características varietales.

## 4. Inspecciones de campo

*4.1 Número y época*

Los campos de producción de semillas deberán ser inspeccionados por lo menos una vez durante la floración cuando puedan ser observadas adecuadamente las características varietales y constatada la aislamiento. Podrán ser necesarias inspecciones adicionales si se presentaran problemas particulares.

*4.2 Técnica*

4.2.1   Antes de entrar en el campo: el inspector deberá confirmar con el productor de semillas la ubicación exacta del campo, la variedad, el cultivo anterior del campo. Los campos de más de 50 hectáreas deberán ser divididos en parcelas de una superficie máxima de 50 hectáreas cada una y serán inspeccionadas separadamente.

4.2.2   En el campo: el inspector controlará que las plantas de *Pennisetum clandestinum* se ajusten a las características de la variedad y después examinará los bordes del campo para controlar que los requisitos de aislamiento (párrafo 3.1) hayan sido satisfechos. A continuación se hará una supervisión general del campo y se hará una estimación de las plantas de malezas presentes y la situación de las enfermedades (párrafos 3.4, 3.5, 3.6 y 3.7). Durante esta supervisión el inspector examinará cuidadosamente al azar porciones de surcos según se describe en el cuadro adjunto. El porcentaje de plantas que no correspondan a la variedad y el número de plantas de otras especies de poáceas con semillas de tamaño similar serán contadas separadamente. Si tanto el número de plantas fuera de tipo o el número de otras especies de poáceas supera dos por ciento, el campo deberá ser rechazado (párrafos 3.2 y 3.3).

**Número de áreas a muestrear**

| Área del campo | Número de áreas de muestreo | |
|---|---|---|
| | Surcos de 5 m | Cultivos al voleo, unidades de 1 m² |
| Menos de 10 ha | 10 | 5 |
| 10 a 50 ha | 20 | 10 |

4.2.3   Después de la inspección: se deberá compilar un informe de la inspección y será tomada una decisión para aceptar o rechazar el cultivo o recomendar medidas correctivas antes de tomar una decisión final.

## 5. Normas de calidad de semillas

Las semillas deberán ajustarse a las condiciones siguientes, de acuerdo a lo evaluado según las reglas nacionales para análisis de semillas:
- ➢ Germinación         60 por ciento mínimo
- ➢ Semilla pura         90 por ciento mínimo

y a los siguientes elementos especificados para cada país según las necesidades locales:
- ➢ Semillas de malezas y/u otros cultivos por unidad de peso
- ➢ Contenido de humedad
- ➢ Enfermedades trasmitidas por las semillas
- ➢ Pureza varietal

## *SETARIA INCRASSATA* (HOCHST.) HACK (ANTERIORMENTE *S. PORPHYRANTHA* STAPF EX PRAIN)

### 1. Instalaciones y equipos

Recomendados:
- Depósito
- Clasificadora de zarandas y aire
- Cilindro alveolado
- Separador de discos
- Equipo de pesado y embolsado

A ser especificados de acuerdo a las necesidades del lugar:
- Equipo de secado
- Equipo de tratamiento de semillas

### 2. Requisitos de los terrenos

La tierra a ser usada para la producción de semillas deberá estar libre de plantas espontáneas.

### 3. Normas de campo

#### *3.1 Aislamiento*

El campo de producción de semillas deberá estar aislado de otros campos de *Setaria incrassata* por una distancia mínima de 100 m y de otras especies cultivadas con semillas de tamaño similar por una distancia adecuada para prevenir mezclas mecánicas o por una barrera física (zanja, seto vivo, alambrado, etc.).

#### *3.2 Pureza varietal*

Por lo menos 98 por ciento de las plantas de *Setaria incrassata* deben ajustarse a las características de la variedad.

#### *3.3 Pureza específica*

No deberá haber más de dos por ciento de otras especies de poáceas con semillas de tamaño similar.

#### *3.4 Malezas (general)*

El campo de producción de semillas deberá estar razonablemente libre de malezas; razonablemente libre significa que el crecimiento de las malezas no deberá ser tal como para impedir una evaluación correcta de la *Setaria incrassata*.

#### *3.5 Malezas (específico)*

No deberá haber más del número especificado de plantas de ciertas malezas por unidad de superficie (a ser especificado por cada país de acuerdo a la situación local).

#### *3.6 Enfermedades trasmitidas por las semillas*

El campo de producción de semillas deberá estar dentro de las normas para enfermedades trasmitidas por semillas especificadas en cada país de acuerdo a la situación local.

*Especies forrajeras – Poaceae*

*3.7 Otras enfermedades*

El campo de producción de semillas deberá estar razonablemente libre de otras enfermedades; razonablemente libre significa que la cantidad de enfermedades no debería ser tal como para impedir una evaluación correcta de las características varietales.

## 4. Inspecciones de campo

*4.1 Número y época*

Los campos de producción de semillas deberán ser inspeccionados por lo menos una vez durante la floración cuando puedan ser observadas adecuadamente las características varietales y constatada la aislamiento. Podrán ser necesarias inspecciones adicionales si se presentaran problemas particulares.

### 4.2 Técnica

4.2.1 Antes de entrar en el campo: el inspector deberá confirmar con el productor de semillas la ubicación exacta del campo, la variedad, el cultivo anterior del campo. Los campos de más de 50 hectáreas deberán ser divididos en parcelas de una superficie máxima de 50 hectáreas cada una y serán inspeccionadas separadamente.

4.2.2 En el campo: el inspector controlará que las plantas de *Setaria incrassata* se ajusten a las características de la variedad y después examinará los bordes del campo para controlar que los requisitos de aislamiento (párrafo 3.1) hayan sido satisfechos. A continuación se hará una supervisión general del campo y se hará una estimación de las plantas de malezas presentes y la situación de las enfermedades (párrafos 3.4, 3.5, 3.6 y 3.7). Durante esta supervisión el inspector examinará cuidadosamente al azar porciones de surcos según se describe en el cuadro adjunto. El porcentaje de plantas que no correspondan a la variedad y el número de plantas de otras especies de poáceas con semillas de tamaño similar serán contadas separadamente. Si tanto el número de plantas fuera de tipo o el número de otras especies de poáceas supera dos por ciento, el campo deberá ser rechazado (párrafos 3.2 y 3.3).

**Número de áreas a muestrear**

| Área del campo | Número de áreas de muestreo | |
|---|---|---|
| | Surcos de 5 m | Cultivos al voleo, unidades de 1 m² |
| Menos de 10 ha | 10 | 5 |
| 10 a 50 ha | 20 | 10 |

4.2.3 Después de la inspección: se deberá compilar un informe de la inspección y será tomada una decisión para aceptar o rechazar el cultivo o recomendar medidas correctivas antes de tomar una decisión final.

## 5. Normas de calidad de semillas

Las semillas deberán ajustarse a las condiciones siguientes, de acuerdo a lo evaluado según las reglas nacionales para análisis de semillas:
- Germinación    10 por ciento mínimo
- Semilla pura   95 por ciento mínimo

y a los siguientes elementos especificados para cada país según las necesidades locales:
- Semillas de malezas y/u otros cultivos por unidad de peso
- Contenido de humedad
- Enfermedades trasmitidas por las semillas
- Pureza varietal

## *SETARIA SPHACELLATA* (SCHUMACH.) STAPF & C. E. HUBB.

### 1. Instalaciones y equipos

Recomendados:
- Depósito
- Clasificadora de zarandas y aire
- Cilindro alveolado
- Separador de discos
- Equipo de pesado y embolsado

A ser especificados de acuerdo a las necesidades del lugar:
- Equipo de secado
- Equipo de tratamiento de semillas

### 2. Requisitos de los terrenos

La tierra a ser usada para la producción de semillas deberá estar libre de plantas espontáneas.

### 3. Normas de campo

#### 3.1 Aislamiento

El campo de producción de semillas deberá estar aislado de otros campos de *Setaria sphacellata* por una distancia mínima de 100 m y de otras especies cultivadas con semillas de tamaño similar por una distancia adecuada para prevenir mezclas mecánicas o por una barrera física (zanja, seto vivo, alambrado, etc.).

#### 3.2 Pureza varietal

Por lo menos 98 por ciento de las plantas de *Setaria sphacellata* deben ajustarse a las características de la variedad.

#### 3.3 Pureza específica

No deberá haber más de dos por ciento de otras especies de poáceas con semillas de tamaño similar.

#### 3.4 Malezas (general)

El campo de producción de semillas deberá estar razonablemente libre de malezas; razonablemente libre significa que el crecimiento de las malezas no deberá ser tal como para impedir una evaluación correcta de la *Setaria sphacellata*.

#### 3.5 Malezas (específico)

No deberá haber más del número especificado de plantas de ciertas malezas por unidad de superficie (a ser especificado por cada país de acuerdo a la situación local).

#### 3.6 Enfermedades trasmitidas por las semillas

El campo de producción de semillas deberá estar dentro de las normas para enfermedades trasmitidas por semillas especificadas en cada país de acuerdo a la situación local.

## 3.7 Otras enfermedades

El campo de producción de semillas deberá estar razonablemente libre de otras enfermedades; razonablemente libre significa que la cantidad de enfermedades no debería ser tal como para impedir una evaluación correcta de las características varietales.

## 4. Inspecciones de campo

### 4.1 Número y época

Los campos de producción de semillas deberán ser inspeccionados por lo menos una vez durante la floración cuando puedan ser observadas adecuadamente las características varietales y constatada la aislamiento. Podrán ser necesarias inspecciones adicionales si se presentaran problemas particulares.

### 4.2 Técnica

4.2.1 Antes de entrar en el campo: el inspector deberá confirmar con el productor de semillas la ubicación exacta del campo, la variedad, el cultivo anterior del campo. Los campos de más de 50 hectáreas deberán ser divididos en parcelas de una superficie máxima de 50 hectáreas cada una y serán inspeccionadas separadamente.

4.2.2 En el campo: el inspector controlará que las plantas de *Setaria sphacellata* se ajusten a las características de la variedad y después examinará los bordes del campo para controlar que los requisitos de aislamiento (párrafo 3.1) hayan sido satisfechos. A continuación se hará una supervisión general del campo y se hará una estimación de las plantas de malezas presentes y la situación de las enfermedades (párrafos 3.4, 3.5, 3.6 y 3.7). Durante esta supervisión el inspector examinará cuidadosamente al azar porciones de surcos según se describe en el cuadro adjunto. El porcentaje de plantas que no correspondan a la variedad y el número de plantas de otras especies de poáceas con semillas de tamaño similar serán contadas separadamente. Si tanto el número de plantas fuera de tipo o el número de otras especies de poáceas supera dos por ciento, el campo deberá ser rechazado (párrafos 3.2 y 3.3)

**Número de áreas a muestrear**

| Área del campo | Número de áreas de muestreo | |
|---|---|---|
| | Surcos de 5 m | Cultivos al voleo, unidades de 1 m² |
| Menos de 10 ha | 10 | 5 |
| 10 a 50 ha | 20 | 10 |

4.2.3 Después de la inspección: se deberá compilar un informe de la inspección y será tomada una decisión para aceptar o rechazar el cultivo o recomendar medidas correctivas antes de tomar una decisión final.

## 5. Normas de calidad de semillas

Las semillas deberán ajustarse a las condiciones siguientes, de acuerdo a lo evaluado según las reglas nacionales para análisis de semillas:
- ➤ Germinación     20 por ciento mínimo
- ➤ Semilla pura     60 por ciento mínimo

y a los siguientes elementos especificados para cada país según las necesidades locales:
- ➤ Semillas de malezas y/u otros cultivos por unidad de peso
- ➤ Contenido de humedad
- ➤ Enfermedades trasmitidas por las semillas
- ➤ Pureza varietal

## *UROCHLOA DECUMBENS* (STAPF) R. D. WEBSTER (= *BRACHIARIA DECUMBENS* STAPF)

**BRAQUIARIA**

### 1. Instalaciones y equipos

Recomendados:
> Depósito
> Clasificadora de zarandas y aire
> Equipo de pesado y embolsado

A ser especificados de acuerdo a las necesidades del lugar:
> Equipo de secado
> Equipo de tratamiento de semillas

### 2. Requisitos de los terrenos

La tierra a ser usada para la producción de semillas deberá estar libre de plantas espontáneas.

### 3. Normas de campo

*3.1 Aislamiento*

El campo de producción de semillas deberá estar aislado de otros campos de *Urochloa decumbens* y de otras especies cultivadas con semillas de tamaño similar por una distancia adecuada para prevenir mezclas mecánicas o por una barrera física (zanja, seto vivo, alambrado, etc.).

*3.2 Pureza varietal*

Por lo menos 98 por ciento de las plantas de *Urochloa decumbens* deben ajustarse a las características de la variedad.

*3.3 Pureza específica*

No deberá haber más de dos por ciento de otras especies de poáceas con semillas de tamaño similar.

*3.4 Malezas (general)*

El campo de producción de semillas deberá estar razonablemente libre de malezas; razonablemente libre significa que el crecimiento de las malezas no deberá ser tal como para impedir una evaluación correcta de la *Urochloa decumbens*.

*3.5 Malezas (específico)*

No deberá haber más del número especificado de plantas de ciertas malezas por unidad de superficie (a ser especificado por cada país de acuerdo a la situación local).

*3.6 Enfermedades trasmitidas por las semillas*

El campo de producción de semillas deberá estar dentro de las normas para enfermedades trasmitidas por semillas especificadas en cada país de acuerdo a la situación local.

## 3.7 Otras enfermedades

El campo de producción de semillas deberá estar razonablemente libre de otras enfermedades; razonablemente libre significa que la cantidad de enfermedades no debería ser tal como para impedir una evaluación correcta de las características varietales.

## 4. Inspecciones de campo

### 4.1 Número y época

Los campos de producción de semillas deberán ser inspeccionados por lo menos una vez durante la floración cuando puedan ser observadas adecuadamente las características varietales y constatada la aislamiento. Podrán ser necesarias inspecciones adicionales si se presentaran problemas particulares.

### 4.2 Técnica

4.2.1   Antes de entrar en el campo: el inspector deberá confirmar con el productor de semillas la ubicación exacta del campo, la variedad, el cultivo anterior del campo. Los campos de más de 50 hectáreas deberán ser divididos en parcelas de una superficie máxima de 50 hectáreas cada una y serán inspeccionadas separadamente.

4.2.2   En el campo: el inspector controlará que las plantas de *Urochloa decumbens* se ajusten a las características de la variedad y después examinará los bordes del campo para controlar que los requisitos de aislamiento (párrafo 3.1) hayan sido satisfechos. A continuación se hará una supervisión general del campo y se hará una estimación de las plantas de malezas presentes y la situación de las enfermedades (párrafos 3.4, 3.5, 3.6 y 3.7). Durante esta supervisión el inspector examinará cuidadosamente al azar porciones de surcos según se describe en el cuadro adjunto. El porcentaje de plantas que no correspondan a la variedad y el número de plantas de otras especies de poáceas con semillas de tamaño similar serán contadas separadamente. Si tanto el número de plantas fuera de tipo o el número de otras especies de poáceas supera dos por ciento, el campo deberá ser rechazado (párrafos 3.2 y 3.3).

**Número de áreas a muestrear**

| Área del campo | Número de áreas de muestreo | |
|---|---|---|
| | Surcos de 5 m | Cultivos al voleo, unidades de 1 m² |
| Menos de 10 ha | 10 | 5 |
| 10 a 50 ha | 20 | 10 |

4.2.3   Después de la inspección: se deberá compilar un informe de la inspección y será tomada una decisión para aceptar o rechazar el cultivo o recomendar medidas correctivas antes de tomar una decisión final.

## 5. Normas de calidad de semillas

Las semillas deberán ajustarse a las condiciones siguientes, de acuerdo a lo evaluado según las reglas nacionales para análisis de semillas:
- ➢ Germinación     15 por ciento mínimo
- ➢ Semilla pura     50 por ciento mínimo

y a los siguientes elementos especificados para cada país según las necesidades locales:
- ➢ Semillas de malezas y/u otros cultivos por unidad de peso
- ➢ Contenido de humedad
- ➢ Enfermedades trasmitidas por las semillas
- ➢ Pureza varietal

## *UROCHLOA HUMIDICOLA* (RENDLE) MORRONE & ZULOAGA (= *BRACHIARIA HUMIDICOLA* (RENDLE) SCHWEICK.)

### 1. Instalaciones y equipos

Recomendados:
- Depósito
- Clasificadora de zarandas y aire
- Equipo de pesado y embolsado

A ser especificados de acuerdo a las necesidades del lugar:
- Equipo de secado
- Equipo de tratamiento de semillas

### 2. Requisitos de los terrenos

La tierra a ser usada para la producción de semillas deberá estar libre de plantas espontáneas.

### 3. Normas de campo

*3.1 Aislamiento*

El campo de producción de semillas deberá estar aislado de otros campos de *Urochloa humidicola* y de otras especies cultivadas con semillas de tamaño similar por una distancia adecuada para prevenir mezclas mecánicas o por una barrera física (zanja, seto vivo, alambrado, etc.).

*3.2 Pureza varietal*

Por lo menos 98 por ciento de las plantas de *Urochloa humidicola* deben ajustarse a las características de la variedad.

*3.3 Pureza específica*

No deberá haber más de dos por ciento de otras especies de poáceas con semillas de tamaño similar.

*3.4 Malezas (general)*

El campo de producción de semillas deberá estar razonablemente libre de malezas; razonablemente libre significa que el crecimiento de las malezas no deberá ser tal como para impedir una evaluación correcta de la *Urochloa humidicola*.

*3.5 Malezas (específico)*

No deberá haber más del número especificado de plantas de ciertas malezas por unidad de superficie (a ser especificado por cada país de acuerdo a la situación local).

*3.6 Enfermedades trasmitidas por las semillas*

El campo de producción de semillas deberá estar dentro de las normas para enfermedades trasmitidas por semillas especificadas en cada país de acuerdo a la situación local.

*Especies forrajeras – Poaceae*

*3.7 Otras enfermedades*

El campo de producción de semillas deberá estar razonablemente libre de otras enfermedades; razonablemente libre significa que la cantidad de enfermedades no debería ser tal como para impedir una evaluación correcta de las características varietales.

## 4. Inspecciones de campo

*4.1 Número y época*

Los campos de producción de semillas deberán ser inspeccionados por lo menos una vez durante la floración cuando puedan ser observadas adecuadamente las características varietales y constatada la aislamiento. Podrán ser necesarias inspecciones adicionales si se presentaran problemas particulares.

*4.2 Técnica*

4.2.1 Antes de entrar en el campo: el inspector deberá confirmar con el productor de semillas la ubicación exacta del campo, la variedad, el cultivo anterior del campo. Los campos de más de 50 hectáreas deberán ser divididos en parcelas de una superficie máxima de 50 hectáreas cada una y serán inspeccionadas separadamente.

4.2.2 En el campo: el inspector controlará que las plantas de *Urochloa humidicola* se ajusten a las características de la variedad y después examinará los bordes del campo para controlar que los requisitos de aislamiento (párrafo 3.1) hayan sido satisfechos. A continuación se hará una supervisión general del campo y se hará una estimación de las plantas de malezas presentes y la situación de las enfermedades (párrafos 3.4, 3.5, 3.6 y 3.7). Durante esta supervisión el inspector examinará cuidadosamente al azar porciones de surcos según se describe en el cuadro adjunto. El porcentaje de plantas que no correspondan a la variedad y el número de plantas de otras especies de poáceas con semillas de tamaño similar serán contadas separadamente. Si tanto el número de plantas fuera de tipo o el número de otras especies de poáceas supera dos por ciento, el campo deberá ser rechazado (párrafos 3.2 y 3.3).

**Número de áreas a muestrear**

| Área del campo | Número de áreas de muestreo | |
|---|---|---|
| | Surcos de 5 m | Cultivos al voleo, unidades de 1 m² |
| Menos de 10 ha | 10 | 5 |
| 10 a 50 ha | 20 | 10 |

4.2.3 Después de la inspección: se deberá compilar un informe de la inspección y será tomada una decisión para aceptar o rechazar el cultivo o recomendar medidas correctivas antes de tomar una decisión final.

## 5. Normas de calidad de semillas

Las semillas deberán ajustarse a las condiciones siguientes, de acuerdo a lo evaluado según las reglas nacionales para análisis de semillas:
- Germinación      15 por ciento mínimo
- Semilla pura     50 por ciento mínimo

y a los siguientes elementos especificados para cada país según las necesidades locales:
- Semillas de malezas y/u otros cultivos por unidad de peso
- Contenido de humedad
- Enfermedades trasmitidas por las semillas
- Pureza varietal

# Especies forrajeras – *Fabaceae*

## *CALOPOGONIUM MUCUNOIDES* DESV.

### 1. Instalaciones y equipos

Recomendados:
- Depósito
- Clasificadora de zarandas y aire
- Equipo de pesado y embolsado

A ser especificados de acuerdo a las necesidades del lugar:
- Equipo de secado
- Equipo de tratamiento de semillas

### 2. Requisitos de los terrenos

La tierra a ser usada para la producción de semillas deberá estar libre de plantas espontáneas.

### 3. Normas de campo

#### 3.1 Aislamiento

El campo de producción de semillas deberá estar aislado de otros campos de *Calopogonium mucunoides* y de otras especies cultivadas con semillas de tamaño similar por una distancia adecuada para prevenir mezclas mecánicas o por una barrera física (zanja, seto vivo, alambrado, etc.).

#### 3.2 Pureza varietal

Por lo menos 98 por ciento de las plantas de *Calopogonium mucunoides* deben ajustarse a las características de la variedad.

#### 3.3 Pureza específica

No deberá haber más de dos por ciento de otras especies con semillas de tamaño similar.

#### 3.4 Malezas (general)

El campo de producción de semillas deberá estar razonablemente libre de malezas; razonablemente libre significa que el crecimiento de las malezas no deberá ser tal como para impedir una evaluación correcta de la *Calopogonium mucunoides*.

#### 3.5 Malezas (específico)

No deberá haber más del número especificado de plantas de ciertas malezas por unidad de superficie (a ser especificado por cada país de acuerdo a la situación local).

## 3.6 Enfermedades trasmitidas por las semillas

El campo de producción de semillas deberá estar dentro de las normas para enfermedades trasmitidas por semillas especificadas en cada país de acuerdo a la situación local.

## 3.7 Otras enfermedades

El campo de producción de semillas deberá estar razonablemente libre de otras enfermedades; razonablemente libre significa que la cantidad de enfermedades no debería ser tal como para impedir una evaluación correcta de las características varietales.

## 4. Inspecciones de campo

### 4.1 Número y época

Los campos de producción de semillas deberán ser inspeccionados por lo menos una vez durante la floración cuando puedan ser observadas adecuadamente las características varietales y constatada la aislamiento. Podrán ser necesarias inspecciones adicionales si se presentaran problemas particulares.

### 4.2 Técnica

4.2.1 Antes de entrar en el campo: el inspector deberá confirmar con el productor de semillas la ubicación exacta del campo, la variedad, el cultivo anterior del campo. Los campos de más de 50 hectáreas deberán ser divididos en parcelas de una superficie máxima de 50 hectáreas cada una y serán inspeccionadas separadamente.

4.2.2 En el campo: el inspector controlará que las plantas de *Calopogonium mucunoides* se ajusten a las características de la variedad y después examinará los bordes del campo para controlar que los requisitos de aislamiento (párrafo 3.1) hayan sido satisfechos. A continuación se hará una supervisión general del campo y se hará una estimación de las plantas de malezas presentes y la situación de las enfermedades (párrafos 3.4, 3.5, 3.6 y 3.7). Durante esta supervisión el inspector examinará cuidadosamente al azar porciones de surcos según se describe en el cuadro adjunto. El porcentaje de plantas que no correspondan a la variedad y el número de plantas de otras especies con semillas de tamaño similar serán contadas separadamente. Si tanto el número de plantas fuera de tipo o el número de otras especies supera el dos por ciento, el campo deberá ser rechazado (párrafos 3.2 y 3.3)

**Número de áreas a muestrear**

| Área del campo | Número de áreas de muestreo | |
|---|---|---|
| | Surcos de 5 m | Cultivos al voleo, unidades de 1 m² |
| Menos de 10 ha | 10 | 5 |
| 10 a 50 ha | 20 | 10 |

4.2.3 Después de la inspección: se deberá compilar un informe de la inspección y será tomada una decisión para aceptar o rechazar el cultivo o recomendar medidas correctivas antes de tomar una decisión final.

## 5. Normas de calidad de semillas

Las semillas deberán ajustarse a las condiciones siguientes, de acuerdo a lo evaluado según las reglas nacionales para análisis de semillas:
- ➢ Germinación  50 por ciento mínimo
- ➢ Semilla pura  95 por ciento mínimo

y a los siguientes elementos especificados para cada país según las necesidades locales:
- Semillas de malezas y/u otros cultivos por unidad de peso
- Contenido de humedad
- Enfermedades trasmitidas por las semillas
- Pureza varietal

## *CENTROSEMA PUBESCENS* BENTH

### 1. Instalaciones y equipos

Recomendados:
- Depósito
- Clasificadora de zarandas y aire
- Equipo de pesado y embolsado

A ser especificados de acuerdo a las necesidades del lugar:
- Equipo de secado
- Equipo de tratamiento de semillas

### 2. Requisitos de los terrenos

La tierra a ser usada para la producción de semillas deberá estar libre de plantas espontáneas.

### 3. Normas de campo

#### 3.1 Aislamiento

El campo de producción de semillas deberá estar aislado de otros campos de *Centrosema pubescens* y de otras especies cultivadas con semillas de tamaño similar por una distancia adecuada para prevenir mezclas mecánicas o por una barrera física (zanja, seto vivo, alambrado, etc.).

#### 3.2 Pureza varietal

Por lo menos 98 por ciento de las plantas de *Centrosema pubescens* deben ajustarse a las características de la variedad.

#### 3.3 Pureza específica

No deberá haber más de dos por ciento de otras especies con semillas de tamaño similar.

#### 3.4 Malezas (general)

El campo de producción de semillas deberá estar razonablemente libre de malezas; razonablemente libre significa que el crecimiento de las malezas no deberá ser tal como para impedir una evaluación correcta de la *Centrosema pubescens*.

#### 3.5 Malezas (específico)

No deberá haber más del número especificado de plantas de ciertas malezas por unidad de superficie (a ser especificado por cada país de acuerdo a la situación local).

#### 3.6 Enfermedades trasmitidas por las semillas

El campo de producción de semillas deberá estar dentro de las normas para enfermedades trasmitidas por semillas especificadas en cada país de acuerdo a la situación local.

## 3.7 Otras enfermedades

El campo de producción de semillas deberá estar razonablemente libre de otras enfermedades; razonablemente libre significa que la cantidad de enfermedades no debería ser tal como para impedir una evaluación correcta de las características varietales.

## 4. Inspecciones de campo

### 4.1 Número y época

Los campos de producción de semillas deberán ser inspeccionados por lo menos una vez durante la floración cuando puedan ser observadas adecuadamente las características varietales y constatada la aislamiento. Podrán ser necesarias inspecciones adicionales si se presentaran problemas particulares.

### 4.2 Técnica

4.2.1 Antes de entrar en el campo: el inspector deberá confirmar con el productor de semillas la ubicación exacta del campo, la variedad, el cultivo anterior del campo. Los campos de más de 50 hectáreas deberán ser divididos en parcelas de una superficie máxima de 50 hectáreas cada una y serán inspeccionadas separadamente.

4.2.2 En el campo: el inspector controlará que las plantas de *Centrosema pubescens* se ajusten a las características de la variedad y después examinará los bordes del campo para controlar que los requisitos de aislamiento (párrafo 3.1) hayan sido satisfechos. A continuación se hará una supervisión general del campo y se hará una estimación de las plantas de malezas presentes y la situación de las enfermedades (párrafos 3.4, 3.5, 3.6 y 3.7). Durante esta supervisión el inspector examinará cuidadosamente al azar porciones de surcos según se describe en el cuadro adjunto. El porcentaje de plantas que no correspondan a la variedad y el número de plantas de otras especies con semillas de tamaño similar serán contadas separadamente. Si tanto el número de plantas fuera de tipo o el número de otras especies supera el dos por ciento, el campo deberá ser rechazado (párrafos 3.2 y 3.3)

**Número de áreas a muestrear**

| Área del campo | Número de áreas de muestreo | |
|---|---|---|
| | Surcos de 5 m | Cultivos al voleo, unidades de 1 m² |
| Menos de 10 ha | 10 | 5 |
| 10 a 50 ha | 20 | 10 |

4.2.3 Después de la inspección: se deberá compilar un informe de la inspección y será tomada una decisión para aceptar o rechazar el cultivo o recomendar medidas correctivas antes de tomar una decisión final.

## 5. Normas de calidad de semillas

Las semillas deberán ajustarse a las condiciones siguientes, de acuerdo a lo evaluado según las reglas nacionales para análisis de semillas:
- ➢ Germinación  50 por ciento mínimo
- ➢ Semilla pura  98 por ciento mínimo

y a los siguientes elementos especificados para cada país según las necesidades locales:
- ➢ Semillas de malezas y/u otros cultivos por unidad de peso
- ➢ Contenido de humedad
- ➢ Enfermedades trasmitidas por las semillas
- ➢ Pureza varietal

## DESMODIUM UNCINATUM (JACQ.) D. C.

### 1. Instalaciones y equipos

Recomendados:
- Depósito
- Clasificadora de zarandas y aire
- Cilindro alveolado
- Separador de discos
- Equipo de pesado y embolsado

A ser especificados de acuerdo a las necesidades del lugar:
- Equipo de secado
- Equipo de tratamiento de semillas

### 2. Requisitos de los terrenos

La tierra a ser usada para la producción de semillas deberá estar libre de plantas espontáneas.

### 3. Normas de campo

#### 3.1 Aislamiento

El campo de producción de semillas deberá estar aislado de otros campos de *Desmodium* spp. Por una distancia mínima de 100 m y de otras especies cultivadas con semillas de tamaño similar por una distancia adecuada para prevenir mezclas mecánicas o por una barrera física (zanja, seto vivo, alambrado, etc.).

#### 3.2 Pureza varietal

Por lo menos 98 por ciento de las plantas de *Desmodium uncinatum* deben ajustarse a las características de la variedad.

#### 3.3 Pureza específica

No deberá haber más de dos por ciento de otras especies con semillas de tamaño similar.

#### 3.4 Malezas (general)

El campo de producción de semillas deberá estar razonablemente libre de malezas; razonablemente libre significa que el crecimiento de las malezas no deberá ser tal como para impedir una evaluación correcta del *Desmodium uncinatus*.

#### 3.5 Malezas (específico)

No deberá haber más del número especificado de plantas de ciertas malezas por unidad de superficie (a ser especificado por cada país de acuerdo a la situación local).

#### 3.6 Enfermedades trasmitidas por las semillas

El campo de producción de semillas deberá estar dentro de las normas para enfermedades trasmitidas por semillas especificadas en cada país de acuerdo a la situación local.

*Especies forrajeras – Fabaceae*

*3.7 Otras enfermedades*

El campo de producción de semillas deberá estar razonablemente libre de otras enfermedades; razonablemente libre significa que la cantidad de enfermedades no debería ser tal como para impedir una evaluación correcta de las características varietales.

## 4. Inspecciones de campo

### 4.1 Número y época

Los campos de producción de semillas deberán ser inspeccionados por lo menos una vez durante la floración cuando puedan ser observadas adecuadamente las características varietales y constatada la aislamiento. Podrán ser necesarias inspecciones adicionales si se presentaran problemas particulares.

### 4.2 Técnica

4.2.1 Antes de entrar en el campo: el inspector deberá confirmar con el productor de semillas la ubicación exacta del campo, la variedad, el cultivo anterior del campo. Los campos de más de 50 hectáreas deberán ser divididos en parcelas de una superficie máxima de 50 hectáreas cada una y serán inspeccionadas separadamente.

4.2.2 En el campo: el inspector controlará que las plantas de *Desmodium uncinatus* se ajusten a las características de la variedad y después examinará los bordes del campo para controlar que los requisitos de aislamiento (párrafo 3.1) hayan sido satisfechos. A continuación se hará una supervisión general del campo y se hará una estimación de las plantas de malezas presentes y la situación de las enfermedades (párrafos 3.4, 3.5, 3.6 y 3.7). Durante esta supervisión el inspector examinará cuidadosamente al azar porciones de surcos según se describe en el cuadro adjunto. El porcentaje de plantas que no correspondan a la variedad y el número de plantas de otras especies con semillas de tamaño similar serán contadas separadamente. Si tanto el número de plantas fuera de tipo o el número de otras especies supera el dos por ciento, el campo deberá ser rechazado (párrafos 3.2 y 3.3).

**Número de áreas a muestrear**

| Área del campo | Número de áreas de muestreo | |
|---|---|---|
| | Surcos de 5 m | Cultivos al voleo, unidades de 1 m² |
| Menos de 10 ha | 10 | 5 |
| 10 a 50 ha | 20 | 10 |

4.2.3 Después de la inspección: se deberá compilar un informe de la inspección y será tomada una decisión para aceptar o rechazar el cultivo o recomendar medidas correctivas antes de tomar una decisión final.

## 5. Normas de calidad de semillas

Las semillas deberán ajustarse a las condiciones siguientes, de acuerdo a lo evaluado según las reglas nacionales para análisis de semillas:
- ➢ Germinación     70 por ciento mínimo
- ➢ Semilla pura     94 por ciento mínimo

y a los siguientes elementos especificados para cada país según las necesidades locales:
- ➢ Semillas de malezas y/u otros cultivos por unidad de peso
- ➢ Contenido de humedad
- ➢ Enfermedades trasmitidas por las semillas
- ➢ Pureza varietal

## *LABLAB PURPUREUS* (L.) SWEET

### 1. Instalaciones y equipos

Recomendados:
- Depósito
- Clasificadora de zarandas y aire
- Cilindro alveolado
- Separador de discos
- Equipo de pesado y embolsado

A ser especificados de acuerdo a las necesidades del lugar:
- Equipo de secado
- Equipo de tratamiento de semillas

### 2. Requisitos de los terrenos

La tierra a ser usada para la producción de semillas deberá estar libre de plantas espontáneas.

### 3. Normas de campo

#### 3.1 Aislamiento

El campo de producción de semillas deberá estar aislado de otros campos de *Lablab purpureus* por una distancia mínima de 100 m y de otras especies cultivadas con semillas de tamaño similar por una distancia adecuada para prevenir mezclas mecánicas o por una barrera física (zanja, seto vivo, alambrado, etc.).

#### 3.2 Pureza varietal

Por lo menos 98 por ciento de las plantas de *Lablab purpureus* deben ajustarse a las características de la variedad.

#### 3.3 Pureza específica

No deberá haber más de dos por ciento de otras especies con semillas de tamaño similar.

#### 3.4 Malezas (general)

El campo de producción de semillas deberá estar razonablemente libre de malezas; razonablemente libre significa que el crecimiento de las malezas no deberá ser tal como para impedir una evaluación correcta del *Lotononis bainesii*.

#### 3.5 Malezas (específico)

No deberá haber más del número especificado de plantas de ciertas malezas por unidad de superficie (a ser especificado por cada país de acuerdo a la situación local).

#### 3.6 Enfermedades trasmitidas por las semillas

El campo de producción de semillas deberá estar dentro de las normas para enfermedades trasmitidas por semillas especificadas en cada país de acuerdo a la situación local.

*Especies forrajeras – Fabaceae*

### 3.7 *Otras enfermedades*

El campo de producción de semillas deberá estar razonablemente libre de otras enfermedades; razonablemente libre significa que la cantidad de enfermedades no debería ser tal como para impedir una evaluación correcta de las características varietales.

### 4. Inspecciones de campo

#### 4.1 *Número y época*

Los campos de producción de semillas deberán ser inspeccionados por lo menos una vez durante la floración cuando puedan ser observadas adecuadamente las características varietales y constatada la aislamiento. Podrán ser necesarias inspecciones adicionales si se presentaran problemas particulares.

#### 4.2 *Técnica*

4.2.1   Antes de entrar en el campo: el inspector deberá confirmar con el productor de semillas la ubicación exacta del campo, la variedad, el cultivo anterior del campo. Los campos de más de 50 hectáreas deberán ser divididos en parcelas de una superficie máxima de 50 hectáreas cada una y serán inspeccionadas separadamente.

4.2.2   En el campo: el inspector controlará que las plantas de *Lotononis bainesii* se ajusten a las características de la variedad y después examinará los bordes del campo para controlar que los requisitos de aislamiento (párrafo 3.1) hayan sido satisfechos. A continuación se hará una supervisión general del campo y se hará una estimación de las plantas de malezas presentes y la situación de las enfermedades (párrafos 3.4, 3.5, 3.6 y 3.7). Durante esta supervisión el inspector examinará cuidadosamente al azar porciones de surcos según se describe en el cuadro adjunto. El porcentaje de plantas que no correspondan a la variedad y el número de plantas de otras especies con semillas de tamaño similar serán contadas separadamente. Si tanto el número de plantas fuera de tipo o el número de otras especies supera el dos por ciento, el campo deberá ser rechazado (párrafos 3.2 y 3.3).

**Número de áreas a muestrear**

| Área del campo | Número de áreas de muestreo | |
|---|---|---|
| | Surcos de 5 m | Cultivos al voleo, unidades de 1 m² |
| Menos de 10 ha | 10 | 5 |
| 10 a 50 ha | 20 | 10 |

4.2.3   Después de la inspección: se deberá compilar un informe de la inspección y será tomada una decisión para aceptar o rechazar el cultivo o recomendar medidas correctivas antes de tomar una decisión final.

### 5. Normas de calidad de semillas

Las semillas deberán ajustarse a las condiciones siguientes, de acuerdo a lo evaluado según las reglas nacionales para análisis de semillas:
- ➢ Germinación   50 por ciento mínimo
- ➢ Semilla pura   93 por ciento mínimo

y a los siguientes elementos especificados para cada país según las necesidades locales:
- ➢ Semillas de malezas y/u otros cultivos por unidad de peso
- ➢ Contenido de humedad
- ➢ Enfermedades trasmitidas por las semillas
- ➢ Pureza varietal

## *LOTONONIS BAINESII* BAKER
## LOTONONIS

### 1. Instalaciones y equipos

Recomendados:
- Depósito
- Clasificadora de zarandas y aire
- Separador por gravedad
- Equipo de pesado y embolsado

A ser especificados de acuerdo a las necesidades del lugar:
- Equipo de secado
- Equipo de tratamiento de semillas

### 2. Requisitos de los terrenos

La tierra a ser usada para la producción de semillas deberá estar libre de plantas espontáneas.

### 3. Normas de campo

#### 3.1 Aislamiento

El campo de producción de semillas deberá estar aislado de otros campos de *Lotononis bainesii* y de otras especies cultivadas con semillas de tamaño similar por una distancia adecuada para prevenir mezclas mecánicas o por una barrera física (zanja, seto vivo, alambrado, etc.).

#### 3.2 Pureza varietal

Por lo menos 98 por ciento de las plantas de *Lotononis bainesii* deben ajustarse a las características de la variedad.

#### 3.3 Pureza específica

No deberá haber más de dos por ciento de otras especies con semillas de tamaño similar.

#### 3.4 Malezas (general)

El campo de producción de semillas deberá estar razonablemente libre de malezas; razonablemente libre significa que el crecimiento de las malezas no deberá ser tal como para impedir una evaluación correcta del *Lablab purpureus*.

#### 3.5 Malezas (específico)

No deberá haber más del número especificado de plantas de ciertas malezas por unidad de superficie (a ser especificado por cada país de acuerdo a la situación local).

#### 3.6 Enfermedades trasmitidas por las semillas

El campo de producción de semillas deberá estar dentro de las normas para enfermedades trasmitidas por semillas especificadas en cada país de acuerdo a la situación local.

*Especies forrajeras – Fabaceae*

*3.7 Otras enfermedades*

El campo de producción de semillas deberá estar razonablemente libre de otras enfermedades; razonablemente libre significa que la cantidad de enfermedades no debería ser tal como para impedir una evaluación correcta de las características varietales.

## 4. Inspecciones de campo

*4.1 Número y época*

Los campos de producción de semillas deberán ser inspeccionados por lo menos una vez durante la floración cuando puedan ser observadas adecuadamente las características varietales y constatada la aislamiento. Podrán ser necesarias inspecciones adicionales si se presentaran problemas particulares.

*4.2 Técnica*

4.2.1    Antes de entrar en el campo: el inspector deberá confirmar con el productor de semillas la ubicación exacta del campo, la variedad, el cultivo anterior del campo. Los campos de más de 50 hectáreas deberán ser divididos en parcelas de una superficie máxima de 50 hectáreas cada una y serán inspeccionadas separadamente.

4.2.2    En el campo: el inspector controlará que las plantas de *Lablab purpureus* se ajusten a las características de la variedad y después examinará los bordes del campo para controlar que los requisitos de aislamiento (párrafo 3.1) hayan sido satisfechos. A continuación se hará una supervisión general del campo y se hará una estimación de las plantas de malezas presentes y la situación de las enfermedades (párrafos 3.4, 3.5, 3.6 y 3.7). Durante esta supervisión el inspector examinará cuidadosamente al azar porciones de surcos según se describe en el cuadro adjunto. El porcentaje de plantas que no correspondan a la variedad y el número de plantas de otras especies con semillas de tamaño similar serán contadas separadamente. Si tanto el número de plantas fuera de tipo o el número de otras especies supera el dos por ciento, el campo deberá ser rechazado (párrafos 3.2 y 3.3).

**Número de áreas a muestrear**

| Área del campo | Número de áreas de muestreo | |
|---|---|---|
| | Surcos de 5 m | Cultivos al voleo, unidades de 1 m² |
| Menos de 10 ha | 10 | 5 |
| 10 a 50 ha | 20 | 10 |

4.2.3    Después de la inspección: se deberá compilar un informe de la inspección y será tomada una decisión para aceptar o rechazar el cultivo o recomendar medidas correctivas antes de tomar una decisión final.

## 5. Normas de calidad de semillas

Las semillas deberán ajustarse a las condiciones siguientes, de acuerdo a lo evaluado según las reglas nacionales para análisis de semillas:
- ➢ Germinación        75 por ciento mínimo
- ➢ Semilla pura        94 por ciento mínimo

y a los siguientes elementos especificados para cada país según las necesidades locales:
- ➢ Semillas de malezas y/u otros cultivos por unidad de peso
- ➢ Contenido de humedad
- ➢ Enfermedades trasmitidas por las semillas
- ➢ Pureza varietal

## *LOTUS CORNICULATUS* L.
## TRÉBOL PATA DE PÁJARO

### 1. Instalaciones y equipos

Recomendados:
- Depósito
- Clasificadora de zarandas y aire
- Separador por gravedad
- Equipo de pesado y embolsado

A ser especificados de acuerdo a las necesidades del lugar:
- Equipo de secado
- Cilindro alveolado
- Separador de espiral
- Equipo de tratamiento de semillas

### 2. Requisitos de los terrenos

La tierra a ser usada para la producción de semillas deberá estar libre de plantas espontáneas.

### 3. Normas de campo

#### 3.1 Aislamiento

El campo de producción de semillas deberá estar aislado de otros campos de *Lotus* spp. por una distancia de 50 m y de otras especies cultivadas con semillas de tamaño similar por una distancia adecuada para prevenir mezclas mecánicas o por una barrera física (zanja, seto vivo, alambrado, etc.).

#### 3.2 Pureza varietal

Por lo menos 98 por ciento de las plantas de *Lotus corniculatus* deben ajustarse a las características de la variedad.

#### 3.3 Pureza específica

No deberá haber más de dos por ciento de otras especies con semillas de tamaño similar.

#### 3.4 Malezas (general)

El campo de producción de semillas deberá estar razonablemente libre de malezas; razonablemente libre significa que el crecimiento de las malezas no deberá ser tal como para impedir una evaluación correcta del *Lotus corniculatus*.

#### 3.5 Malezas (específico)

No deberá haber más del número especificado de plantas de ciertas malezas por unidad de superficie (a ser especificado por cada país de acuerdo a la situación local).

*Especies forrajeras – Fabaceae*

*3.6 Enfermedades trasmitidas por las semillas*

El campo de producción de semillas deberá estar dentro de las normas para enfermedades trasmitidas por semillas especificadas en cada país de acuerdo a la situación local.

*3.7 Otras enfermedades*

El campo de producción de semillas deberá estar razonablemente libre de otras enfermedades; razonablemente libre significa que la cantidad de enfermedades no debería ser tal como para impedir una evaluación correcta de las características varietales.

## 4. Inspecciones de campo

*4.1 Número y época*

Los campos de producción de semillas deberán ser inspeccionados por lo menos una vez durante la floración cuando puedan ser observadas adecuadamente las características varietales y constatada la aislamiento. Podrán ser necesarias inspecciones adicionales si se presentaran problemas particulares.

*4.2 Técnica*

4.2.1   Antes de entrar en el campo: el inspector deberá confirmar con el productor de semillas la ubicación exacta del campo, la variedad, el cultivo anterior del campo. Los campos de más de 50 hectáreas deberán ser divididos en parcelas de una superficie máxima de 50 hectáreas cada una y serán inspeccionadas separadamente.

4.2.2   En el campo: el inspector controlará que las plantas de *Lotus corniculatus* se ajusten a las características de la variedad y después examinará los bordes del campo para controlar que los requisitos de aislamiento (párrafo 3.1) hayan sido satisfechos. A continuación se hará una supervisión general del campo y se hará una estimación de las plantas de malezas presentes y la situación de las enfermedades (párrafos 3.4, 3.5, 3.6 y 3.7). Durante esta supervisión el inspector examinará cuidadosamente al azar porciones de surcos según se describe en el cuadro adjunto. El porcentaje de plantas que no correspondan a la variedad y el número de plantas de otras especies con semillas de tamaño similar serán contadas separadamente. Si tanto el número de plantas fuera de tipo o el número de otras especies supera el dos por ciento, el campo deberá ser rechazado (párrafos 3.2 y 3.3).

**Número de áreas a muestrear**

| Área del campo | Número de áreas de muestreo | |
|---|---|---|
| | Surcos de 5 m | Cultivos al voleo, unidades de 1 m² |
| Menos de 10 ha | 10 | 5 |
| 10 a 50 ha | 20 | 10 |

4.2.3   Después de la inspección: se deberá compilar un informe de la inspección y será tomada una decisión para aceptar o rechazar el cultivo o recomendar medidas correctivas antes de tomar una decisión final.

## 5. Normas de calidad de semillas

Las semillas deberán ajustarse a las condiciones siguientes, de acuerdo a lo evaluado según las reglas nacionales para análisis de semillas:
- Germinación     75 por ciento mínimo
- Semilla pura     95 por ciento mínimo

y a los siguientes elementos especificados para cada país según las necesidades locales:
- Semillas de malezas y/u otros cultivos por unidad de peso
- Contenido de humedad
- Enfermedades trasmitidas por las semillas
- Pureza varietal

*Especies forrajeras – Fabaceae*

## *MEDICAGO ARABIGA* (L.) HUDS.
## TRÉBOL CARRETILLA

### 1. Instalaciones y equipos

Recomendados:
- Depósito
- Clasificadora de zarandas y aire
- Equipo de pesado y embolsado

A ser especificados de acuerdo a las necesidades del lugar:
- Equipo de secado
- Separador por gravedad
- Equipo de tratamiento de semillas

### 2. Requisitos de los terrenos

La tierra a ser usada para la producción de semillas deberá estar libre de plantas espontáneas.

### 3. Normas de campo

*3.1 Aislamiento*

El campo de producción de semillas deberá estar aislado de otros campos de *Medicago* spp. por una distancia mínima de 100 m y de otras especies cultivadas con semillas de tamaño similar por una distancia adecuada para prevenir mezclas mecánicas o por una barrera física (zanja, seto vivo, alambrado, etc.).

*3.2 Pureza varietal*

Por lo menos 98 por ciento de las plantas de *Medicago arabiga* deben ajustarse a las características de la variedad.

*3.3 Pureza específica*

No deberá haber más de dos por ciento de otras especies con semillas de tamaño similar.

*3.4 Malezas (general)*

El campo de producción de semillas deberá estar razonablemente libre de malezas; razonablemente libre significa que el crecimiento de las malezas no deberá ser tal como para impedir una evaluación correcta del *Medicago arabiga*.

*3.5 Malezas (específico)*

No deberá haber más del número especificado de plantas de ciertas malezas por unidad de superficie (a ser especificado por cada país de acuerdo a la situación local).

*3.6 Enfermedades trasmitidas por las semillas*

El campo de producción de semillas deberá estar dentro de las normas para enfermedades trasmitidas por semillas especificadas en cada país de acuerdo a la situación local.

*3.7 Otras enfermedades*

El campo de producción de semillas deberá estar razonablemente libre de otras enfermedades; razonablemente libre significa que la cantidad de enfermedades no debería ser tal como para impedir una evaluación correcta de las características varietales.

## 4. Inspecciones de campo

*4.1 Número y época*

Los campos de producción de semillas deberán ser inspeccionados por lo menos una vez durante la floración cuando puedan ser observadas adecuadamente las características varietales y constatada la aislamiento. Podrán ser necesarias inspecciones adicionales si se presentaran problemas particulares.

*4.2 Técnica*

4.2.1   Antes de entrar en el campo: el inspector deberá confirmar con el productor de semillas la ubicación exacta del campo, la variedad, el cultivo anterior del campo. Los campos de más de 50 hectáreas deberán ser divididos en parcelas de una superficie máxima de 50 hectáreas cada una y serán inspeccionadas separadamente.

4.2.2   En el campo: el inspector controlará que las plantas de *Medicago arabiga* se ajusten a las características de la variedad y después examinará los bordes del campo para controlar que los requisitos de aislamiento (párrafo 3.1) hayan sido satisfechos. A continuación se hará una supervisión general del campo y se hará una estimación de las plantas de malezas presentes y la situación de las enfermedades (párrafos 3.4, 3.5, 3.6 y 3.7). Durante esta supervisión el inspector examinará cuidadosamente 150 plantas tomadas al azar en grupos de 30 en cinco lugares separados del campo. El número de plantas que no correspondan a la variedad y el número de plantas de otras especies con semillas de tamaño similar serán contadas separadamente. Si tanto el número de plantas fuera de tipo o el número de otras especies supera tres, el campo deberá ser rechazado (párrafos 3.2 y 3.3).

4.2.3   Después de la inspección: se deberá compilar un informe de la inspección y será tomada una decisión para aceptar o rechazar el cultivo o recomendar medidas correctivas antes de tomar una decisión final.

## 5. Normas de calidad de semillas

Las semillas deberán ajustarse a las condiciones siguientes, de acuerdo a lo evaluado según las reglas nacionales para análisis de semillas:
- Germinación         80 por ciento mínimo
- Semilla pura        95 por ciento mínimo
- Pureza varietal     98 por ciento mínimo

y a los siguientes elementos especificados para cada país según las necesidades locales:
- Semillas de malezas y/u otros cultivos por unidad de peso
- Contenido de humedad
- Enfermedades trasmitidas por las semillas

*Especies forrajeras – Fabaceae*

## *MEDICAGO SATIVA* L.
## ALFALFA

### 1. Instalaciones y equipos

Recomendados:
- Depósito
- Equipo de secado
- Clasificadora de zarandas y aire
- Equipo de pesado y embolsado

A ser especificados de acuerdo a las necesidades del lugar:
- Separador por gravedad
- Cilindro alveolado
- Equipo de tratamiento de semillas

### 2. Requisitos de los terrenos

La tierra a ser usada para la producción de semillas deberá estar libre de plantas espontáneas.

### 3. Normas de campo

*3.1 Aislamiento*

El campo de producción de semillas deberá estar aislado de otros campos de *Medicago sativa* que no ajusten a las normas de Semillas de Calidad Declarada por una distancia mínima de 100 m. El campo de producción de semillas deberá estar también aislado de otras especies cultivadas con semillas de tamaño similar por una distancia adecuada para prevenir mezclas mecánicas o por una barrera física (zanja, seto vivo, alambrado, etc.).

*3.2 Pureza varietal*

Por lo menos 98 por ciento de las plantas de *Medicago sativa* deben ajustarse a las características de la variedad.

*3.3 Pureza específica*

No deberá haber más de dos por ciento de otras especies con semillas de tamaño similar.

*3.4 Malezas (general)*

El campo de producción de semillas deberá estar razonablemente libre de malezas; razonablemente libre significa que el crecimiento de las malezas no deberá ser tal como para impedir una evaluación correcta de *Medicago sativa*.

*3.5 Malezas (específico)*

No deberá haber más del número especificado de plantas de ciertas malezas por unidad de superficie (a ser especificado por cada país de acuerdo a la situación local).

### 3.6 Enfermedades trasmitidas por las semillas

El campo de producción de semillas deberá estar dentro de las normas para enfermedades trasmitidas por semillas especificadas en cada país de acuerdo a la situación local.

### 3.7 Otras enfermedades

El campo de producción de semillas deberá estar razonablemente libre de otras enfermedades; razonablemente libre significa que la cantidad de enfermedades no debería ser tal como para impedir una evaluación correcta de las características varietales.

## 4. Inspecciones de campo

### 4.1 Número y época

Los campos de producción de semillas deberán ser inspeccionados por lo menos dos veces: la primera vez para constatar el aislamiento cuando la floración ha alcanzado aproximadamente el 50 por ciento y la segunda vez entre la floración y la madurez cuando puedan ser observadas adecuadamente las características varietales y constatada la aislamiento. Podrán ser necesarias inspecciones adicionales si se presentaran problemas particulares.

### 4.2 Técnica

4.2.1 Antes de entrar en el campo: el inspector deberá confirmar con el productor de semillas la ubicación exacta del campo, la variedad, el cultivo anterior del campo. Los campos de más de 10 hectáreas deberán ser divididos en parcelas de una superficie máxima de 10 hectáreas cada una y serán inspeccionadas separadamente.

4.2.2 En el campo: el inspector controlará que las plantas de *Medicago sativa* se ajusten a las características de la variedad y después examinará los bordes del campo para controlar que los requisitos de aislamiento (párrafo 3.1) hayan sido satisfechos. A continuación se hará una supervisión general del campo y se hará una estimación de las plantas de malezas presentes y la situación de las enfermedades (párrafos 3.4, 3.5, 3.6 y 3.7). Durante esta supervisión el inspector examinará cuidadosamente 150 plantas tomadas al azar en grupos de 30 en cinco lugares separados del campo. El número de plantas que no correspondan a la variedad y el número de plantas de otras especies con semillas de tamaño similar serán contadas separadamente. Si tanto el número de plantas fuera de tipo o el número de otras especies supera tres, el campo deberá ser rechazado (párrafos 3.2 y 3.3)

4.2.3 Después de la inspección: se deberá compilar un informe de la inspección y será tomada una decisión para aceptar o rechazar el cultivo o recomendar medidas correctivas antes de tomar una decisión final.

## 5. Normas de calidad de semillas

Las semillas deberán ajustarse a las condiciones siguientes, de acuerdo a lo evaluado según las reglas nacionales para análisis de semillas:
- Germinación        80 por ciento mínimo
- Semilla pura        98 por ciento mínimo
- Pureza varietal     98 por ciento mínimo

y a los siguientes elementos especificados para cada país según las necesidades locales:
- Contenido de humedad
- Enfermedades trasmitidas por las semillas
- Malezas nocivas

## *MEDICAGO SCUTELLATA* (L.) MILL.
## TRÉBOL CARACOL

### 1. Instalaciones y equipos

Recomendados:
- Depósito
- Clasificadora de zarandas y aire
- Equipo de pesado y embolsado

A ser especificados de acuerdo a las necesidades del lugar:
- Separador por gravedad
- Equipo de secado
- Equipo de tratamiento de semillas

### 2. Requisitos de los terrenos

La tierra a ser usada para la producción de semillas deberá estar libre de plantas espontáneas.

### 3. Normas de campo

*3.1 Aislamiento*

El campo de producción de semillas deberá estar aislado de otros campos de *Medicago* spp. por una distancia mínima de 100 m. y deberá estar también aislado de otras especies cultivadas con semillas de tamaño similar por una distancia adecuada para prevenir mezclas mecánicas o por una barrera física (zanja, seto vivo, alambrado, etc.).

*3.2 Pureza varietal*

Por lo menos 98 por ciento de las plantas de *Medicago scutellata* deben ajustarse a las características de la variedad.

*3.3 Pureza específica*

No deberá haber más de dos por ciento de otras especies con semillas de tamaño similar.

*3.4 Malezas (general)*

El campo de producción de semillas deberá estar razonablemente libre de malezas; razonablemente libre significa que el crecimiento de las malezas no deberá ser tal como para impedir una evaluación correcta de *Medicago scutellata*.

*3.5 Malezas (específico)*

No deberá haber más del número especificado de plantas de ciertas malezas por unidad de superficie (a ser especificado por cada país de acuerdo a la situación local).

*3.6 Enfermedades trasmitidas por las semillas*

El campo de producción de semillas deberá estar dentro de las normas para enfermedades trasmitidas por semillas especificadas en cada país de acuerdo a la situación local.

*3.7 Otras enfermedades*

El campo de producción de semillas deberá estar razonablemente libre de otras enfermedades; razonablemente libre significa que la cantidad de enfermedades no debería ser tal como para impedir una evaluación correcta de las características varietales.

## 4. Inspecciones de campo

*4.1 Número y época*

Los campos de producción de semillas deberán ser inspeccionados por lo menos una vez durante la floración cuando puedan ser observadas adecuadamente las características varietales y constatada la aislamiento. Podrán ser necesarias inspecciones adicionales si se presentaran problemas particulares.

*4.2 Técnica*

4.2.1   Antes de entrar en el campo: el inspector deberá confirmar con el productor de semillas la ubicación exacta del campo, la variedad, el cultivo anterior del campo. Los campos de más de 50 hectáreas deberán ser divididos en parcelas de una superficie máxima de 50 hectáreas cada una y serán inspeccionadas separadamente.

4.2.2   En el campo: el inspector controlará que las plantas de *Medicago scutellata* se ajusten a las características de la variedad y después examinará los bordes del campo para controlar que los requisitos de aislamiento (párrafo 3.1) hayan sido satisfechos. A continuación se hará una supervisión general del campo y se hará una estimación de las plantas de malezas presentes y la situación de las enfermedades (párrafos 3.4, 3.5, 3.6 y 3.7). Durante esta supervisión el inspector examinará cuidadosamente 150 plantas tomadas al azar en grupos de 30 en cinco lugares separados del campo. El número de plantas que no correspondan a la variedad y el número de plantas de otras especies con semillas de tamaño similar serán contadas separadamente. Si tanto el número de plantas fuera de tipo o el número de otras especies supera tres, el campo deberá ser rechazado (párrafos 3.2 y 3.3).

4.2.3 Después de la inspección: se deberá compilar un informe de la inspección y será tomada una decisión para aceptar o rechazar el cultivo o recomendar medidas correctivas antes de tomar una decisión final.

## 5. Normas de calidad de semillas

Las semillas deberán ajustarse a las condiciones siguientes, de acuerdo a lo evaluado según las reglas nacionales para análisis de semillas:
- ➢ Germinación        80 por ciento mínimo
- ➢ Semilla pura       95 por ciento mínimo
- ➢ Pureza varietal    98 por ciento mínimo

y a los siguientes elementos especificados para cada país según las necesidades locales:
- ➢ Semillas de malezas/otros cultivos por unidad de peso
- ➢ Semillas nocivas por unidad de peso
- ➢ Contenido de humedad
- ➢ Enfermedades trasmitidas por las semillas

## *MEDICAGO TRUNCATULA* GAERTN.
## TRÉBOL BARRIL

### 1. Instalaciones y equipos

Recomendados:
- Depósito
- Clasificadora de zarandas y aire
- Equipo de pesado y embolsado

A ser especificados de acuerdo a las necesidades del lugar:
- Separador por gravedad
- Equipo de secado
- Equipo de tratamiento de semillas

### 2. Requisitos de los terrenos

La tierra a ser usada para la producción de semillas deberá estar libre de plantas espontáneas.

### 3. Normas de campo

*3.1 Aislamiento*

El campo de producción de semillas deberá estar aislado de otros campos de *Medicago* spp. por una distancia mínima de 100 m. y deberá estar también aislado de otras especies cultivadas con semillas de tamaño similar por una distancia adecuada para prevenir mezclas mecánicas o por una barrera física (zanja, seto vivo, alambrado, etc.).

*3.2 Pureza varietal*

Por lo menos 98 por ciento de las plantas de *Medicago truncatula* deben ajustarse a las características de la variedad.

*3.3 Pureza específica*

No deberá haber más de dos por ciento de otras especies con semillas de tamaño similar.

*3.4 Malezas (general)*

El campo de producción de semillas deberá estar razonablemente libre de malezas; razonablemente libre significa que el crecimiento de las malezas no deberá ser tal como para impedir una evaluación correcta de *Medicago truncatula*.

*3.5 Malezas (específico)*

No deberá haber más del número especificado de plantas de ciertas malezas por unidad de superficie (a ser especificado por cada país de acuerdo a la situación local).

*3.6 Enfermedades trasmitidas por las semillas*

El campo de producción de semillas deberá estar dentro de las normas para enfermedades trasmitidas por semillas especificadas en cada país de acuerdo a la situación local.

*Especies forrajeras – Fabaceae*

*3.7 Otras enfermedades*

El campo de producción de semillas deberá estar razonablemente libre de otras enfermedades; razonablemente libre significa que la cantidad de enfermedades no debería ser tal como para impedir una evaluación correcta de las características varietales.

## 4. Inspecciones de campo

*4.1 Número y época*

Los campos de producción de semillas deberán ser inspeccionados por lo menos una vez durante la floración cuando puedan ser observadas adecuadamente las características varietales y constatada la aislamiento. Podrán ser necesarias inspecciones adicionales si se presentaran problemas particulares.

*4.2 Técnica*

4.2.1    Antes de entrar en el campo: el inspector deberá confirmar con el productor de semillas la ubicación exacta del campo, la variedad, el cultivo anterior del campo. Los campos de más de 50 hectáreas deberán ser divididos en parcelas de una superficie máxima de 50 hectáreas cada una y serán inspeccionadas separadamente.

4.2.2    En el campo: el inspector controlará que las plantas de *Medicago scutellata* se ajusten a las características de la variedad y después examinará los bordes del campo para controlar que los requisitos de aislamiento (párrafo 3.1) hayan sido satisfechos. A continuación se hará una supervisión general del campo y se hará una estimación de las plantas de malezas presentes y la situación de las enfermedades (párrafos 3.4, 3.5, 3.6 y 3.7). Durante esta supervisión el inspector examinará cuidadosamente 150 plantas tomadas al azar en grupos de 30 en cinco lugares separados del campo. El número de plantas que no correspondan a la variedad y el número de plantas de otras especies con semillas de tamaño similar serán contadas separadamente. Si tanto el número de plantas fuera de tipo o el número de otras especies supera tres, el campo deberá ser rechazado (párrafos 3.2 y 3.3).

4.2.3    Después de la inspección: se deberá compilar un informe de la inspección y será tomada una decisión para aceptar o rechazar el cultivo o recomendar medidas correctivas antes de tomar una decisión final.

## 5. Normas de calidad de semillas

Las semillas deberán ajustarse a las condiciones siguientes, de acuerdo a lo evaluado según las reglas nacionales para análisis de semillas:
- Germinación        80 por ciento mínimo
- Semilla pura        95 por ciento mínimo
- Pureza varietal    98 por ciento mínimo

y a los siguientes elementos especificados para cada país según las necesidades locales:
- Semillas de malezas/otros cultivos por unidad de peso
- Semillas nocivas por unidad de peso
- Contenido de humedad
- Enfermedades trasmitidas por las semillas

## *PUERARIA PHASEOLOIDES* (ROXB.) BENTH.
## KUDZÚ TROPICAL

### 1. Instalaciones y equipos

Recomendados:
- Depósito
- Clasificadora de zarandas y aire
- Equipo de pesado y embolsado

A ser especificados de acuerdo a las necesidades del lugar:
- Equipo de secado
- Cilindro alveolado
- Separador de espiral
- Equipo de tratamiento de semillas

### 2. Requisitos de los terrenos

La tierra a ser usada para la producción de semillas deberá estar libre de plantas espontáneas.

### 3. Normas de campo

*3.1 Aislamiento*

El campo de producción de semillas deberá estar aislado de otros campos de *Pueraria phaseoloides* y de otras especies cultivadas con semillas de tamaño similar por una distancia adecuada para prevenir mezclas mecánicas o por una barrera física (zanja, seto vivo, alambrado, etc.).

*3.2 Pureza varietal*

Por lo menos 98 por ciento de las plantas de *Pueraria phaseoloides* deben ajustarse a las características de la variedad.

*3.3 Pureza específica*

No deberá haber más de dos por ciento de otras especies con semillas de tamaño similar.

*3.4 Malezas (general)*

El campo de producción de semillas deberá estar razonablemente libre de malezas; razonablemente libre significa que el crecimiento de las malezas no deberá ser tal como para impedir una evaluación correcta del *Pueraria phaseoloides*.

*3.5 Malezas (específico)*

No deberá haber más del número especificado de plantas de ciertas malezas por unidad de superficie (a ser especificado por cada país de acuerdo a la situación local).

*3.6 Enfermedades trasmitidas por las semillas*

El campo de producción de semillas deberá estar dentro de las normas para enfermedades trasmitidas por semillas especificadas en cada país de acuerdo a la situación local.

*Especies forrajeras – Fabaceae*

## 3.7 Otras enfermedades

El campo de producción de semillas deberá estar razonablemente libre de otras enfermedades; razonablemente libre significa que la cantidad de enfermedades no debería ser tal como para impedir una evaluación correcta de las características varietales.

## 4. Inspecciones de campo

### 4.1 Número y época

Los campos de producción de semillas deberán ser inspeccionados por lo menos una vez durante la floración cuando puedan ser observadas adecuadamente las características varietales y constatada la aislamiento. Podrán ser necesarias inspecciones adicionales si se presentaran problemas particulares.

### 4.2 Técnica

4.2.1 Antes de entrar en el campo: el inspector deberá confirmar con el productor de semillas la ubicación exacta del campo, la variedad, el cultivo anterior del campo. Los campos de más de 50 hectáreas deberán ser divididos en parcelas de una superficie máxima de 50 hectáreas cada una y serán inspeccionadas separadamente.

4.2.2 En el campo: el inspector controlará que las plantas de *Pueraria phaseoloides* se ajusten a las características de la variedad y después examinará los bordes del campo para controlar que los requisitos de aislamiento (párrafo 3.1) hayan sido satisfechos. A continuación se hará una supervisión general del campo y se hará una estimación de las plantas de malezas presentes y la situación de las enfermedades (párrafos 3.4, 3.5, 3.6 y 3.7). Durante esta supervisión el inspector examinará cuidadosamente al azar porciones de surcos según se describe en el cuadro adjunto. El porcentaje de plantas que no correspondan a la variedad y el número de plantas de otras especies con semillas de tamaño similar serán contadas separadamente. Si tanto el número de plantas fuera de tipo o el número de otras especies supera el dos por ciento, el campo deberá ser rechazado (párrafos 3.2 y 3.3).

**Número de áreas a muestrear**

| Área del campo | Número de áreas de muestreo | |
|---|---|---|
| | Surcos de 5 m | Cultivos al voleo, unidades de 1 m² |
| Menos de 10 ha | 10 | 5 |
| 10 a 50 ha | 20 | 10 |

4.2.3 Después de la inspección: se deberá compilar un informe de la inspección y será tomada una decisión para aceptar o rechazar el cultivo o recomendar medidas correctivas antes de tomar una decisión final.

## 5. Normas de calidad de semillas

Las semillas deberán ajustarse a las condiciones siguientes, de acuerdo a lo evaluado según las reglas nacionales para análisis de semillas:
- Germinación     50 por ciento mínimo
- Semilla pura    95 por ciento mínimo

y a los siguientes elementos especificados para cada país según las necesidades locales:
- Semillas de malezas y/u otros cultivos por unidad de peso
- Contenido de humedad
- Enfermedades trasmitidas por las semillas
- Pureza varietal

## *STYLOSANTHES* SPP.
## ESTILOSANTES

### 1. Instalaciones y equipos

Recomendados:
- Depósito
- Clasificadora de zarandas y aire
- Cilindro alveolado
- Separador de discos
- Equipo de pesado y embolsado

A ser especificados de acuerdo a las necesidades del lugar:
- Equipo de secado
- Equipo de tratamiento de semillas

### 2. Requisitos de los terrenos

La tierra a ser usada para la producción de semillas deberá estar libre de plantas espontáneas.

### 3. Normas de campo

*3.1 Aislamiento*

El campo de producción de semillas deberá estar aislado de otros campos de *Stylosanthes* spp. por una distancia mínima de 100 m y de otras especies cultivadas con semillas de tamaño similar por una distancia adecuada para prevenir mezclas mecánicas o por una barrera física (zanja, seto vivo, alambrado, etc.).

*3.2 Pureza varietal*

Por lo menos 98 por ciento de las plantas de *Stylosanthes* spp. deben ajustarse a las características de la variedad.

*3.3 Pureza específica*

No deberá haber más de dos por ciento de otras especies con semillas de tamaño similar.

*3.4 Malezas (general)*

El campo de producción de semillas deberá estar razonablemente libre de malezas; razonablemente libre significa que el crecimiento de las malezas no deberá ser tal como para impedir una evaluación correcta del *Stylosanthes* spp.

*3.5 Malezas (específico)*

No deberá haber más del número especificado de plantas de ciertas malezas por unidad de superficie (a ser especificado por cada país de acuerdo a la situación local).

*3.6 Enfermedades trasmitidas por las semillas*

El campo de producción de semillas deberá estar dentro de las normas para enfermedades trasmitidas por semillas especificadas en cada país de acuerdo a la situación local.

*Especies forrajeras – Fabaceae*

## 3.7 Otras enfermedades

El campo de producción de semillas deberá estar razonablemente libre de otras enfermedades; razonablemente libre significa que la cantidad de enfermedades no debería ser tal como para impedir una evaluación correcta de las características varietales.

## 4. Inspecciones de campo

### 4.1 Número y época

Los campos de producción de semillas deberán ser inspeccionados por lo menos una vez durante la floración cuando puedan ser observadas adecuadamente las características varietales y constatada la aislamiento. Podrán ser necesarias inspecciones adicionales si se presentaran problemas particulares.

### 4.2 Técnica

4.2.1  Antes de entrar en el campo: el inspector deberá confirmar con el productor de semillas la ubicación exacta del campo, la variedad, el cultivo anterior del campo. Los campos de más de 50 hectáreas deberán ser divididos en parcelas de una superficie máxima de 50 hectáreas cada una y serán inspeccionadas separadamente.

4.2.2  En el campo: el inspector controlará que las plantas de *Stylosanthes* spp. se ajusten a las características de la variedad y después examinará los bordes del campo para controlar que los requisitos de aislamiento (párrafo 3.1) hayan sido satisfechos. A continuación se hará una supervisión general del campo y se hará una estimación de las plantas de malezas presentes y la situación de las enfermedades (párrafos 3.4, 3.5, 3.6 y 3.7). Durante esta supervisión el inspector examinará cuidadosamente al azar porciones de surcos según se describe en el cuadro adjunto. El porcentaje de plantas que no correspondan a la variedad y el número de plantas de otras especies con semillas de tamaño similar serán contadas separadamente. Si tanto el número de plantas fuera de tipo o el número de otras especies supera el dos por ciento, el campo deberá ser rechazado (párrafos 3.2 y 3.3).

**Número de áreas a muestrear**

| Área del campo | Número de áreas de muestreo | |
|---|---|---|
| | Surcos de 5 m | Cultivos al voleo, unidades de 1 m² |
| Menos de 10 ha | 10 | 5 |
| 10 a 50 ha | 20 | 10 |

4.2.3  Después de la inspección: se deberá compilar un informe de la inspección y será tomada una decisión para aceptar o rechazar el cultivo o recomendar medidas correctivas antes de tomar una decisión final.

## 5. Normas de calidad de semillas

Las semillas deberán ajustarse a las condiciones siguientes, de acuerdo a lo evaluado según las reglas nacionales para análisis de semillas:
- ➢ Germinación         60 por ciento mínimo
- ➢ Semilla pura         90 por ciento mínimo

y a los siguientes elementos especificados para cada país según las necesidades locales:
- ➢ Semillas de malezas y/u otros cultivos por unidad de peso
- ➢ Contenido de humedad
- ➢ Enfermedades trasmitidas por las semillas
- ➢ Pureza varietal

## *TRIFOLIUM ALEXANDRINUM* L.
## TRÉBOL DE ALEJANDRÍA

### 1. Instalaciones y equipos

Recomendados:
- Depósito
- Clasificadora de zarandas y aire
- Equipo de pesado y embolsado

A ser especificados de acuerdo a las necesidades del lugar:
- Equipo de secado
- Separador por gravedad
- Equipo de tratamiento de semillas

### 2. Requisitos de los terrenos

La tierra a ser usada para la producción de semillas deberá estar libre de plantas espontáneas. Los cultivos no deberían haber sido sembrado en los dos años inmediatamente anteriores con alfalfa (*Medicago sativa*) o tréboles (*Trifolium* spp.) excepto de la misma variedad.

### 3. Normas de campo
#### 3.1 Aislamiento

El campo de producción de semillas deberá estar aislado de otros campos de *Trifolium alexandrinum* por una distancia mínima de 100 m y de otras especies cultivadas con semillas de tamaño similar por una distancia adecuada para prevenir mezclas mecánicas o por una barrera física (zanja, seto vivo, alambrado, etc.).

#### 3.2 Pureza varietal

Por lo menos 98 por ciento de las plantas de *Trifolium alexandrinum*. deben ajustarse a las características de la variedad.

#### 3.3 Pureza específica

No deberá haber más de dos por ciento de otras especies con semillas de tamaño similar.

#### 3.4 Malezas (general)

El campo de producción de semillas deberá estar razonablemente libre de malezas; razonablemente libre significa que el crecimiento de las malezas no deberá ser tal como para impedir una evaluación correcta del *Trifolium alexandrinum*.

#### 3.5 Malezas (específico)

No deberá haber más del número especificado de plantas de ciertas malezas por unidad de superficie (a ser especificado por cada país de acuerdo a la situación local).

*Especies forrajeras – Fabaceae*

### 3.6 Enfermedades trasmitidas por las semillas

El campo de producción de semillas deberá estar dentro de las normas para enfermedades trasmitidas por semillas especificadas en cada país de acuerdo a la situación local.

### 3.7 Otras enfermedades

El campo de producción de semillas deberá estar razonablemente libre de otras enfermedades; razonablemente libre significa que la cantidad de enfermedades no debería ser tal como para impedir una evaluación correcta de las características varietales.

## 4. Inspecciones de campo

### 4.1 Número y época

Los campos de producción de semillas deberán ser inspeccionados por lo menos una vez durante la floración cuando puedan ser observadas adecuadamente las características varietales y constatada la aislamiento. Podrán ser necesarias inspecciones adicionales si se presentaran problemas particulares.

### 4.2 Técnica

4.2.1   Antes de entrar en el campo: el inspector deberá confirmar con el productor de semillas la ubicación exacta del campo, la variedad, el cultivo anterior del campo. Los campos de más de 50 hectáreas deberán ser divididos en parcelas de una superficie máxima de 50 hectáreas cada una y serán inspeccionadas separadamente.

4.2.2   En el campo: el inspector controlará que las plantas de *Trifolium alexandrinum* se ajusten a las características de la variedad y después examinará los bordes del campo para controlar que los requisitos de aislamiento (párrafo 3.1) hayan sido satisfechos. A continuación se hará una supervisión general del campo y se hará una estimación de las plantas de malezas presentes y la situación de las enfermedades (párrafos 3.4, 3.5, 3.6 y 3.7). Durante esta supervisión el inspector examinará cuidadosamente 150 plantas tomadas al azar en grupos de 30 en cinco lugares separados del campo. El número de plantas que no correspondan a la variedad y el número de plantas de otras especies con semillas de tamaño similar serán contadas separadamente. Si tanto el número de plantas fuera de tipo o el número de otras especies supera tres, el campo deberá ser rechazado (párrafos 3.2 y 3.3).

4.2.3   Después de la inspección: se deberá compilar un informe de la inspección y será tomada una decisión para aceptar o rechazar el cultivo o recomendar medidas correctivas antes de tomar una decisión final.

## 5. Normas de calidad de semillas

Las semillas deberán ajustarse a las condiciones siguientes, de acuerdo a lo evaluado según las reglas nacionales para análisis de semillas:
- Germinación        80 por ciento mínimo
- Semilla pura        95 por ciento mínimo
- Pureza varietal    98 por ciento mínimo

y a los siguientes elementos especificados para cada país según las necesidades locales:
- Semillas de malezas y/u otros cultivos por unidad de peso
- Contenido de humedad
- Enfermedades trasmitidas por las semillas
- Semillas de malezas nocivas por unidad de peso

## *TRIFOLIUM FRAGIFERUM* L.
## TRÉBOL FRUTILLA

### 1. Instalaciones y equipos

Recomendados:
> ➢ Depósito
> ➢ Clasificadora de zarandas y aire
> ➢ Equipo de pesado y embolsado

A ser especificados de acuerdo a las necesidades del lugar:
> ➢ Equipo de secado
> ➢ Separador por gravedad
> ➢ Equipo de tratamiento de semillas

### 2. Requisitos de los terrenos

La tierra a ser usada para la producción de semillas deberá estar libre de plantas espontáneas. Los cultivos no deberían haber sido sembrados en los dos años inmediatamente anteriores con alfalfa (*Medicago sativa*) o tréboles (*Trifolium* spp.) excepto de la misma variedad.

### 3. Normas de campo

#### 3.1 Aislamiento

El campo de producción de semillas deberá estar aislado de otros campos de *Trifolium fragiferum* por una distancia mínima de 100 m y de otras especies cultivadas con semillas de tamaño similar por una distancia adecuada para prevenir mezclas mecánicas o por una barrera física (zanja, seto vivo, alambrado, etc.).

#### 3.2 Pureza varietal

Por lo menos 98 por ciento de las plantas de *Trifolium fragiferum* deben ajustarse a las características de la variedad.

#### 3.3 Pureza específica

No deberá haber más de dos por ciento de otras especies con semillas de tamaño similar.

#### 3.4 Malezas (general)

El campo de producción de semillas deberá estar razonablemente libre de malezas; razonablemente libre significa que el crecimiento de las malezas no deberá ser tal como para impedir una evaluación correcta del *Trifolium fragiferum*.

#### 3.5 Malezas (específico)

No deberá haber más del número especificado de plantas de ciertas malezas por unidad de superficie (a ser especificado por cada país de acuerdo a la situación local).

*Especies forrajeras – Fabaceae*

## 3.6 Enfermedades trasmitidas por las semillas

El campo de producción de semillas deberá estar dentro de las normas para enfermedades trasmitidas por semillas especificadas en cada país de acuerdo a la situación local.

## 3.7 Otras enfermedades

El campo de producción de semillas deberá estar razonablemente libre de otras enfermedades; razonablemente libre significa que la cantidad de enfermedades no debería ser tal como para impedir una evaluación correcta de las características varietales.

## 4. Inspecciones de campo

### 4.1 Número y época

Los campos de producción de semillas deberán ser inspeccionados por lo menos una vez durante la floración cuando puedan ser observadas adecuadamente las características varietales y constatada la aislamiento. Podrán ser necesarias inspecciones adicionales si se presentaran problemas particulares.

### 4.2 Técnica

4.2.1 Antes de entrar en el campo: el inspector deberá confirmar con el productor de semillas la ubicación exacta del campo, la variedad, el cultivo anterior del campo. Los campos de más de 50 hectáreas deberán ser divididos en parcelas de una superficie máxima de 50 hectáreas cada una y serán inspeccionadas separadamente.

4.2.2 En el campo: el inspector controlará que las plantas de *Trifolium fragiferum* se ajusten a las características de la variedad y después examinará los bordes del campo para controlar que los requisitos de aislamiento (párrafo 3.1) hayan sido satisfechos. A continuación se hará una supervisión general del campo y se hará una estimación de las plantas de malezas presentes y la situación de las enfermedades (párrafos 3.4, 3.5, 3.6 y 3.7). Durante esta supervisión el inspector examinará cuidadosamente 150 plantas tomadas al azar en grupos de 30 en cinco lugares separados del campo. El número de plantas que no correspondan a la variedad y el número de plantas de otras especies con semillas de tamaño similar serán contadas separadamente. Si tanto el número de plantas fuera de tipo o el número de otras especies supera tres, el campo deberá ser rechazado (párrafos 3.2 y 3.3).

4.2.3 Después de la inspección: se deberá compilar un informe de la inspección y será tomada una decisión para aceptar o rechazar el cultivo o recomendar medidas correctivas antes de tomar una decisión final.

## 5. Normas de calidad de semillas

Las semillas deberán ajustarse a las condiciones siguientes, de acuerdo a lo evaluado según las reglas nacionales para análisis de semillas:
- Germinación        80 por ciento mínimo
- Semilla pura       95 por ciento mínimo
- Pureza varietal    98 por ciento mínimo

y a los siguientes elementos especificados para cada país según las necesidades locales:
- Semillas de malezas y/u otros cultivos por unidad de peso
- Contenido de humedad
- Enfermedades trasmitidas por las semillas
- Semillas de malezas nocivas por unidad de peso

## *TRIFOLIUM INCARNATUM* L.
## TRÉBOL ENCARNADO

### 1. Instalaciones y equipos

Recomendados:
- Depósito
- Clasificadora de zarandas y aire
- Equipo de pesado y embolsado

A ser especificados de acuerdo a las necesidades del lugar:
- Equipo de secado
- Separador por gravedad
- Equipo de tratamiento de semillas

### 2. Requisitos de los terrenos

La tierra a ser usada para la producción de semillas deberá estar libre de plantas espontáneas. Los cultivos no deberían haber sido sembrados en los dos años inmediatamente anteriores con alfalfa (*Medicago sativa*) o tréboles (Trifolium *spp.*) excepto de la misma variedad.

### 3. Normas de campo

*3.1 Aislamiento*

El campo de producción de semillas deberá estar aislado de otros campos de *Trifolium fragiferum* por una distancia mínima de 100 m y de otras especies cultivadas con semillas de tamaño similar por una distancia adecuada para prevenir mezclas mecánicas o por una barrera física (zanja, seto vivo, alambrado, etc.).

*3.2 Pureza varietal*

Por lo menos 98 por ciento de las plantas de *Trifolium fragiferum* deben ajustarse a las características de la variedad.

*3.3 Pureza específica*

No deberá haber más de dos por ciento de otras especies con semillas de tamaño similar.

*3.4 Malezas (general)*

El campo de producción de semillas deberá estar razonablemente libre de malezas; razonablemente libre significa que el crecimiento de las malezas no deberá ser tal como para impedir una evaluación correcta del *Trifolium fragiferum*.

*3.5 Malezas (específico)*

No deberá haber más del número especificado de plantas de ciertas malezas por unidad de superficie (a ser especificado por cada país de acuerdo a la situación local).

*Especies forrajeras – Fabaceae*

### 3.6 *Enfermedades trasmitidas por las semillas*

El campo de producción de semillas deberá estar dentro de las normas para enfermedades trasmitidas por semillas especificadas en cada país de acuerdo a la situación local.

### 3.7 *Otras enfermedades*

El campo de producción de semillas deberá estar razonablemente libre de otras enfermedades; razonablemente libre significa que la cantidad de enfermedades no debería ser tal como para impedir una evaluación correcta de las características varietales.

## 4. Inspecciones de campo

### 4.1 *Número y época*

Los campos de producción de semillas deberán ser inspeccionados por lo menos una vez durante la floración cuando puedan ser observadas adecuadamente las características varietales y constatada la aislamiento. Podrán ser necesarias inspecciones adicionales si se presentaran problemas particulares.

### 4.2 *Técnica*

4.2.1   Antes de entrar en el campo: el inspector deberá confirmar con el productor de semillas la ubicación exacta del campo, la variedad, el cultivo anterior del campo. Los campos de más de 50 hectáreas deberán ser divididos en parcelas de una superficie máxima de 50 hectáreas cada una y serán inspeccionadas separadamente.

4.2.2   En el campo: el inspector controlará que las plantas de *Trifolium incarnatum* se ajusten a las características de la variedad y después examinará los bordes del campo para controlar que los requisitos de aislamiento (párrafo 3.1) hayan sido satisfechos. A continuación se hará una supervisión general del campo y se hará una estimación de las plantas de malezas presentes y la situación de las enfermedades (párrafos 3.4, 3.5, 3.6 y 3.7). Durante esta supervisión el inspector examinará cuidadosamente 150 plantas tomadas al azar en grupos de 30 en cinco lugares separados del campo. El número de plantas que no correspondan a la variedad y el número de plantas de otras especies con semillas de tamaño similar serán contadas separadamente. Si tanto el número de plantas fuera de tipo o el número de otras especies supera tres, el campo deberá ser rechazado (párrafos 3.2 y 3.3).

4.2.3   Después de la inspección: se deberá compilar un informe de la inspección y será tomada una decisión para aceptar o rechazar el cultivo o recomendar medidas correctivas antes de tomar una decisión final.

## 5. Normas de calidad de semillas

Las semillas deberán ajustarse a las condiciones siguientes, de acuerdo a lo evaluado según las reglas nacionales para análisis de semillas:
- Germinación        80 por ciento mínimo
- Semilla pura       95 por ciento mínimo
- Pureza varietal    98 por ciento mínimo

y a los siguientes elementos especificados para cada país según las necesidades locales:
- Semillas de malezas y/u otros cultivos por unidad de peso
- Contenido de humedad
- Enfermedades trasmitidas por las semillas
- Semillas de malezas nocivas por unidad de peso

## *TRIFOLIUM PRATENSE* L.
## TRÉBOL ROJO

### 1. Instalaciones y equipos

Recomendados:
- Depósito
- Clasificadora de zarandas y aire
- Equipo de pesado y embolsado

A ser especificados de acuerdo a las necesidades del lugar:
- Equipo de secado
- Separador por gravedad
- Equipo de tratamiento de semillas

### 2. Requisitos de los terrenos

La tierra a ser usada para la producción de semillas deberá estar libre de plantas espontáneas. Los cultivos no deberían haber sido sembrados en los dos años inmediatamente anteriores con alfalfa (*Medicago sativa*) o tréboles (*Trifolium* spp.) excepto de la misma variedad.

### 3. Normas de campo

#### 3.1 Aislamiento

El campo de producción de semillas deberá estar aislado de otros campos de *Trifolium pratense* por una distancia mínima de 100 m y de otras especies cultivadas con semillas de tamaño similar por una distancia adecuada para prevenir mezclas mecánicas o por una barrera física (zanja, seto vivo, alambrado, etc.).

#### 3.2 Pureza varietal

Por lo menos 98 por ciento de las plantas de *Trifolium fragiferum* deben ajustarse a las características de la variedad.

#### 3.3 Pureza específica

No deberá haber más de dos por ciento de otras especies con semillas de tamaño similar.

#### 3.4 Malezas (general)

El campo de producción de semillas deberá estar razonablemente libre de malezas; razonablemente libre significa que el crecimiento de las malezas no deberá ser tal como para impedir una evaluación correcta del *Trifolium pratense*.

#### 3.5 Malezas (específico)

No deberá haber más del número especificado de plantas de ciertas malezas por unidad de superficie (a ser especificado por cada país de acuerdo a la situación local).

*Especies forrajeras – Fabaceae*

*3.6 Enfermedades trasmitidas por las semillas*

El campo de producción de semillas deberá estar dentro de las normas para enfermedades trasmitidas por semillas especificadas en cada país de acuerdo a la situación local.

*3.7 Otras enfermedades*

El campo de producción de semillas deberá estar razonablemente libre de otras enfermedades; razonablemente libre significa que la cantidad de enfermedades no debería ser tal como para impedir una evaluación correcta de las características varietales.

## 4. Inspecciones de campo

*4.1 Número y época*

Los campos de producción de semillas deberán ser inspeccionados por lo menos una vez durante la floración cuando puedan ser observadas adecuadamente las características varietales y constatada la aislamiento. Podrán ser necesarias inspecciones adicionales si se presentaran problemas particulares.

*4.2 Técnica*

4.2.1 Antes de entrar en el campo: el inspector deberá confirmar con el productor de semillas la ubicación exacta del campo, la variedad, el cultivo anterior del campo. Los campos de más de 50 hectáreas deberán ser divididos en parcelas de una superficie máxima de 50 hectáreas cada una y serán inspeccionadas separadamente.

4.2.2 En el campo: el inspector controlará que las plantas de *Trifolium pratense* se ajusten a las características de la variedad y después examinará los bordes del campo para controlar que los requisitos de aislamiento (párrafo 3.1) hayan sido satisfechos. A continuación se hará una supervisión general del campo y se hará una estimación de las plantas de malezas presentes y la situación de las enfermedades (párrafos 3.4, 3.5, 3.6 y 3.7). Durante esta supervisión el inspector examinará cuidadosamente 150 plantas tomadas al azar en grupos de 30 en cinco lugares separados del campo. El número de plantas que no correspondan a la variedad y el número de plantas de otras especies con semillas de tamaño similar serán contadas separadamente. Si tanto el número de plantas fuera de tipo o el número de otras especies supera tres, el campo deberá ser rechazado (párrafos 3.2 y 3.3).

4.2.3 Después de la inspección: se deberá compilar un informe de la inspección y será tomada una decisión para aceptar o rechazar el cultivo o recomendar medidas correctivas antes de tomar una decisión final.

## 5. Normas de calidad de semillas

Las semillas deberán ajustarse a las condiciones siguientes, de acuerdo a lo evaluado según las reglas nacionales para análisis de semillas:
- Germinación       80 por ciento mínimo
- Semilla pura      95 por ciento mínimo
- Pureza varietal   98 por ciento mínimo

y a los siguientes elementos especificados para cada país según las necesidades locales:
- Semillas de malezas y/u otros cultivos por unidad de peso
- Contenido de humedad
- Enfermedades trasmitidas por las semillas
- Semillas de malezas nocivas por unidad de peso

## *TRIFOLIUM REPENS* L.
## TRÉBOL BLANCO

### 1. Instalaciones y equipos

Recomendados:
> ➢ Depósito
> ➢ Clasificadora de zarandas y aire
> ➢ Equipo de pesado y embolsado

A ser especificados de acuerdo a las necesidades del lugar:
> ➢ Equipo de secado
> ➢ Separador por gravedad
> ➢ Equipo de tratamiento de semillas

### 2. Requisitos de los terrenos

La tierra a ser usada para la producción de semillas deberá estar libre de plantas espontáneas. Los cultivos no deberían haber sido sembrados en los dos años inmediatamente anteriores con alfalfa (*Medicago sativa*) o trébobles (*Trifolium* spp.) excepto de la misma variedad.

### 3. Normas de campo

#### 3.1 Aislamiento

El campo de producción de semillas deberá estar aislado de otros campos de *Trifolium repens* por una distancia mínima de 100 m y de otras especies cultivadas con semillas de tamaño similar por una distancia adecuada para prevenir mezclas mecánicas o por una barrera física (zanja, seto vivo, alambrado, etc.).

#### 3.2 Pureza varietal

Por lo menos 98 por ciento de las plantas de *Trifolium repens* deben ajustarse a las características de la variedad.

#### 3.3 Pureza específica

No deberá haber más de dos por ciento de otras especies con semillas de tamaño similar.

#### 3.4 Malezas (general)

El campo de producción de semillas deberá estar razonablemente libre de malezas; razonablemente libre significa que el crecimiento de las malezas no deberá ser tal como para impedir una evaluación correcta del *Trifolium repens*.

#### 3.5 Malezas (específico)

No deberá haber más del número especificado de plantas de ciertas malezas por unidad de superficie (a ser especificado por cada país de acuerdo a la situación local).

*Especies forrajeras – Fabaceae*

*3.6 Enfermedades trasmitidas por las semillas*

El campo de producción de semillas deberá estar dentro de las normas para enfermedades trasmitidas por semillas especificadas en cada país de acuerdo a la situación local.

*3.7 Otras enfermedades*

El campo de producción de semillas deberá estar razonablemente libre de otras enfermedades; razonablemente libre significa que la cantidad de enfermedades no debería ser tal como para impedir una evaluación correcta de las características varietales.

## 4. Inspecciones de campo

*4.1 Número y época*

Los campos de producción de semillas deberán ser inspeccionados por lo menos una vez durante la floración cuando puedan ser observadas adecuadamente las características varietales y constatada la aislamiento. Podrán ser necesarias inspecciones adicionales si se presentaran problemas particulares.

*4.2 Técnica*

4.2.1   Antes de entrar en el campo: el inspector deberá confirmar con el productor de semillas la ubicación exacta del campo, la variedad, el cultivo anterior del campo. Los campos de más de 50 hectáreas deberán ser divididos en parcelas de una superficie máxima de 50 hectáreas cada una y serán inspeccionadas separadamente.

4.2.2.   En el campo: el inspector controlará que las plantas de *Trifolium repens* se ajusten a las características de la variedad y después examinará los bordes del campo para controlar que los requisitos de aislamiento (párrafo 3.1) hayan sido satisfechos. A continuación se hará una supervisión general del campo y se hará una estimación de las plantas de malezas presentes y la situación de las enfermedades (párrafos 3.4, 3.5, 3.6 y 3.7). Durante esta supervisión el inspector examinará cuidadosamente 150 plantas tomadas al azar en grupos de 30 en cinco lugares separados del campo. El número de plantas que no correspondan a la variedad y el número de plantas de otras especies con semillas de tamaño similar serán contadas separadamente. Si tanto el número de plantas fuera de tipo o el número de otras especies supera tres, el campo deberá ser rechazado (párrafos 3.2 y 3.3).

4.2.3   Después de la inspección: se deberá compilar un informe de la inspección y será tomada una decisión para aceptar o rechazar el cultivo o recomendar medidas correctivas antes de tomar una decisión final.

## 5. Normas de calidad de semillas

Las semillas deberán ajustarse a las condiciones siguientes, de acuerdo a lo evaluado según las reglas nacionales para análisis de semillas:
- Germinación         80 por ciento mínimo
- Semilla pura        95 por ciento mínimo
- Pureza varietal     98 por ciento mínimo

y a los siguientes elementos especificados para cada país según las necesidades locales:
- Semillas de malezas y/u otros cultivos por unidad de peso
- Contenido de humedad
- Enfermedades trasmitidas por las semillas
- Semillas de malezas nocivas por unidad de peso

## *TRIFOLIUM RESUPINATUM* L.
## TRÉBOL PERSA

### 1. Instalaciones y equipos

Recomendados:
> ➤ Depósito
> ➤ Clasificadora de zarandas y aire
> ➤ Equipo de pesado y embolsado

A ser especificados de acuerdo a las necesidades del lugar:
> ➤ Equipo de secado
> ➤ Separador por gravedad
> ➤ Equipo de tratamiento de semillas

### 2. Requisitos de los terrenos

La tierra a ser usada para la producción de semillas deberá estar libre de plantas espontáneas. Los cultivos no deberían haber sido sembrados en los dos años inmediatamente anteriores con alfalfa (*Medicago sativa*) o tréboles (*Trifolium* spp.) excepto de la misma variedad.

### 3. Normas de campo

#### 3.1 Aislamiento

El campo de producción de semillas deberá estar aislado de otros campos de *Trifolium resupinatum* por una distancia mínima de 100 m y de otras especies cultivadas con semillas de tamaño similar por una distancia adecuada para prevenir mezclas mecánicas o por una barrera física (zanja, seto vivo, alambrado, etc.).

#### 3.2 Pureza varietal

Por lo menos 98 por ciento de las plantas de *Trifolium resupinatum* deben ajustarse a las características de la variedad.

#### 3.3 Pureza específica

No deberá haber más de dos por ciento de otras especies con semillas de tamaño similar.

#### 3.4 Malezas (general)

El campo de producción de semillas deberá estar razonablemente libre de malezas; razonablemente libre significa que el crecimiento de las malezas no deberá ser tal como para impedir una evaluación correcta del *Trifolium resupinatum*.

#### 3.5 Malezas (específico)

No deberá haber más del número especificado de plantas de ciertas malezas por unidad de superficie (a ser especificado por cada país de acuerdo a la situación local).

*3.6 Enfermedades trasmitidas por las semillas*

El campo de producción de semillas deberá estar dentro de las normas para enfermedades trasmitidas por semillas especificadas en cada país de acuerdo a la situación local.

*3.7 Otras enfermedades*

El campo de producción de semillas deberá estar razonablemente libre de otras enfermedades; razonablemente libre significa que la cantidad de enfermedades no debería ser tal como para impedir una evaluación correcta de las características varietales.

## 4. Inspecciones de campo

*4.1 Número y época*

Los campos de producción de semillas deberán ser inspeccionados por lo menos una vez durante la floración cuando puedan ser observadas adecuadamente las características varietales y constatada la aislamiento. Podrán ser necesarias inspecciones adicionales si se presentaran problemas particulares.

*4.2 Técnica*

4.2.1   Antes de entrar en el campo: el inspector deberá confirmar con el productor de semillas la ubicación exacta del campo, la variedad, el cultivo anterior del campo. Los campos de más de 50 hectáreas deberán ser divididos en parcelas de una superficie máxima de 50 hectáreas cada una y serán inspeccionadas separadamente.

4.2.2   En el campo: el inspector controlará que las plantas de *Trifolium resupinatum* se ajusten a las características de la variedad y después examinará los bordes del campo para controlar que los requisitos de aislamiento (párrafo 3.1) hayan sido satisfechos. A continuación se hará una supervisión general del campo y se hará una estimación de las plantas de malezas presentes y la situación de las enfermedades (párrafos 3.4, 3.5, 3.6 y 3.7). Durante esta supervisión el inspector examinará cuidadosamente 150 plantas tomadas al azar en grupos de 30 en cinco lugares separados del campo. El número de plantas que no correspondan a la variedad y el número de plantas de otras especies con semillas de tamaño similar serán contadas separadamente. Si tanto el número de plantas fuera de tipo o el número de otras especies supera tres, el campo deberá ser rechazado (párrafos 3.2 y 3.3).

4.2.3   Después de la inspección: se deberá compilar un informe de la inspección y será tomada una decisión para aceptar o rechazar el cultivo o recomendar medidas correctivas antes de tomar una decisión final.

## 5. Normas de calidad de semillas

Las semillas deberán ajustarse a las condiciones siguientes, de acuerdo a lo evaluado según las reglas nacionales para análisis de semillas:
- Germinación         80 por ciento mínimo
- Semilla pura         95 por ciento mínimo
- Pureza varietal     98 por ciento mínimo

y a los siguientes elementos especificados para cada país según las necesidades locales:
- Semillas de malezas y/u otros cultivos por unidad de peso
- Contenido de humedad
- Enfermedades trasmitidas por las semillas
- Semillas de malezas nocivas por unidad de peso

## *TRIFOLIUM SEMIPILOSUM* FRESEN

### 1. Instalaciones y equipos

Recomendados:
- Depósito
- Clasificadora de zarandas y aire
- Equipo de pesado y embolsado

A ser especificados de acuerdo a las necesidades del lugar:
- Equipo de secado
- Equipo de tratamiento de semillas

### 2. Requisitos de los terrenos

La tierra a ser usada para la producción de semillas deberá estar libre de plantas espontáneas. Los cultivos no deberían haber sido sembrados en los dos años inmediatamente anteriores con alfalfa (*Medicago sativa*) o tréboles (*Trifolium* spp.) excepto de la misma variedad.

### 3. Normas de campo

*3.1 Aislamiento*

El campo de producción de semillas deberá estar aislado de otros campos de *Trifolium semipilosum* por una distancia mínima de 100 m y de otras especies cultivadas con semillas de tamaño similar por una distancia adecuada para prevenir mezclas mecánicas o por una barrera física (zanja, seto vivo, alambrado, etc.).

*3.2 Pureza varietal*

Por lo menos 98 por ciento de las plantas de *Trifolium semipilosum* deben ajustarse a las características de la variedad.

*3.3 Pureza específica*

No deberá haber más de dos por ciento de otras especies con semillas de tamaño similar.

*3.4 Malezas (general)*

El campo de producción de semillas deberá estar razonablemente libre de malezas; razonablemente libre significa que el crecimiento de las malezas no deberá ser tal como para impedir una evaluación correcta del *Trifolium semipilosum*.

*3.5 Malezas (específico)*

No deberá haber más del número especificado de plantas de ciertas malezas por unidad de superficie (a ser especificado por cada país de acuerdo a la situación local).

*3.6 Enfermedades trasmitidas por las semillas*

El campo de producción de semillas deberá estar dentro de las normas para enfermedades trasmitidas por semillas especificadas en cada país de acuerdo a la situación local.

*Especies forrajeras – Fabaceae*

*3.7 Otras enfermedades*

El campo de producción de semillas deberá estar razonablemente libre de otras enfermedades; razonablemente libre significa que la cantidad de enfermedades no debería ser tal como para impedir una evaluación correcta de las características varietales.

## 4. Inspecciones de campo

*4.1 Número y época*

Los campos de producción de semillas deberán ser inspeccionados por lo menos una vez durante la floración cuando puedan ser observadas adecuadamente las características varietales y constatada la aislamiento. Podrán ser necesarias inspecciones adicionales si se presentaran problemas particulares.

*4.2 Técnica*

4.2.1  Antes de entrar en el campo: el inspector deberá confirmar con el productor de semillas la ubicación exacta del campo, la variedad, el cultivo anterior del campo. Los campos de más de 50 hectáreas deberán ser divididos en parcelas de una superficie máxima de 50 hectáreas cada una y serán inspeccionadas separadamente.

4.2.2  En el campo: el inspector controlará que las plantas de *Trifolium semipilosum* se ajusten a las características de la variedad y después examinará los bordes del campo para controlar que los requisitos de aislamiento (párrafo 3.1) hayan sido satisfechos. A continuación se hará una supervisión general del campo y se hará una estimación de las plantas de malezas presentes y la situación de las enfermedades (párrafos 3.4, 3.5, 3.6 y 3.7). Durante esta supervisión el inspector examinará cuidadosamente 150 plantas tomadas al azar en grupos de 30 en cinco lugares separados del campo. El número de plantas que no correspondan a la variedad y el número de plantas de otras especies con semillas de tamaño similar serán contadas separadamente. Si tanto el número de plantas fuera de tipo o el número de otras especies supera tres, el campo deberá ser rechazado (párrafos 3.2 y 3.3).

4.2.3  Después de la inspección: se deberá compilar un informe de la inspección y será tomada una decisión para aceptar o rechazar el cultivo o recomendar medidas correctivas antes de tomar una decisión final.

## 5. Normas de calidad de semillas

Las semillas deberán ajustarse a las condiciones siguientes, de acuerdo a lo evaluado según las reglas nacionales para análisis de semillas:
- Germinación      60 por ciento mínimo
- Semilla pura     96,5 por ciento mínimo

y a los siguientes elementos especificados para cada país según las necesidades locales:
- Semillas de malezas y/u otros cultivos por unidad de peso
- Contenido de humedad
- Enfermedades trasmitidas por las semillas
- Semillas de malezas nocivas por unidad de peso
- Pureza varietal

## *TRIFOLIUM SUBTERRANEUM* L.
## TRÉBOL SUBTERRÁNEO

### 1. Instalaciones y equipos

Recomendados:
- Depósito
- Clasificadora de zarandas y aire
- Equipo de pesado y embolsado

A ser especificados de acuerdo a las necesidades del lugar:
- Equipo de secado
- Separador por gravedad
- Equipo de tratamiento de semillas

### 2. Requisitos de los terrenos

La tierra a ser usada para la producción de semillas deberá estar libre de plantas espontáneas.

### 3. Normas de campo

#### 3.1 Aislamiento

El campo de producción de semillas deberá estar aislado de otros campos de *Trifolium subterraneum* por una distancia mínima de 100 m y de otras especies cultivadas con semillas de tamaño similar por una distancia adecuada para prevenir mezclas mecánicas o por una barrera física (zanja, seto vivo, alambrado, etc.).

#### 3.2 Pureza varietal

Por lo menos 98 por ciento de las plantas de *Trifolium subterraneum* deben ajustarse a las características de la variedad.

#### 3.3 Pureza específica

No deberá haber más de dos por ciento de otras especies con semillas de tamaño similar.

#### 3.4 Malezas (general)

El campo de producción de semillas deberá estar razonablemente libre de malezas; razonablemente libre significa que el crecimiento de las malezas no deberá ser tal como para impedir una evaluación correcta del *Trifolium subterraneum*.

#### 3.5 Malezas (específico)

No deberá haber más del número especificado de plantas de ciertas malezas por unidad de superficie (a ser especificado por cada país de acuerdo a la situación local).

#### 3.6 Enfermedades trasmitidas por las semillas

El campo de producción de semillas deberá estar dentro de las normas para enfermedades trasmitidas por semillas especificadas en cada país de acuerdo a la situación local.

*3.7 Otras enfermedades*

El campo de producción de semillas deberá estar razonablemente libre de otras enfermedades; razonablemente libre significa que la cantidad de enfermedades no debería ser tal como para impedir una evaluación correcta de las características varietales.

## 4. Inspecciones de campo
*4.1 Número y época*

Los campos de producción de semillas deberán ser inspeccionados por lo menos una vez durante la floración cuando puedan ser observadas adecuadamente las características varietales y constatada la aislamiento. Podrán ser necesarias inspecciones adicionales si se presentaran problemas particulares.

*4.2 Técnica*

4.2.1   Antes de entrar en el campo: el inspector deberá confirmar con el productor de semillas la ubicación exacta del campo, la variedad, el cultivo anterior del campo. Los campos de más de 50 hectáreas deberán ser divididos en parcelas de una superficie máxima de 50 hectáreas cada una y serán inspeccionadas separadamente.

4.2.2.   En el campo: el inspector controlará que las plantas de *Trifolium subterraneum* se ajusten a las características de la variedad y después examinará los bordes del campo para controlar que los requisitos de aislamiento (párrafo 3.1) hayan sido satisfechos. A continuación se hará una supervisión general del campo y se hará una estimación de las plantas de malezas presentes y la situación de las enfermedades (párrafos 3.4, 3.5, 3.6 y 3.7). Durante esta supervisión el inspector examinará cuidadosamente 150 plantas tomadas al azar en grupos de 30 en cinco lugares separados del campo. El número de plantas que no correspondan a la variedad y el número de plantas de otras especies con semillas de tamaño similar serán contadas separadamente. Si tanto el número de plantas fuera de tipo o el número de otras especies supera tres, el campo deberá ser rechazado (párrafos 3.2 y 3.3).

4.2.3   Después de la inspección: se deberá compilar un informe de la inspección y será tomada una decisión para aceptar o rechazar el cultivo o recomendar medidas correctivas antes de tomar una decisión final.

## 5. Normas de calidad de semillas

Las semillas deberán ajustarse a las condiciones siguientes, de acuerdo a lo evaluado según las reglas nacionales para análisis de semillas:
- Germinación      60 por ciento mínimo
- Semilla pura      95 por ciento mínimo
- Pureza varietal   98 por ciento mínimo

y a los siguientes elementos especificados para cada país según las necesidades locales:
- Semillas de malezas y/u otros cultivos por unidad de peso
- Contenido de humedad
- Enfermedades trasmitidas por las semillas
- Semillas de malezas nocivas por unidad de peso

## *VICIA SATIVA* L.
## VICIA

### 1. Instalaciones y equipos

Recomendados:
- Depósito
- Clasificadora de zarandas y aire
- Equipo de pesado y embolsado

A ser especificados de acuerdo a las necesidades del lugar:
- Equipo de secado
- Separador por gravedad
- Separador de espiral
- Equipo de tratamiento de semillas

### 2. Requisitos de los terrenos

La tierra a ser usada para la producción de semillas deberá estar libre de plantas espontáneas. Ninguno de los siguientes cultivos debería haber sido sembrado en el campo en los dos últimos años inmediatamente anteriores: vicia (*Vicia* spp.), arvejilla (*Lathyus* spp.), arveja de campo (*Pisum sativum*) o lentejas (*Lens culinaris*).

### 3. Normas de campo

#### 3.1 Aislamiento

El campo de producción de semillas deberá estar aislado de otros campos de *Vicia* spp. por una distancia mínima de 50 m y de otras especies cultivadas con semillas de tamaño similar por una distancia adecuada para prevenir mezclas mecánicas o por una barrera física (zanja, seto vivo, alambrado, etc.).

#### 3.2 Pureza varietal

Por lo menos 98 por ciento de las plantas de *Vicia sativa* deben ajustarse a las características de la variedad.

#### 3.3 Pureza específica

No deberá haber más de dos por ciento de otras especies con semillas de tamaño similar.

#### 3.4 Malezas (general)

El campo de producción de semillas deberá estar razonablemente libre de malezas; razonablemente libre significa que el crecimiento de las malezas no deberá ser tal como para impedir una evaluación correcta de la *Vicia sativa*.

#### 3.5 Malezas (específico)

No deberá haber más del número especificado de plantas de ciertas malezas por unidad de superficie (a ser especificado por cada país de acuerdo a la situación local).

*Especies forrajeras – Fabaceae*

*3.6 Enfermedades trasmitidas por las semillas*

El campo de producción de semillas deberá estar dentro de las normas para enfermedades trasmitidas por semillas especificadas en cada país de acuerdo a la situación local.

*3.7 Otras enfermedades*

El campo de producción de semillas deberá estar razonablemente libre de otras enfermedades; razonablemente libre significa que la cantidad de enfermedades no debería ser tal como para impedir una evaluación correcta de las características varietales.

## 4. Inspecciones de campo

*4.1 Número y época*

Los campos de producción de semillas deberán ser inspeccionados por lo menos una vez durante la floración cuando puedan ser observadas adecuadamente las características varietales y constatada la aislamiento. Podrán ser necesarias inspecciones adicionales si se presentaran problemas particulares.

*4.2 Técnica*

4.2.1 Antes de entrar en el campo: el inspector deberá confirmar con el productor de semillas la ubicación exacta del campo, la variedad, el cultivo anterior del campo. Los campos de más de 50 hectáreas deberán ser divididos en parcelas de una superficie máxima de 50 hectáreas cada una y serán inspeccionadas separadamente.

4.2.2 En el campo: el inspector controlará que las plantas de *Vicia sativa* se ajusten a las características de la variedad y después examinará los bordes del campo para controlar que los requisitos de aislamiento (párrafo 3.1) hayan sido satisfechos. A continuación se hará una supervisión general del campo y se hará una estimación de las plantas de malezas presentes y la situación de las enfermedades (párrafos 3.4, 3.5, 3.6 y 3.7). Durante esta supervisión el inspector examinará cuidadosamente 150 plantas tomadas al azar, en grupos de 30 en cinco lugares separados del campo. El número de plantas que no correspondan a la variedad y el número de plantas de otras especies con semillas de tamaño similar serán contadas separadamente. Si tanto el número de plantas fuera de tipo o el número de otras especies de vicias supera tres, el campo deberá ser rechazado (párrafos 3.2 y 3.3)

4.2.3 Después de la inspección: se deberá compilar un informe de la inspección y será tomada una decisión para aceptar o rechazar el cultivo o recomendar medidas correctivas antes de tomar una decisión final.

## 5. Normas de calidad de semillas

Las semillas deberán ajustarse a las condiciones siguientes, de acuerdo a lo evaluado según las reglas nacionales para análisis de semillas:
- Germinación        80 por ciento mínimo
- Semilla pura       96 por ciento mínimo
- Pureza varietal    98 por ciento mínimo

y a los siguientes elementos especificados para cada país según las necesidades locales:
- Semillas de malezas y/u otros cultivos por unidad de peso
- Contenido de humedad
- Enfermedades trasmitidas por las semillas
- Semillas de malezas nocivas por unidad de peso

# Cultivos industriales

**GOSSYPIUM HIRSUTUM L. – MALVACEAE**
**ALGODÓN (POLINIZACIÓN ABIERTA)**

### 1. Instalaciones y equipos

Recomendados:
- Depósito
- Equipo de secado
- Desmotadora de algodón
- Desborradora de algodón
- Equipo de pesado y embolsado

A ser especificados de acuerdo a las necesidades del lugar:
- Cilindro alveolado
- Separador por gravedad
- Equipo de tratamiento de semillas

### 2. Requisitos de los terrenos

La tierra a ser usada para la producción de semillas deberá estar libre de plantas espontáneas.

### 3. Normas de campo

*3.1 Aislamiento*

El campo de producción de semillas deberá estar aislado de otros campos de la misma especie de algodón por una distancia de 30 m y de otras especies de algodón y de cualquier otro cultivo con semillas de tamaño similar por una distancia adecuada para prevenir las mezclas mecánicas o por medio de una barrera física (zanja, seto vivo, alambrado, etc.)

*3.2 Pureza varietal*

Por lo menos 98 por ciento de las plantas de algodón deben ajustarse a las características de la variedad.

*3.3 Malezas (general)*

El campo de producción de semillas deberá estar razonablemente libre de malezas; razonablemente libre significa que el crecimiento de las malezas no deberá ser tal como para impedir una evaluación correcta del algodón.

*3.4 Malezas (específico)*

No deberá haber más del número especificado de plantas de ciertas malezas por unidad de superficie (a ser especificado por cada país de acuerdo a la situación local).

### 3.5 Enfermedades trasmitidas por las semillas

El campo de producción de semillas deberá estar dentro de las normas para enfermedades trasmitidas por semillas especificadas en cada país de acuerdo a la situación local.

### 3.6 Otras enfermedades

El campo de producción de semillas deberá estar razonablemente libre de otras enfermedades; razonablemente libre significa que la cantidad de enfermedades no debería ser tal como para impedir una evaluación correcta de las características varietales.

## 4. Inspecciones de campo

### 4.1 Número y época

Los campos de producción de semillas deberán ser inspeccionados por lo menos dos veces: una cuando el cultivo se acerca la floración y la segunda inspección antes de la recolección de las cápsulas. Podrán ser necesarias inspecciones adicionales si se presentaran problemas particulares.

### 4.2 Técnica

4.2.1 Antes de entrar en el campo: el inspector deberá confirmar con el productor de semillas la ubicación exacta del campo, la variedad y el cultivo anterior del campo. Los campos de más de 20 hectáreas deberán ser divididos en parcelas de una superficie máxima de 20 hectáreas cada una y serán inspeccionadas separadamente.

4.2.2. En el campo: el inspector controlará que las plantas de algodón se ajusten a las características de la variedad y después examinará los bordes del campo para controlar que los requisitos de aislamiento (párrafo 3.1) hayan sido satisfechos. A continuación se hará una supervisión general del campo y se hará una estimación de las plantas de malezas presentes y la situación de las enfermedades (párrafos 3.4, 3.5, 3.6 y 3.7). Durante esta supervisión el inspector examinará cuidadosamente 150 plantas tomadas al azar en grupos de 30 en cinco lugares separados del campo; el número de plantas que no correspondan a la variedad serán contadas separadamente. Si el número de plantas fuera de tipo supera tres, el campo deberá ser rechazado (párrafos 3.2 y 3.3)

4.2.3 Después de la inspección: se deberá compilar un informe de la inspección y será tomada una decisión para aceptar o rechazar el cultivo o recomendar medidas correctivas antes de tomar una decisión final.

## 5. Normas de calidad de semillas

Las semillas deberán ajustarse a las condiciones siguientes, de acuerdo a lo evaluado según las reglas nacionales para análisis de semillas:
- Germinación      60 por ciento mínimo
- Semilla pura     98 por ciento mínimo
- Pureza varietal  98 por ciento mínimo

y a los siguientes elementos especificados para cada país según las necesidades locales:
- Semillas de malezas y/u otros cultivos por unidad de peso
- Contenido de humedad
- Enfermedades trasmitidas por las semillas

## GOSSYPIUM HIRSUTUM L. – MALVACEAE
## ALGODÓN (HÍBRIDO)

### 1. Material parental

Para la producción de semilla híbrida es necesario obtener las líneas parentales como semillas del Mantenedor

### 2. Instalaciones y equipos

Recomendados:
- Depósito
- Equipo de secado
- Desmotadora de algodón
- Desborradora de algodón
- Equipo de pesado y embolsado

A ser especificados de acuerdo a las necesidades del lugar:
- Cilindro alveolado
- Separador por gravedad
- Equipo de tratamiento de semillas

### 3. Requisitos de los terrenos

La tierra a ser usada para la producción de semillas deberá estar libre de plantas espontáneas.

### 4. Normas de campo

*4.1 Aislamiento*

El campo de producción de semillas deberá estar aislado de otros campos de la misma especie de algodón por una distancia de 30 m y de otras especies de algodón y de cualquier otro cultivo con semillas de tamaño similar por una distancia adecuada para prevenir las mezclas mecánicas o por medio de una barrera física (zanja, seto vivo, alambrado, etc.)

*4.2 Relación parental*

Los campos para producir semillas híbridas de algodón deberán ser sembrados de modo que las plantas padre (polinizadoras) estén separadas de las plantas madre (para semilla); debe haber un número suficiente de plantas padre para polinizar las plantas madre.

*4.3 Emasculación*

En el momento de la floración no más del uno por ciento de las plantas madre deberán tener inflorescencias que han esparcido o que estén esparciendo polen.

*4.4 Pureza varietal*

Por lo menos 98 por ciento de las plantas de algodón deben ajustarse a las características de los respectivos parentales padre o madre.

### 4.5 Malezas

El campo de producción de semillas deberá estar razonablemente libre de malezas; razonablemente libre significa que el crecimiento de las malezas no deberá ser tal como para impedir una evaluación correcta del algodón. No deberá haber más del número especificado de plantas de ciertas malezas por unidad de superficie (a ser especificado por cada país de acuerdo a la situación local).

### 4.6 Enfermedades trasmitidas por las semillas

El campo de producción de semillas deberá estar dentro de las normas para enfermedades trasmitidas por semillas especificadas en cada país de acuerdo a la situación local.

### 4.7 Otras enfermedades

El campo de producción de semillas deberá estar razonablemente libre de otras enfermedades; razonablemente libre significa que la cantidad de enfermedades no debería ser tal como para impedir una evaluación correcta de las características varietales.

## 5. Inspecciones de campo

### 5.1 Número y época

Los campos de producción de semillas deberán ser inspeccionados por lo menos tres veces: la primera vez cuando el cultivo se acerca a la floración, la segunda inspección inmediatamente antes de la floración y la tercera vez antes de la recolección de las cápsulas. Podrán ser necesarias inspecciones adicionales para controlar la emasculación de las plantas madre durante la floración o si se presentaran problemas particulares.

### 5.2 Técnica

5.2.1 Antes de entrar en el campo: el inspector deberá confirmar con el productor de semillas la ubicación exacta del campo, la identidad y las proporciones de los parentales de los cuales está compuesto y el cultivo anterior del campo. Los campos de más de cinco hectáreas deberán ser divididos en parcelas de una superficie máxima de cinco hectáreas cada una y serán inspeccionadas separadamente.

5.2.2 En el campo: el inspector controlará las plantas de ambos parentales para confirmar que se ajusten a las características de los mismos y que las proporciones padre: madre sean las correctas en el campo de producción de semillas. Después examinará los bordes del campo para controlar que los requisitos de aislamiento hayan sido satisfechos. A continuación se hará una inspección general del campo y se hará una estimación de las plantas de malezas presentes y la situación de las enfermedades.

Durante esta inspección el inspector examinará cuidadosamente 150 plantas tomadas al azar en grupos de 30 en cinco lugares separados del campo; el número de plantas que no correspondan a la variedad serán contadas separadamente. Si el número de plantas fuera de tipo supera tres (en 150), el campo deberá ser rechazado. En las inspecciones durante la floración el inspector revisará cuidadosamente 300 plantas madre adicionales tomadas en cinco lugares distintos en grupos de 60 plantas y contará el número de plantas que no han sido adecuadamente emasculadas. Si este número excede tres (en 300) el campo deberá ser rechazado.

5.2.3 Después de la inspección: se deberá compilar un informe de la inspección y será tomada una decisión para aceptar o rechazar el cultivo o recomendar medidas correctivas antes de tomar una decisión final.

## 5. Normas de calidad de semillas

Las semillas deberán ajustarse a las condiciones siguientes, de acuerdo a lo evaluado según las reglas nacionales para análisis de semillas:
- Germinación     70 por ciento mínimo
- Semilla pura     98 por ciento mínimo
- Pureza varietal     98 por ciento mínimo*

y a los siguientes elementos especificados para cada país según las necesidades locales:
- Semillas de malezas y/u otros cultivos por unidad de peso
- Contenido de humedad
- Enfermedades trasmitidas por las semillas

---

* A ser verificado en un ensayo de campo en el cual por lo menos 200 plantas en dos repeticiones deben ser examinadas para plantas fuera de tipo.

## RICINUS COMMUNIS L. – EUPHORBIACEAE
## RICINO

### 1. Instalaciones y equipos

Recomendados:
- Depósito
- Equipo de limpieza aire/zarandas
- Equipo de pesado y embolsado

A ser especificados de acuerdo a las necesidades del lugar:
- Equipo de secado
- Separador por gravedad
- Separador por color
- Equipo de tratamiento de semillas

### 3. Requisitos de los terrenos

La tierra a ser usada para la producción de semillas deberá estar libre de plantas espontáneas.

### 3. Normas de campo

#### 3.1 Aislamiento

El campo de producción de semillas deberá estar aislado de todas las fuentes indeseables de polen por una distancia de 100 m y de otras especies de cualquier otro cultivo con semillas de tamaño similar por una distancia adecuada para prevenir las mezclas mecánicas o por medio de una barrera física (zanja, seto vivo, alambrado, etc.)

#### 3.2 Pureza varietal

Por lo menos 98 por ciento de las plantas de ricino deben ajustarse a las características de la variedad.

#### 3.3 Pureza específica

No deberá haber más de dos por ciento de otras especies de semillas de otros cultivos con tamaño similar.

#### 3.4 Malezas (general)

El campo de producción de semillas deberá estar razonablemente libre de malezas; razonablemente libre significa que el crecimiento de las malezas no deberá ser tal como para impedir una evaluación correcta del ricino.

#### 3.5 Malezas (específico)

No deberá haber más del número especificado de plantas de ciertas malezas por unidad de superficie (a ser especificado por cada país de acuerdo a la situación local).

#### 3.6 Enfermedades trasmitidas por las semillas

El campo de producción de semillas deberá estar dentro de las normas para enfermedades trasmitidas por semillas especificadas en cada país de acuerdo a la situación local.

*3.7 Otras enfermedades*

El campo de producción de semillas deberá estar razonablemente libre de otras enfermedades; razonablemente libre significa que la cantidad de enfermedades no debería ser tal como para impedir una evaluación correcta de las características varietales.

## 4. Inspecciones de campo

*4.1 Número y época*

Los campos de producción de semillas deberán ser inspeccionados por lo menos dos veces: una vez en el momento de la floración y la segunda vez en la madurez cuando se pueden observar adecuadamente las características varietales. Podrán ser necesarias inspecciones adicionales si se presentaran problemas particulares.

*4.2 Técnica*

4.2.1   Antes de entrar en el campo: el inspector deberá confirmar con el productor de semillas la ubicación exacta del campo, la variedad y el cultivo anterior del campo. Los campos de más de 50 hectáreas deberán ser divididos en parcelas de una superficie máxima de 50 hectáreas cada una y serán inspeccionadas separadamente.

4.2.2   En el campo: el inspector controlará que las plantas de ricino se ajusten a las características de la variedad y después examinará los bordes del campo para controlar que los requisitos de aislamiento (párrafo 3.1) hayan sido satisfechos. A continuación se hará una supervisión general del campo y se hará una estimación de las plantas de malezas presentes y la situación de las enfermedades (párrafos 3.4, 3.5, 3.6 y 3.7). Durante esta supervisión el inspector examinará cuidadosamente 150 plantas tomadas al azar en grupos de 30 en cinco lugares separados del campo; el número de plantas que no correspondan a la variedad serán contadas separadamente. Si el número de plantas fuera de tipo supera tres, el campo deberá ser rechazado (párrafos 3.2 y 3.3).

4.2.3   Después de la inspección: se deberá compilar un informe de la inspección y será tomada una decisión para aceptar o rechazar el cultivo o recomendar medidas correctivas antes de tomar una decisión final.

## 5. Normas de calidad de semillas

Las semillas deberán ajustarse a las condiciones siguientes, de acuerdo a lo evaluado según las reglas nacionales para análisis de semillas:
- Germinación        70 por ciento mínimo
- Semilla pura       98 por ciento mínimo
- Pureza varietal    98 por ciento mínimo

y a los siguientes elementos especificados para cada país según las necesidades locales:
- Semillas de malezas y/u otros cultivos por unidad de peso
- Contenido de humedad
- Enfermedades trasmitidas por las semillas

# Hortalizas

***ABELMOSCHUS ESCULENTUS* (L.) MOENCH – *MALVACEAE*
OCRA**

### 1. Instalaciones y equipos

Recomendados:
- Depósito
- Equipo de limpieza de aire/zarandas
- Equipo de pesado y embolsado

A ser especificados de acuerdo a las necesidades del lugar:
- Equipo de secado
- Separador de gravedad
- Equipo de tratamiento de semillas

### 2. Requisitos de los terrenos

La tierra a ser usada para la producción de semillas deberá estar libre de plantas espontáneas.

### 3. Normas de campo

*3.1 Aislamiento*

El campo de producción de semillas deberá estar aislado de otros campos de la misma especie de algodón por una distancia de 200 m y de otras especies de algodón y de cualquier otro cultivo con semillas de tamaño similar por una distancia adecuada para prevenir las mezclas mecánicas o por medio de una barrera física (zanja, seto vivo, alambrado, etc.).

*3.2 Pureza varietal*

Por lo menos 98 por ciento de las plantas de algodón deben ajustarse a las características de la variedad.

*3.3 Malezas (general)*

El campo de producción de semillas deberá estar razonablemente libre de malezas; razonablemente libre significa que el crecimiento de las malezas no deberá ser tal como para impedir una evaluación correcta de la ocra.

*3.4 Malezas (específico)*

No deberá haber más del número especificado de plantas de ciertas malezas por unidad de superficie (a ser especificado por cada país de acuerdo a la situación local).

*3.5 Enfermedades trasmitidas por las semillas*

El campo de producción de semillas deberá estar dentro de las normas para enfermedades trasmitidas por semillas especificadas en cada país de acuerdo a la situación local.

*3.6 Otras enfermedades*

El campo de producción de semillas deberá estar razonablemente libre de otras enfermedades; razonablemente libre significa que la cantidad de enfermedades no debería ser tal como para impedir una evaluación correcta de las características varietales.

## 4. Inspecciones de campo
*4.1 Número y época*

Los campos de producción de semillas deberán ser inspeccionados por lo menos dos veces: una vez en estado vegetativo y la segunda vez al inicio de la floración. Podrán ser necesarias inspecciones adicionales si se presentaran problemas particulares.

*4.2 Técnica*

4.2.1     Antes de entrar en el campo: el inspector deberá confirmar con el productor de semillas la ubicación exacta del campo, la variedad y el cultivo anterior del campo. Los campos de más de cinco hectáreas deberán ser divididos en parcelas de una superficie máxima de cinco hectáreas cada una y serán inspeccionadas separadamente.

4.2.2     En el campo: el inspector controlará que las plantas de ocra se ajusten a las características de la variedad y después examinará los bordes del campo para controlar que los requisitos de aislamiento (párrafo 3.1) hayan sido satisfechos. A continuación se hará una supervisión general del campo y se hará una estimación de las plantas de malezas presentes y la situación de las enfermedades (párrafos 3.4, 3.5, 3.6 y 3.7). Durante esta supervisión el inspector examinará cuidadosamente 150 plantas tomadas al azar en grupos de 30 en cinco lugares separados del campo; el número de plantas que no correspondan a la variedad serán contadas separadamente. Si el número de plantas fuera de tipo supera tres, el campo deberá ser rechazado (párrafos 3.2 y 3.3).

4.2.3     Después de la inspección: se deberá compilar un informe de la inspección y será tomada una decisión para aceptar o rechazar el cultivo o recomendar medidas correctivas antes de tomar una decisión final.

## 5. Normas de calidad de semillas

Las semillas deberán ajustarse a las condiciones siguientes, de acuerdo a lo evaluado según las reglas nacionales para análisis de semillas:
- Germinación         65 por ciento mínimo
- Semilla pura         98 por ciento mínimo
- Pureza varietal     98 por ciento mínimo

y a los siguientes elementos especificados para cada país según las necesidades locales:
- Semillas de malezas y/u otros cultivos por unidad de peso
- Contenido de humedad
- Enfermedades trasmitidas por las semillas

*Hortalizas*

## *ALLIUM CEPA* L. – *ALLIACEAE*
## CEBOLLA (POLINIZACIÓN ABIERTA)

### 2. Instalaciones y equipos

Recomendados:
- ➢ Depósito
- ➢ Equipo de limpieza de aire/zarandas
- ➢ Equipo de pesado y embolsado

A ser especificados de acuerdo a las necesidades del lugar:
- ➢ Equipo de humidificación y secado
- ➢ Separador de gravedad
- ➢ Equipo de tratamiento de semillas
- ➢ Depósito con ambiente controlado

### 2. Requisitos de los terrenos

La tierra a ser usada para la producción de semillas deberá estar libre de plantas espontáneas, incluyendo de otras especies de *Allium*.

### 3. Normas de campo

#### *3.1 Aislamiento*

El campo de producción de semillas deberá estar aislado de otros campos de cultivo de cebolla por una distancia de 500 m entre variedades similares y de 1 000 m entre variedades notoriamente diferentes.

#### *3.2 Pureza varietal*

Por lo menos 98 por ciento de las plantas de *Allium* deben ajustarse a las características de la variedad.

#### *3.3 Pureza específica*

No deberá haber más de dos por ciento de otras especies con semillas de tamaño similar y de otras especies de *Allium* que se crucen con la cebolla

#### *3.4 Malezas (general)*

El campo de producción de semillas deberá estar razonablemente libre de malezas; razonablemente libre significa que el crecimiento de las malezas no deberá ser tal como para impedir una evaluación correcta de la cebolla.

#### *3.5 Malezas (específico)*

No deberá haber más del número especificado de plantas de ciertas malezas por unidad de superficie (a ser especificado por cada país de acuerdo a la situación local).

#### *3.6 Enfermedades trasmitidas por las semillas*

El campo de producción de semillas deberá estar dentro de las normas para enfermedades trasmitidas por semillas especificadas en cada país de acuerdo a la situación local.

## 3.7 Otras enfermedades

El campo de producción de semillas deberá estar razonablemente libre de otras enfermedades; razonablemente libre significa que la cantidad de enfermedades no debería ser tal como para impedir una evaluación correcta de las características varietales.

## 4. Inspecciones de campo

### 4.1 Número y época

En los casos de siembra directa los campos de producción de semillas deberán ser inspeccionados por lo menos dos veces: una vez en estado vegetativo cuando pueden ser apreciadas las características varietales y la segunda vez al inicio de la floración. Los cultivos obtenidos directamente de bulbos serán inspeccionados tres veces: la primera vez antes de cosechar los bulbos madre, la segunda vez en el momento de la siembra y la tercera vez al inicio de la floración.

### 4.2 Técnica

4.2.1 Antes de entrar en el campo: el inspector deberá confirmar con el productor de semillas la ubicación exacta del campo, la variedad y el cultivo anterior del campo. Los campos de más de cinco hectáreas deberán ser divididos en parcelas de una superficie máxima de cinco hectáreas cada una y serán inspeccionadas separadamente.

4.2.2 En el campo: el inspector controlará que las plantas de cebolla se ajusten a las características de la variedad y después examinará los bordes del campo para controlar que los requisitos de aislamiento (párrafo 3.1) hayan sido satisfechos. A continuación se hará una supervisión general del campo y se hará una estimación de las plantas de malezas presentes y la situación de las enfermedades (párrafos 3.4, 3.5, 3.6 y 3.7). Durante esta supervisión el inspector examinará cuidadosamente 150 plantas tomadas al azar en grupos de 30 en cinco lugares separados del campo; el número de plantas que no correspondan a la variedad y el número de plantas de otras especies de *Allium* que se cruzan con la cebolla y otras especies con semillas de tamaño similar serán contadas separadamente. Si el número de plantas fuera de tipo y otras especies con semillas de tamaño similar supera tres, el campo deberá ser rechazado (párrafos 3.2 y 3.3).

4.2.3 Después de la inspección: se deberá compilar un informe de la inspección y será tomada una decisión para aceptar o rechazar el cultivo o recomendar medidas correctivas antes de tomar una decisión final.

## 5. Normas de calidad de semillas

Las semillas deberán ajustarse a las condiciones siguientes, de acuerdo a lo evaluado según las reglas nacionales para análisis de semillas:

- Germinación        60 por ciento mínimo
- Semilla pura       97 por ciento mínimo
- Pureza varietal    98 por ciento mínimo

y a los siguientes elementos especificados para cada país según las necesidades locales:

- Semillas de malezas y/u otros cultivos por unidad de peso
- Contenido de humedad
- Enfermedades trasmitidas por las semillas

# *ALLIUM CEPA* L. – *ALLIACEAE*
## CEBOLLA (HÍBRIDA)

### Material parental

Para la producción de semilla híbrida es necesario obtener las líneas parentales como semillas del Mantenedor

### 1. Instalaciones y equipos

Recomendados:
- Depósito
- Equipo de limpieza de aire/zarandas
- Equipo de pesado y embolsado

A ser especificados de acuerdo a las necesidades del lugar:
- Equipo de humidificación y secado
- Separador de gravedad
- Equipo de tratamiento de semillas
- Depósito con ambiente controlado

### 2. Requisitos de los terrenos

La tierra a ser usada para la producción de semillas deberá estar libre de plantas espontáneas.

### 3. Normas de campo

*3.1 Aislamiento*

El campo de producción de semillas deberá estar aislado de otros campos de la misma especie de cebolla por una distancia de 30 m y de otras especies de cebolla y de cualquier otro cultivo con semillas de tamaño similar por una distancia adecuada para prevenir las mezclas mecánicas o por medio de una barrera física (zanja, seto vivo, alambrado, etc.)

*3.2 Relación parental*

Los campos para producir semillas híbridas de cebolla deberán ser sembrados de modo que las plantas padre (polinizadoras) estén separadas de las plantas madre (para semilla); debe haber un número suficiente de plantas padre para polinizar las plantas madre.

*3.3 Emasculación*

En el momento de la floración no más del uno por ciento de las plantas madre deberán tener inflorescencias que han esparcido o que estén esparciendo polen.

*3.4 Pureza varietal*

Por lo menos 98 por ciento de las plantas de algodón deben ajustarse a las características de los respectivos parentales padre o madre.

*3.5 Pureza varietal*

En las poblaciones parentales no deberá haber más de dos por ciento de otras especies con semillas de tamaño similar o plantas en floración de otras especies de *Allium* que se crucen con la cebolla.

### 3.6 Malezas (general)

El campo de producción de semillas deberá estar razonablemente libre de malezas; razonablemente libre significa que el crecimiento de las malezas no deberá ser tal como para impedir una evaluación correcta del cultivo de cebolla. No deberá haber más del número especificado de plantas de ciertas malezas por unidad de superficie (a ser especificado por cada país de acuerdo a la situación local).

### 3.7 Malezas (específico)

No deberá haber más del número especificado de plantas de ciertas malezas por unidad de superficie (a ser especificado por cada país de acuerdo a la situación local).

### 3.8 Enfermedades trasmitidas por las semillas

El campo de producción de semillas deberá estar dentro de las normas para enfermedades trasmitidas por semillas especificadas en cada país de acuerdo a la situación local.

### 3.9 Otras enfermedades

El campo de producción de semillas deberá estar razonablemente libre de otras enfermedades; razonablemente libre significa que la cantidad de enfermedades no debería ser tal como para impedir una evaluación correcta de las características varietales.

## 4. Inspecciones de campo

### 4.1 Número y época

Los campos de producción de semillas deberán ser inspeccionados por lo menos dos veces: la primera vez durante el estado vegetativo cuando se pueden observar adecuadamente las características varietales de las líneas parentales y la segunda vez durante la floración. Podrán ser necesarias inspecciones adicionales si se presentaran problemas particulares.

### 4.2 Técnica

4.2.1  Antes de entrar en el campo: el inspector deberá confirmar con el productor de semillas la ubicación exacta del campo, la identidad y las proporciones de los parentales de los cuales está compuesto y el cultivo anterior del campo. Los campos de más de cinco hectáreas deberán ser divididos en parcelas de una superficie máxima de cinco hectáreas cada una y serán inspeccionadas separadamente.

4.2.2  En el campo: el inspector controlará las plantas de ambos parentales para confirmar que se ajusten a las características de los mismos y que las proporciones padre:madre sean las correctas en el campo de producción de semillas (párrafo 3.2). Después examinará los bordes del campo para controlar que los requisitos de aislamiento (párrafo 3.1) hayan sido satisfechos. A continuación se hará una inspección general del campo y se hará una estimación de las plantas de malezas presentes y la situación de las enfermedades (párrafos 3.6, 3.7, 3.8 y 3.9). Durante esta inspección el inspector examinará cuidadosamente 150 plantas tomadas al azar en grupos de 30 en cinco lugares separados del campo y en cada uno de los surcos padre y madre; el número de plantas que no correspondan a la variedad y el número de plantas de otras especies de *Allium* que se cruzan con la cebolla serán contadas separadamente. Si el número de plantas fuera de tipo y de otras especies de *Allium* supera tres, el campo deberá ser rechazado (párrafos 3.4 y 3.5). En las inspecciones durante la floración el inspector revisará además cuidadosamente 300 plantas madre adicionales tomadas al azar en cinco lugares distintos en grupos de 60 plantas y contará el número de plantas que han esparcido o que esparcen polen. Si este número excede tres el campo deberá ser rechazado (párrafo 3.3).

4.2.3 Después de la inspección: se deberá compilar un informe de la inspección y será tomada una decisión para aceptar o rechazar el cultivo o recomendar medidas correctivas antes de tomar una decisión final.

## 5. Normas de calidad de semillas

Las semillas deberán ajustarse a las condiciones siguientes, de acuerdo a lo evaluado según las reglas nacionales para análisis de semillas:
- Germinación      70 por ciento mínimo
- Semilla pura      97 por ciento mínimo
- Pureza varietal   98 por ciento mínimo

y a los siguientes elementos especificados para cada país según las necesidades locales:
- Semillas de malezas y/u otros cultivos por unidad de peso
- Contenido de humedad
- Enfermedades trasmitidas por las semillas

## *APIUM GRAVEOLENS* VAR. *DULCE* L. – *UMBELLIFERAE*
## APIO

### 1. Instalaciones y equipos

Recomendados:
- Depósito
- Equipo de limpieza de aire/zarandas
- Equipo de pesado y embolsado

A ser especificados de acuerdo a las necesidades del lugar:
- Equipo de secado
- Separador de gravedad
- Equipo de tratamiento de semillas

### 2. Requisitos de los terrenos

La tierra a ser usada para la producción de semillas deberá estar libre de plantas espontáneas, incluyendo de otras especies de *Apium*.

### 3. Normas de campo

*3.1 Aislamiento*

El campo de producción de semillas deberá estar aislado de otros campos de cultivo de apio por una distancia de 500 m.

*3.2 Pureza varietal*

Por lo menos 98 por ciento de las plantas de apio deben ajustarse a las características de la variedad.

*3.3 Pureza específica*

No deberá haber más de dos por ciento de otras especies con semillas de *Apium* con tamaño similar de las semillas

*3.4 Malezas (general)*

El campo de producción de semillas deberá estar razonablemente libre de malezas; razonablemente libre significa que el crecimiento de las malezas no deberá ser tal como para impedir una evaluación correcta del cultivo de apio.

*3.5 Malezas (específico)*

No deberá haber más del número especificado de plantas de ciertas malezas por unidad de superficie (a ser especificado por cada país de acuerdo a la situación local).

*3.6 Enfermedades trasmitidas por las semillas*

El campo de producción de semillas deberá estar dentro de las normas para enfermedades trasmitidas por semillas especificadas en cada país de acuerdo a la situación local.

*Hortalizas*

*3.7 Otras enfermedades*

El campo de producción de semillas deberá estar razonablemente libre de otras enfermedades; razonablemente libre significa que la cantidad de enfermedades no debería ser tal como para impedir una evaluación correcta de las características varietales.

## 4. Inspecciones de campo

*4.1 Número y época*

Los campos de producción de semillas deberán ser inspeccionados por lo menos dos veces: una vez en estado vegetativo y la segunda vez durante la floración. Podrán ser necesarias inspecciones adicionales si se presentaran problemas particulares

*4.2 Técnica*

4.2.1   Antes de entrar en el campo: el inspector deberá confirmar con el productor de semillas la ubicación exacta del campo, la variedad y el cultivo anterior del campo. Los campos de más de cinco hectáreas deberán ser divididos en parcelas de una superficie máxima de cinco hectáreas cada una y serán inspeccionadas separadamente.

4.2.2   En el campo: el inspector controlará que las plantas de apio se ajusten a las características de la variedad y después examinará los bordes del campo para controlar que los requisitos de aislamiento (párrafo 3.1) hayan sido satisfechos. A continuación se hará una supervisión general del campo y se hará una estimación de las plantas de malezas presentes y la situación de las enfermedades (párrafos 3.4, 3.5, 3.6 y 3.7). Durante esta supervisión el inspector examinará cuidadosamente 150 plantas tomadas al azar en grupos de 30 en cinco lugares separados del campo; el número de plantas que no correspondan a la variedad y el número de plantas de otras especies de *Apium* que se cruzan con el apio y otras especies con semillas de tamaño similar serán contadas separadamente. Si el número de plantas fuera de tipo y de otras especies de *Apium* supera tres, el campo deberá ser rechazado (párrafos 3.2 y 3.3).

4.2.3   Después de la inspección: se deberá compilar un informe de la inspección y será tomada una decisión para aceptar o rechazar el cultivo o recomendar medidas correctivas antes de tomar una decisión final.

## 5. Normas de calidad de semillas

Las semillas deberán ajustarse a las condiciones siguientes, de acuerdo a lo evaluado según las reglas nacionales para análisis de semillas:
- Germinación         60 por ciento mínimo
- Semilla pura        97 por ciento mínimo
- Pureza varietal     98 por ciento mínimo

y a los siguientes elementos especificados para cada país según las necesidades locales:
- Semillas de malezas y/u otros cultivos por unidad de peso
- Contenido de humedad
- Enfermedades trasmitidas por las semillas

## *BETA VULGARIS* L. SUBSP. *VULGARIS* (GRUPO *CICLA*) – *CHENOPODIACEAE*
## ACELGA

### Especies relacionadas

Las siguientes especies se cruzan con la acelga: remolacha azucarera, remolacha forrajera y remolacha de mesa.

### 1. Instalaciones y equipos

Recomendados:
> ➤ Depósito
> ➤ Equipo de limpieza de aire/zarandas
> ➤ Equipo de pesado y embolsado

A ser especificados de acuerdo a las necesidades del lugar:
> ➤ Equipo de secado
> ➤ Separador de gravedad
> ➤ Equipo de tratamiento de semillas

### 2. Requisitos de los terrenos

La tierra a ser usada para la producción de semillas deberá estar libre de plantas espontáneas, incluyendo de otras especies relacionadas.

### 3. Normas de campo

#### 3.1 Aislamiento

El campo de producción de semillas deberá estar aislado de otros campos de cultivo de acelga por una distancia de 500 m y de especies relacionadas por una distancia mínima de dos km.

#### 3.2 Pureza varietal

Por lo menos 98 por ciento de las plantas de acelga deben ajustarse a las características de la variedad.

#### 3.3 Pureza específica

No deberá haber más de dos por ciento de otras especies con semillas de especies relacionadas con semillas de tamaño similar.

#### 3.4 Malezas (general)

El campo de producción de semillas deberá estar razonablemente libre de malezas; razonablemente libre significa que el crecimiento de las malezas no deberá ser tal como para impedir una evaluación correcta del cultivo de remolacha de mesa.

#### 3.5 Malezas (específico)

No deberá haber más del número especificado de plantas de ciertas malezas por unidad de superficie (a ser especificado por cada país de acuerdo a la situación local).

*Hortalizas*

## 3.6 Enfermedades trasmitidas por las semillas

El campo de producción de semillas deberá estar dentro de las normas para enfermedades trasmitidas por semillas especificadas en cada país de acuerdo a la situación local.

## 3.7 Otras enfermedades

El campo de producción de semillas deberá estar razonablemente libre de otras enfermedades; razonablemente libre significa que la cantidad de enfermedades no debería ser tal como para impedir una evaluación correcta de las características varietales.

## 4. Inspecciones de campo

### 4.1 Número y época

Los campos de producción de semillas deberán ser inspeccionados por lo menos dos veces: una vez en estado vegetativo y la segunda vez durante la floración. Podrán ser necesarias inspecciones adicionales si se presentaran problemas particulares

### 4.2 Técnica

4.2.1 Antes de entrar en el campo: el inspector deberá confirmar con el productor de semillas la ubicación exacta del campo, la variedad y el cultivo anterior del campo. Los campos de más de cinco hectáreas deberán ser divididos en parcelas de una superficie máxima de cinco hectáreas cada una y serán inspeccionadas separadamente.

4.2.2 En el campo: el inspector controlará que las plantas de acelga se ajusten a las características de la variedad y después examinará los bordes del campo para controlar que los requisitos de aislamiento (párrafo 3.1) hayan sido satisfechos. A continuación se hará una supervisión general del campo y se hará una estimación de las plantas de malezas presentes y la situación de las enfermedades (párrafos 3.4, 3.5, 3.6 y 3.7). Durante esta supervisión el inspector examinará cuidadosamente 150 plantas tomadas al azar en grupos de 30 en cinco lugares separados del campo; el número de plantas que no correspondan a la variedad y el número de plantas de otras especies relacionadas y otras especies con semillas de tamaño similar serán contadas separadamente. Si el número de plantas fuera de tipo o el número de especies relacionadas supera tres, el campo deberá ser rechazado (párrafos 3.2 y 3.3).

4.2.3 Después de la inspección: se deberá compilar un informe de la inspección y será tomada una decisión para aceptar o rechazar el cultivo o recomendar medidas correctivas antes de tomar una decisión final.

## 5. Normas de calidad de semillas

Las semillas deberán ajustarse a las condiciones siguientes, de acuerdo a lo evaluado según las reglas nacionales para análisis de semillas:
- Germinación        60 por ciento mínimo
- Semilla pura       95 por ciento mínimo
- Pureza varietal    98 por ciento mínimo

y a los siguientes elementos especificados para cada país según las necesidades locales:
- Semillas de malezas y/u otros cultivos por unidad de peso
- Contenido de humedad
- Enfermedades trasmitidas por las semillas

## *BETA VULGARIS* L. SUBSP. *VULGARIS* (GRUPO *VULGARIS*) – *CHENOPODIACEAE*
## REMOLACHA DE MESA

### Especies relacionadas

Las siguientes especies se cruzan con la remolacha de mesa: acelga, remolacha azucarera, y remolacha forrajera.

### 1. Instalaciones y equipos

Recomendados:
- Depósito
- Equipo de limpieza de aire/zarandas
- Equipo de pesado y embolsado

A ser especificados de acuerdo a las necesidades del lugar:
- Equipo de secado
- Separador de gravedad
- Equipo de tratamiento de semillas

### 2. Requisitos de los terrenos

La tierra a ser usada para la producción de semillas deberá estar libre de plantas espontáneas, incluyendo de otras especies relacionadas (primer párrafo).

### 3. Normas de campo

#### *3.1 Aislamiento*

El campo de producción de semillas deberá estar aislado de otros campos de cultivo del mismo tipo de raíces por una distancia mínima de 1 000 m y de especies relacionadas por una distancia mínima de dos km.

#### *3.2 Pureza varietal*

Por lo menos 98 por ciento de las plantas de remolacha de mesa deben ajustarse a las características de la variedad.

#### *3.3 Pureza específica*

No deberá haber más de dos por ciento de otras especies con semillas de especies relacionadas con semillas de tamaño similar.

#### *3.4 Malezas (general)*

El campo de producción de semillas deberá estar razonablemente libre de malezas; razonablemente libre significa que el crecimiento de las malezas no deberá ser tal como para impedir una evaluación correcta del cultivo de acelga.

#### *3.5 Malezas (específico)*

No deberá haber más del número especificado de plantas de ciertas malezas por unidad de superficie (a ser especificado por cada país de acuerdo a la situación local).

*3.6 Enfermedades trasmitidas por las semillas*

El campo de producción de semillas deberá estar dentro de las normas para enfermedades trasmitidas por semillas especificadas en cada país de acuerdo a la situación local.

*3.7 Otras enfermedades*

El campo de producción de semillas deberá estar razonablemente libre de otras enfermedades; razonablemente libre significa que la cantidad de enfermedades no debería ser tal como para impedir una evaluación correcta de las características varietales.

## 4. Inspecciones de campo

*4.1 Número y época*

Los campos de producción de semillas deberán ser inspeccionados por lo menos dos veces: una vez en estado vegetativo y la segunda vez durante la floración. Podrán ser necesarias inspecciones adicionales si se presentaran problemas particulares

*4.2 Técnica*

4.2.1   Antes de entrar en el campo: el inspector deberá confirmar con el productor de semillas la ubicación exacta del campo, la variedad y el cultivo anterior del campo. Los campos de más de cinco hectáreas deberán ser divididos en parcelas de una superficie máxima de cinco hectáreas cada una y serán inspeccionadas separadamente.

4.2.2   En el campo: el inspector controlará que las plantas de remolacha de mesa se ajusten a las características de la variedad y después examinará los bordes del campo para controlar que los requisitos de aislamiento (párrafo 3.1) hayan sido satisfechos. A continuación se hará una supervisión general del campo y se hará una estimación de las plantas de malezas presentes y la situación de las enfermedades (párrafos 3.4, 3.5, 3.6 y 3.7). Durante esta supervisión el inspector examinará cuidadosamente 150 plantas tomadas al azar en grupos de 30 en cinco lugares separados del campo; el número de plantas que no correspondan a la variedad y el número de plantas de otras especies relacionadas y otras especies con semillas de tamaño similar serán contadas separadamente. Si el número de plantas fuera de tipo o el número de especies relacionadas supera tres, el campo deberá ser rechazado (párrafos 3.2 y 3.3).

4.2.3   Después de la inspección: se deberá compilar un informe de la inspección y será tomada una decisión para aceptar o rechazar el cultivo o recomendar medidas correctivas antes de tomar una decisión final.

## 5. Normas de calidad de semillas

Las semillas deberán ajustarse a las condiciones siguientes, de acuerdo a lo evaluado según las reglas nacionales para análisis de semillas:
- Germinación        60 por ciento mínimo
- Semilla pura        95 por ciento mínimo
- Pureza varietal    98 por ciento mínimo

y a los siguientes elementos especificados para cada país según las necesidades locales:
- Semillas de malezas y/u otros cultivos por unidad de peso
- Contenido de humedad
- Enfermedades trasmitidas por las semillas

## *BRASSICA OLERACEA* L. VAR. *BOTRYTIS* L. – *BRASSICACEAE*
## COLIFLOR (POLINIZACIÓN ABIERTA)

### 1. Instalaciones y equipos

Recomendados:
- Depósito
- Equipo de limpieza de aire/zarandas
- Equipo de pesado y embolsado

A ser especificados de acuerdo a las necesidades del lugar:
- Equipo de secado
- Separador de gravedad
- Equipo de tratamiento de semillas

### 2. Requisitos de los terrenos

La tierra a ser usada para la producción de semillas deberá estar libre de plantas espontáneas, incluyendo de otros cultivos de *Brassica* pertenecientes al grupo de la colza.

### 3. Normas de campo

#### *3.1 Aislamiento*

El campo de producción de semillas deberá estar aislado de otros campos de cultivo de repollo o coliflor y de otros cultivos del género *Brassica* del grupo colza que se cruzan libremente tanto con el repollo como la coliflor por una distancia mínima de 1 000 m.

#### *3.2 Pureza varietal*

Por lo menos 98 por ciento de las plantas de coliflor deben ajustarse a las características de la variedad.

#### *3.3 Pureza específica*

No deberá haber más de dos por ciento de otras especies con semillas de tamaño similar. No deberá haber ninguna planta de otras variedades de *Brassica oleracea* que se cruzan libremente con el repollo o la coliflor en floración.

#### *3.4 Malezas (general)*

El campo de producción de semillas deberá estar razonablemente libre de malezas; razonablemente libre significa que el crecimiento de las malezas no deberá ser tal como para impedir una evaluación correcta del cultivo de coliflor.

#### *3.5 Malezas (específico)*

No deberá haber más del número especificado de plantas de ciertas malezas por unidad de superficie (a ser especificado por cada país de acuerdo a la situación local).

#### *3.6 Enfermedades trasmitidas por las semillas*

El campo de producción de semillas deberá estar dentro de las normas para enfermedades trasmitidas por semillas especificadas en cada país de acuerdo a la situación local.

*Hortalizas*

## 3.7 Otras enfermedades

El campo de producción de semillas deberá estar razonablemente libre de otras enfermedades; razonablemente libre significa que la cantidad de enfermedades no debería ser tal como para impedir una evaluación correcta de las características varietales.

## 4. Inspecciones de campo

### 4.1 Número y época

Los campos de producción de semillas deberán ser inspeccionados por lo menos dos veces: una vez en estado vegetativo y la segunda vez durante la floración.

### 4.2 Técnica

4.2.1 Antes de entrar en el campo: el inspector deberá confirmar con el productor de semillas la ubicación exacta del campo, la variedad y el cultivo anterior del campo (párrafo 2). Los campos de más de cinco hectáreas deberán ser divididos en parcelas de una superficie máxima de cinco hectáreas cada una y serán inspeccionadas separadamente.

4.2.2 En el campo: el inspector controlará que las plantas de coliflor se ajusten a las características de la variedad y después examinará los bordes del campo para controlar que los requisitos de aislamiento (párrafo 3.1) hayan sido satisfechos. A continuación se hará una supervisión general del campo y se hará una estimación de las plantas de malezas presentes y la situación de las enfermedades (párrafos 3.4, 3.5, 3.6 y 3.7). Durante esta supervisión el inspector examinará cuidadosamente 150 plantas tomadas al azar en grupos de 30 en cinco lugares separados del campo; el número de plantas que no correspondan a la variedad y el número de plantas de otras especies de *Brassica* y de otras especies con semillas de tamaño similar serán contadas separadamente. Si el número de plantas fuera de tipo o el número de especies relacionadas supera tres, o si hay plantas de otras variedades de *Brassica oleracea* en floración que se cruzan libremente con el repollo o la coliflor, el campo deberá ser rechazado (párrafos 3.2 y 3.3).

4.2.3 Después de la inspección: se deberá compilar un informe de la inspección y será tomada una decisión para aceptar o rechazar el cultivo o recomendar medidas correctivas antes de tomar una decisión final.

## 5. Normas de calidad de semillas

Las semillas deberán ajustarse a las condiciones siguientes, de acuerdo a lo evaluado según las reglas nacionales para análisis de semillas:

- Germinación      70 por ciento mínimo
- Semilla pura      98 por ciento mínimo
- Pureza varietal    98 por ciento mínimo

y a los siguientes elementos especificados para cada país según las necesidades locales:

- Semillas de malezas y/u otros cultivos por unidad de peso
- Contenido de humedad
- Enfermedades trasmitidas por las semillas

## *BRASSICA OLERACEA* L. VAR. *BOTRYTIS* L. – *BRASSICACEAE*
## COLIFLOR (HÍBRIDA)

### 1. Material parental

Para la producción de semilla híbrida es necesario obtener semillas del mantenedor de las siguientes líneas parentales
- 1.1 Dos líneas endocriadas aprobadas autoincompatibles pero compatibles de fecundación cruzada
- 1.2 Dos líneas endocriadas aprobadas una de las cuales es mantenida como línea macho estéril para ser usada como parental femenino.

### 2. Instalaciones y equipos

Recomendados:
- ➢ Depósito
- ➢ Equipo de limpieza de aire/zarandas
- ➢ Equipo de pesado y embolsado

A ser especificados de acuerdo a las necesidades del lugar:
- ➢ Equipo de secado
- ➢ Separador de gravedad
- ➢ Equipo de tratamiento de semillas

### 3. Requisitos de los terrenos

La tierra a ser usada para la producción de semillas deberá estar libre de plantas espontáneas, incluyendo de otros cultivos de *Brassica* pertenecientes al grupo de la colza.

### 4. Normas de campo

*4.1 Aislamiento*

El campo de producción de semillas deberá estar aislado por una distancia mínima de 1 500 m de otros campos de cultivo de repollo o coliflor y de otros cultivos del género *Brassica* del grupo colza con lo que se cruzan libremente.

*2.2 Pureza varietal*

Por lo menos 98 por ciento de las plantas de repollo deben ajustarse a las características de la variedad.

*4.3 Relación parental*

Una proporción aprobada y constante de líneas padre: madre debe ser mantenida en todo el campo para proporcionar suficiente polen para las plantas madre.

*4.4 Pureza específica*

No deberá haber más de dos por ciento de otras especies con semillas con semillas de tamaño similar. No deberá haber ninguna planta en floración de otras variedades de *Brassica oleracea* que se cruzan libremente con el cultivo para semillas.

*4.5 Malezas (general)*

El campo de producción de semillas deberá estar razonablemente libre de malezas; razonablemente libre significa que el crecimiento de las malezas no deberá ser tal como para impedir una evaluación correcta del cultivo para semillas.

*4.6 Malezas (específico)*

No deberá haber más del número especificado de plantas de ciertas malezas por unidad de superficie (a ser especificado por cada país de acuerdo a la situación local).

*4.7 Enfermedades trasmitidas por las semillas*

El campo de producción de semillas deberá estar dentro de las normas para enfermedades trasmitidas por semillas especificadas en cada país de acuerdo a la situación local.

*4.8 Otras enfermedades*

El campo de producción de semillas deberá estar razonablemente libre de otras enfermedades; razonablemente libre significa que la cantidad de enfermedades no debería ser tal como para impedir una evaluación correcta de las características varietales.

## 5. Inspecciones de campo

*5.1 Número y época*

Los campos de producción de semillas deberán ser inspeccionados por lo menos tres veces: una vez antes del desarrollo del tallo floral, la segunda vez durante la floración y la tercera vez antes de la cosecha.

*5.2 Técnica*

5.2.1   Antes de entrar en el campo: el inspector deberá confirmar con el productor de semillas la ubicación exacta del campo, la variedad y el cultivo anterior del campo y la identidad y las proporciones de los parentales de los que se compone el híbrido. Los campos de más de cinco hectáreas deberán ser divididos en parcelas de una superficie máxima de cinco hectáreas cada una y serán inspeccionadas separadamente.

5.2.2   En el campo: el inspector controlará que las plantas de ambos progenitores se ajusten a las características pertinentes y que las proporciones han sido debidamente establecidas (párrafo 4.3) y después examinará los bordes del campo para controlar que los requisitos de aislamiento (párrafo 4.1) hayan sido satisfechos. A continuación se hará una supervisión general del campo y se hará una estimación de las plantas de malezas presentes y la situación de las enfermedades (párrafos 4.5, 4.6 y 4.7). Durante esta supervisión el inspector examinará cuidadosamente 300 plantas madre y 300 plantas padre tomadas al azar en grupos de 60 en cinco lugares separados del campo; el número de plantas que no correspondan a la variedad y el número de plantas de otras especies de *Brassica* y de otras especies con semillas de tamaño similar serán contadas separadamente y si el número de plantas madre o plantas padre supera tres (en 300) el campo deberá ser rechazado. Si hay plantas de otras variedades de *Brassica oleracea* en floración que se cruzan libremente con el cultivo, el campo deberá ser rechazado.

5.2.3   Después de la inspección: se deberá compilar un informe de la inspección y será tomada una decisión para aceptar o rechazar el cultivo o recomendar medidas correctivas antes de tomar una decisión final.

## 6. Normas de calidad de semillas

Las semillas deberán ajustarse a las condiciones siguientes, de acuerdo a lo evaluado según las reglas nacionales para análisis de semillas:

- Germinación    70 por ciento mínimo
- Semilla pura    98 por ciento mínimo
- Pureza varietal    98 por ciento mínimo

y a los siguientes elementos especificados para cada país según las necesidades locales:

- Semillas de malezas y/u otros cultivos por unidad de peso
- Contenido de humedad
- Enfermedades trasmitidas por las semillas

## *BRASSICA OLERACEA* L. VAR. *CAPITATA* L. – *BRASSICACEAE*
## REPOLLO (POLINIZACIÓN ABIERTA)

### 1. Instalaciones y equipos

Recomendados:
➢ Depósito
➢ Equipo de limpieza de aire/zarandas
➢ Equipo de pesado y embolsado

A ser especificados de acuerdo a las necesidades del lugar:
➢ Equipo de secado
➢ Separador de gravedad
➢ Equipo de tratamiento de semillas

### 2. Requisitos de los terrenos

La tierra a ser usada para la producción de semillas deberá estar libre de plantas espontáneas, incluyendo de otros cultivos de *Brassica* pertenecientes al grupo de la colza.

### 3. Normas de campo

#### *3.1 Aislamiento*

El campo de producción de semillas deberá estar aislado de otros campos de cultivo de repollo o coliflor y de otros cultivos del género *Brassica* del grupo colza que se cruzan libremente tanto con el repollo como la coliflor por una distancia mínima de 1 000 m.

#### *3.2 Pureza varietal*

Por lo menos 98 por ciento de las plantas de repollo deben ajustarse a las características de la variedad.

#### *3.3 Pureza específica*

No deberá haber más de dos por ciento de otras especies con semillas de tamaño similar. No deberá haber ninguna planta de otras variedades de *Brassica oleracea* que se cruzan libremente con el repollo en floración.

#### *3.4 Malezas (general)*

El campo de producción de semillas deberá estar razonablemente libre de malezas; razonablemente libre significa que el crecimiento de las malezas no deberá ser tal como para impedir una evaluación correcta del cultivo de repollo para semilla.

#### *3.5 Malezas (específico)*

No deberá haber más del número especificado de plantas de ciertas malezas por unidad de superficie (a ser especificado por cada país de acuerdo a la situación local).

#### *3.6 Enfermedades trasmitidas por las semillas*

El campo de producción de semillas deberá estar dentro de las normas para enfermedades trasmitidas por semillas especificadas en cada país de acuerdo a la situación local.

### 3.7 Otras enfermedades

El campo de producción de semillas deberá estar razonablemente libre de otras enfermedades; razonablemente libre significa que la cantidad de enfermedades no debería ser tal como para impedir una evaluación correcta de las características varietales.

## 4. Inspecciones de campo

### 4.1 Número y época

Los campos de producción de semillas deberán ser inspeccionados por lo menos dos veces: una vez en estado vegetativo cuando pueden ser adecuadamente observadas las características varietales y la segunda vez al inicio de la floración.

### 4.2 Técnica

4.2.1 Antes de entrar en el campo: el inspector deberá confirmar con el productor de semillas la ubicación exacta del campo, la variedad y el cultivo anterior del campo (párrafo 2). Los campos de más de cinco hectáreas deberán ser divididos en parcelas de una superficie máxima de cinco hectáreas cada una y serán inspeccionadas separadamente.

4.2.2 En el campo: el inspector controlará que las plantas de repollo se ajusten a las características de la variedad y después examinará los bordes del campo para controlar que los requisitos de aislamiento (párrafo 3.1) hayan sido satisfechos. A continuación se hará una supervisión general del campo y se hará una estimación de las plantas de malezas presentes y la situación de las enfermedades (párrafos 3.4, 3.5, 3.6 y 3.7). Durante esta supervisión el inspector examinará cuidadosamente 150 plantas tomadas al azar en grupos de 30 en cinco lugares separados del campo; el número de plantas que no correspondan a la variedad y el número de plantas de otras especies de *Brassica* y de otras especies con semillas de tamaño similar serán contadas separadamente. Si el número de plantas fuera de tipo o el número de especies relacionadas supera tres, o si hay plantas de otras variedades de *Brassica oleracea* en floración que se cruzan libremente con el repollo, el campo deberá ser rechazado (párrafos 3.2 y 3.3).

4.2.3 Después de la inspección: se deberá compilar un informe de la inspección y será tomada una decisión para aceptar o rechazar el cultivo o recomendar medidas correctivas antes de tomar una decisión final.

## 5. Normas de calidad de semillas

Las semillas deberán ajustarse a las condiciones siguientes, de acuerdo a lo evaluado según las reglas nacionales para análisis de semillas:
- Germinación          70 por ciento mínimo
- Semilla pura         98 por ciento mínimo
- Pureza varietal      98 por ciento mínimo

y a los siguientes elementos especificados para cada país según las necesidades locales:
- Semillas de malezas y/u otros cultivos por unidad de peso
- Contenido de humedad
- Enfermedades trasmitidas por las semillas

## *BRASSICA OLERACEA* L. VAR. *CAPITATA* L. – *BRASSICACEAE*
## REPOLLO (HÍBRIDO)

### 1. Material parental

1.1 Para la producción de semilla híbrida es necesario obtener semillas del mantenedor de las siguientes líneas parentales

1.2 Dos líneas endocriadas aprobadas autoincompatibles pero compatibles de fecundación cruzada

1.3 Dos líneas endocriadas aprobadas una de las cuales es mantenida como línea macho estéril para ser usada como parental femenino.

### 2. Instalaciones y equipos

Recomendados:
- Depósito
- Equipo de limpieza de aire/zarandas
- Equipo de pesado y embolsado

A ser especificados de acuerdo a las necesidades del lugar:
- Equipo de secado
- Separador de gravedad
- Equipo de tratamiento de semillas

### 3. Requisitos de los terrenos

La tierra a ser usada para la producción de semillas deberá estar libre de plantas espontáneas, incluyendo de otros cultivos de *Brassica* pertenecientes al grupo de la colza.

### 4. Normas de campo

*4.1 Aislamiento*

El campo de producción de semillas deberá estar aislado por una distancia mínima de 1 500 m de otros campos de cultivo de repollo o coliflor y de otros cultivos del género *Brassica* del grupo colza con el que se cruzan libremente.

*4.2 Pureza varietal*

Por lo menos 98 por ciento de las plantas de coliflor deben ajustarse a las características de la variedad.

*4.3 Relación parental*

Una proporción aprobada y constante de líneas padre: madre debe ser mantenida en todo el campo para proporcionar suficiente polen para las plantas madre.

*4.4 Pureza específica*

No deberá haber más de dos por ciento de otras especies con semillas con semillas de tamaño similar. No deberá haber ninguna planta en floración de otras variedades de *Brassica oleracea* que se cruzan libremente con el cultivo para semillas.

### 4.5 Malezas (general)

El campo de producción de semillas deberá estar razonablemente libre de malezas; razonablemente libre significa que el crecimiento de las malezas no deberá ser tal como para impedir una evaluación correcta del cultivo para semillas.

### 4.6 Malezas (específico)

No deberá haber más del número especificado de plantas de ciertas malezas por unidad de superficie (a ser especificado por cada país de acuerdo a la situación local).

### 4.7 Enfermedades trasmitidas por las semillas

El campo de producción de semillas deberá estar dentro de las normas para enfermedades trasmitidas por semillas especificadas en cada país de acuerdo a la situación local.

### 4.8 Otras enfermedades

El campo de producción de semillas deberá estar razonablemente libre de otras enfermedades; razonablemente libre significa que la cantidad de enfermedades no debería ser tal como para impedir una evaluación correcta de las características varietales.

## 5. Inspecciones de campo

### 5.1 Número y época

Los campos de producción de semillas deberán ser inspeccionados por lo menos tres veces: una vez antes del desarrollo del tallo floral, la segunda vez durante la floración y la tercera vez antes de la cosecha.

### 5.2 Técnica

5.2.1    Antes de entrar en el campo: el inspector deberá confirmar con el productor de semillas la ubicación exacta del campo, la variedad y el cultivo anterior del campo y la identidad y las proporciones de los parentales de los que se compone el híbrido. Los campos de más de cinco hectáreas deberán ser divididos en parcelas de una superficie máxima de cinco hectáreas cada una y serán inspeccionadas separadamente.

5.2.2    En el campo: el inspector controlará que las plantas de ambos progenitores se ajusten a las características pertinentes y que las proporciones han sido debidamente establecidas (párrafo 4.3) y después examinará los bordes del campo para controlar que los requisitos de aislamiento (párrafo 4.1) hayan sido satisfechos. A continuación se hará una supervisión general del campo y se hará una estimación de las plantas de malezas presentes y la situación de las enfermedades (párrafos 4.5, 4.6 y 4.7). Durante esta supervisión el inspector examinará cuidadosamente 300 plantas madre y 300 plantas padre tomadas al azar en grupos de 60 en cinco lugares separados del campo; el número de plantas que no correspondan a la variedad y el número de plantas de otras especies de *Brassica* y de otras especies con semillas de tamaño similar serán contadas separadamente y si el número de plantas madre o plantas padre supera tres (en 300) el campo deberá ser rechazado. Si hay plantas de otras variedades de *Brassica oleracea* en floración que se cruzan libremente con el cultivo, el campo deberá ser rechazado.

5.2.3    Después de la inspección: se deberá compilar un informe de la inspección y será tomada una decisión para aceptar o rechazar el cultivo o recomendar medidas correctivas antes de tomar una decisión final.

## 6. Normas de calidad de semillas

Las semillas deberán ajustarse a las condiciones siguientes, de acuerdo a lo evaluado según las reglas nacionales para análisis de semillas:
- ➢ Germinación        70 por ciento mínimo
- ➢ Semilla pura       98 por ciento mínimo
- ➢ Pureza varietal    98 por ciento mínimo

y a los siguientes elementos especificados para cada país según las necesidades locales:
- ➢ Semillas de malezas y/u otros cultivos por unidad de peso
- ➢ Contenido de humedad
- ➢ Enfermedades trasmitidas por las semillas

## *BRASSICA RAPA* L. SUBSP. *CHINENSIS* (L.) HANELT– *BRASSICACEAE*
## REPOLLO CHINO

### 1. Instalaciones y equipos

Recomendados:
- Depósito
- Equipo de limpieza de aire/zarandas
- Equipo de pesado y embolsado

A ser especificados de acuerdo a las necesidades del lugar:
- Equipo de secado
- Separador de gravedad
- Separador de espiral
- Equipo de tratamiento de semillas

### 2. Requisitos de los terrenos

La tierra a ser usada para la producción de semillas deberá estar libre de plantas espontáneas, incluyendo de otros cultivos de *Brassica* pertenecientes al grupo del colinabo.

### 3. Normas de campo

*3.1 Aislamiento*

El campo de producción de semillas deberá estar aislado por una distancia mínima de 1 000 m de otros campos de cultivo de repollo chino y de otros cultivos del grupo nabo sueco con el que se cruzan libremente.

*3.2 Pureza varietal*

Por lo menos 98 por ciento de las plantas de repollo chino deben ajustarse a las características de la variedad.

*3.3 Pureza específica*

No deberá haber más de dos por ciento de otras especies con semillas de tamaño similar. No deberá haber ninguna planta de otras variedades de nabo sueco que se cruzan libremente con el repollo chino.

*3.4 Malezas (general)*

El campo de producción de semillas deberá estar razonablemente libre de malezas; razonablemente libre significa que el crecimiento de las malezas no deberá ser tal como para impedir una evaluación correcta del cultivo de repollo chino para semilla.

*3.5 Malezas (específico)*

No deberá haber más del número especificado de plantas de ciertas malezas por unidad de superficie (a ser especificado por cada país de acuerdo a la situación local).

*3.6 Enfermedades trasmitidas por las semillas*

El campo de producción de semillas deberá estar dentro de las normas para enfermedades trasmitidas por semillas especificadas en cada país de acuerdo a la situación local.

*3.7 Otras enfermedades*

El campo de producción de semillas deberá estar razonablemente libre de otras enfermedades; razonablemente libre significa que la cantidad de enfermedades no debería ser tal como para impedir una evaluación correcta de las características varietales.

## 4. Inspecciones de campo

*4.1 Número y época*

Los campos de producción de semillas deberán ser inspeccionados por lo menos dos veces: una vez en estado vegetativo cuando pueden ser adecuadamente observadas las características varietales y la segunda vez al inicio de la floración.

*4.2 Técnica*

4.2.1   Antes de entrar en el campo: el inspector deberá confirmar con el productor de semillas la ubicación exacta del campo, la variedad y el cultivo anterior del campo (párrafo 2). Los campos de más de cinco hectáreas deberán ser divididos en parcelas de una superficie máxima de cinco hectáreas cada una y serán inspeccionadas separadamente.

4.2.2   En el campo: el inspector controlará que las plantas de repollo chino se ajusten a las características de la variedad y después examinará los bordes del campo para controlar que los requisitos de aislamiento (párrafo 3.1) hayan sido satisfechos. A continuación se hará una supervisión general del campo y se hará una estimación de las plantas de malezas presentes y la situación de las enfermedades (párrafos 3.4, 3.5, 3.6 y 3.7). Durante esta supervisión el inspector examinará cuidadosamente 150 plantas tomadas al azar en grupos de 30 en cinco lugares separados del campo; el número de plantas que no correspondan a la variedad y el número de plantas de otras especies de *Brassica* y de otras especies con semillas de tamaño similar serán contadas separadamente. Si el número de plantas fuera de tipo o el número de especies relacionadas supera tres, o si hay plantas de otras variedades de *Brassica oleracea* en floración que se cruzan libremente con el repollo chino, el campo deberá ser rechazado (párrafos 3.2 y 3.3).

4.2.3   Después de la inspección: se deberá compilar un informe de la inspección y será tomada una decisión para aceptar o rechazar el cultivo o recomendar medidas correctivas antes de tomar una decisión final.

## 5. Normas de calidad de semillas

Las semillas deberán ajustarse a las condiciones siguientes, de acuerdo a lo evaluado según las reglas nacionales para análisis de semillas:
- Germinación         60 por ciento mínimo
- Semilla pura         95 por ciento mínimo
- Pureza varietal      98 por ciento mínimo

y a los siguientes elementos especificados para cada país según las necesidades locales:
- Semillas de malezas y/u otros cultivos por unidad de peso
- Contenido de humedad
- Enfermedades trasmitidas por las semillas

## *BRASSICA RAPA* L. SUBSP. *RAPA* – *BRASSICACEAE*
## NABO

### Especies relacionadas

La especie se cruza con *Brassica juncea, B. napus, B. nigra* y *B. rapa* (incluyendo B. c*ampestris* y *chinensis*)

### 1. Instalaciones y equipos

Recomendados:
- Depósito
- Equipo de limpieza de aire/zarandas
- Equipo de pesado y embolsado

A ser especificados de acuerdo a las necesidades del lugar:
- Equipo de secado
- Separador de gravedad
- Separador por gravedad
- Equipo de tratamiento de semillas

### 2. Requisitos de los terrenos

La tierra a ser usada para la producción de semillas deberá estar libre de plantas espontáneas, incluyendo de otras especies de *Brassica*.

### 3. Normas de campo

#### 3.1 Aislamiento

El campo de producción de semillas deberá estar aislado por una distancia mínima de 1 000 m de otros campos de cultivo de nabo y de otros cultivos de especies relacionadas.

#### 3.2 Pureza varietal

Por lo menos 98 por ciento de las plantas de nabo deben ajustarse a las características de la variedad.

#### 3.3 Pureza específica

No deberá haber más de dos por ciento de otras especies con semillas de tamaño similar.

#### 3.4 Malezas (general)

El campo de producción de semillas deberá estar razonablemente libre de malezas; razonablemente libre significa que el crecimiento de las malezas no deberá ser tal como para impedir una evaluación correcta del cultivo de nabo para semilla.

#### 3.5 Malezas (específico)

No deberá haber más del número especificado de plantas de ciertas malezas por unidad de superficie (a ser especificado por cada país de acuerdo a la situación local).

*Hortalizas*

## *3.6 Enfermedades trasmitidas por las semillas*

El campo de producción de semillas deberá estar dentro de las normas para enfermedades trasmitidas por semillas especificadas en cada país de acuerdo a la situación local.

## *3.7 Otras enfermedades*

El campo de producción de semillas deberá estar razonablemente libre de otras enfermedades; razonablemente libre significa que la cantidad de enfermedades no debería ser tal como para impedir una evaluación correcta de las características varietales.

## 4. Inspecciones de campo

### *4.1 Número y época*

Los campos de producción de semillas deberán ser inspeccionados por lo menos dos veces: una vez en estado vegetativo y la segunda vez al inicio de la floración. Podrán ser necesarias inspecciones adicionales si se presentaran de problemas particulares.

### *4.2 Técnica*

4.2.1 Antes de entrar en el campo: el inspector deberá confirmar con el productor de semillas la ubicación exacta del campo, la variedad y el cultivo anterior del campo. Los campos de más de 10 hectáreas deberán ser divididos en parcelas de una superficie máxima de 10 hectáreas cada una y serán inspeccionadas separadamente.

4.2.2 En el campo: el inspector controlará que las plantas de nabo se ajusten a las características de la variedad y después examinará los bordes del campo para controlar que los requisitos de aislamiento (párrafo 4.1) hayan sido satisfechos. A continuación se hará una supervisión general del campo y se hará una estimación de las plantas de malezas presentes y la situación de las enfermedades (párrafos 4.4, 4.5, 4.6 y 4.7). Durante esta supervisión el inspector examinará cuidadosamente 150 plantas tomadas al azar en grupos de 30 en cinco lugares separados del campo; el número de plantas que no correspondan a la variedad y el número de plantas de otras especies de *brassicaceae* y con semillas de tamaño similar serán contadas separadamente. Si el número de plantas fuera de tipo o si el número de otras especies de *brassicaceae* excede tres, el campo deberá ser rechazado (párrafos 4.2 y 4.3).

4.2.3 Después de la inspección: se deberá compilar un informe de la inspección y será tomada una decisión para aceptar o rechazar el cultivo o recomendar medidas correctivas antes de tomar una decisión final.

## 5. Normas de calidad de semillas

Las semillas deberán ajustarse a las condiciones siguientes, de acuerdo a lo evaluado según las reglas nacionales para análisis de semillas:
- Germinación        70 por ciento mínimo
- Semilla pura       95 por ciento mínimo
- Pureza varietal    98 por ciento mínimo

y a los siguientes elementos especificados para cada país según las necesidades locales:
- Semillas de malezas y/u otros cultivos por unidad de peso
- Contenido de humedad
- Enfermedades trasmitidas por las semillas

## CAPSICUM ANNUUM L., C. FRUTESCENS L. – SOLANACEAE
## PIMIENTO Y CHILE (POLINIZACIÓN ABIERTA)

### 1. Instalaciones y equipos

Recomendados:
- Depósito
- Equipo de extracción de semillas
- Equipo de limpieza de aire/zarandas
- Equipo de pesado y embolsado

A ser especificados de acuerdo a las necesidades del lugar:
- Equipo de secado
- Separador de gravedad
- Equipo de tratamiento de semillas

### 2. Requisitos de los terrenos

La tierra a ser usada para la producción de semillas deberá estar libre de plantas espontáneas.

### 3. Normas de campo

*3.1 Aislamiento*

El campo de producción de semillas deberá estar aislado por una distancia mínima de 200 m de otros campos de cultivo de pimiento y chile.

*3.2 Pureza varietal*

Por lo menos 98 por ciento de las plantas de nabo deben ajustarse a las características de la variedad. No deben haber plantas de pimiento en un campo de chile y viceversa.

*3.3 Malezas (general)*

El campo de producción de semillas deberá estar razonablemente libre de malezas; razonablemente libre significa que el crecimiento de las malezas no deberá ser tal como para impedir una evaluación correcta del cultivo de pimiento o chile para semilla.

*3.4 Malezas (específico)*

No deberá haber más del número especificado de plantas de ciertas malezas por unidad de superficie (a ser especificado por cada país de acuerdo a la situación local).

*3.5 Enfermedades trasmitidas por las semillas*

El campo de producción de semillas deberá estar dentro de las normas para enfermedades trasmitidas por semillas especificadas en cada país de acuerdo a la situación local.

*3.6 Otras enfermedades*

El campo de producción de semillas deberá estar razonablemente libre de otras enfermedades; razonablemente libre significa que la cantidad de enfermedades no debería ser tal como para impedir una evaluación correcta de las características varietales.

## 4. Inspecciones de campo

### 4.1 Número y época

Los campos de producción de semillas deberán ser inspeccionados por lo menos dos veces: una vez antes de la floración y la segunda vez en la madurez de los frutos. Podrán ser necesarias inspecciones adicionales si se presentaran de problemas particulares.

### 4.2 Técnica

4.2.1  Antes de entrar en el campo: el inspector deberá confirmar con el productor de semillas la ubicación exacta del campo, la variedad y el cultivo anterior del campo. Los campos de más de una hectárea deberán ser divididos en parcelas de una superficie máxima de una hectárea cada una y serán inspeccionadas separadamente.

4.2.2  En el campo: el inspector controlará que las plantas de pimiento o chile se ajusten a las características de la variedad y después examinará los bordes del campo para controlar que los requisitos de aislamiento (párrafo 3.1) hayan sido satisfechos. A continuación se hará una supervisión general del campo y se hará una estimación de las plantas de malezas presentes y la situación de las enfermedades (párrafos 3.3, 3.4, 3.5 y 3.6). Durante esta supervisión el inspector examinará cuidadosamente 150 plantas tomadas al azar en grupos de 30 en cinco lugares separados del campo; el número de plantas que no correspondan a la variedad serán contadas y si el número de plantas fuera de tipo excede tres, el campo deberá ser rechazado (párrafos 3.2).

4.2.3  Después de la inspección: se deberá compilar un informe de la inspección y será tomada una decisión para aceptar o rechazar el cultivo o recomendar medidas correctivas antes de tomar una decisión final.

## 5. Normas de calidad de semillas

Las semillas deberán ajustarse a las condiciones siguientes, de acuerdo a lo evaluado según las reglas nacionales para análisis de semillas:
- Germinación        65 por ciento mínimo
- Semilla pura       98 por ciento mínimo
- Pureza varietal    98 por ciento mínimo

y a los siguientes elementos especificados para cada país según las necesidades locales:
- Semillas de malezas y/u otros cultivos por unidad de peso
- Contenido de humedad
- Enfermedades trasmitidas por las semillas

## *CITRULLUS LANATUS* (THUNB.) MATSUM. & NAKAI – *CUCURBITACEAE*
## SANDÍA (POLINIZACIÓN ABIERTA)

### 1. Instalaciones y equipos

Recomendados:
- Depósito
- Equipo de extracción de semillas
- Equipo de limpieza de aire/zarandas
- Equipo de pesado y embolsado

A ser especificados de acuerdo a las necesidades del lugar:
- Equipo de secado
- Separador de gravedad
- Equipo de tratamiento de semillas

### 2. Requisitos de los terrenos

La tierra a ser usada para la producción de semillas deberá estar libre de plantas espontáneas.

### 3. Normas de campo

*3.1 Aislamiento*

El campo de producción de semillas deberá estar aislado por una distancia mínima de 500 m de otros campos de cultivo de sandía.

*3.2 Pureza varietal*

Por lo menos 98 por ciento de las plantas de sandía deben ajustarse a las características de la variedad.

*3.3 Malezas (general)*

El campo de producción de semillas deberá estar razonablemente libre de malezas; razonablemente libre significa que el crecimiento de las malezas no deberá ser tal como para impedir una evaluación correcta del cultivo de sandía.

*3.4 Malezas (específico)*

No deberá haber más del número especificado de plantas de ciertas malezas por unidad de superficie (a ser especificado por cada país de acuerdo a la situación local).

*3.5 Enfermedades trasmitidas por las semillas*

El campo de producción de semillas deberá estar dentro de las normas para enfermedades trasmitidas por semillas especificadas en cada país de acuerdo a la situación local.

*3.6 Otras enfermedades*

El campo de producción de semillas deberá estar razonablemente libre de otras enfermedades; razonablemente libre significa que la cantidad de enfermedades no debería ser tal como para impedir una evaluación correcta de las características varietales.

*Hortalizas*

## 4. Inspecciones de campo

### *4.1 Número y época*

Los campos de producción de semillas deberán ser inspeccionados por lo menos dos veces: una vez antes de la floración y la segunda vez al inicio de la fructificación. Podrán ser necesarias inspecciones adicionales si se presentaran problemas particulares.

### *4.2 Técnica*

4.2.1   Antes de entrar en el campo: el inspector deberá confirmar con el productor de semillas la ubicación exacta del campo, la variedad y el cultivo anterior del campo. Los campos de más de cinco hectáreas deberán ser divididos en parcelas de una superficie máxima de cinco hectáreas cada una y serán inspeccionadas separadamente.

4.2.2   En el campo: el inspector controlará que las plantas de sandía se ajusten a las características de la variedad y después examinará los bordes del campo para controlar que los requisitos de aislamiento (párrafo 3.1) hayan sido satisfechos. A continuación se hará una supervisión general del campo y se hará una estimación de las plantas de malezas presentes y la situación de las enfermedades (párrafos 3.3, 3.4, 3.5 y 3.6). Durante esta supervisión el inspector examinará cuidadosamente 150 plantas tomadas al azar en grupos de 30 en cinco lugares separados del campo; el número de plantas que no correspondan a la variedad serán contadas y si el número de plantas fuera de tipo excede tres, el campo deberá ser rechazado (párrafos 3.2).

4.2.3   Después de la inspección: se deberá compilar un informe de la inspección y será tomada una decisión para aceptar o rechazar el cultivo o recomendar medidas correctivas antes de tomar una decisión final.

## 5. Normas de calidad de semillas

Las semillas deberán ajustarse a las condiciones siguientes, de acuerdo a lo evaluado según las reglas nacionales para análisis de semillas:
- Germinación        60 por ciento mínimo
- Semilla pura        98 por ciento mínimo
- Pureza varietal     98 por ciento mínimo

y a los siguientes elementos especificados para cada país según las necesidades locales:
- Semillas de malezas y/u otros cultivos por unidad de peso
- Contenido de humedad
- Enfermedades trasmitidas por las semillas

## *CITRULLUS LANATUS* (THUNB.) MATSUM. & NAKAI - *CUCURBITACEAE*
## SANDÍA (HÍBRIDA)

### 1. Material parental

Para la producción de semilla híbrida es necesario obtener semillas de las líneas parentales del mantenedor.

### 2. Instalaciones y equipos

Recomendados:
- Depósito
- Equipo de extracción de semillas
- Equipo de limpieza de aire/zarandas
- Equipo de pesado y embolsado

A ser especificados de acuerdo a las necesidades del lugar:
- Equipo de secado
- Separador de gravedad
- Equipo de tratamiento de semillas

### 3. Requisitos de los terrenos

La tierra a ser usada para la producción de semillas deberá estar libre de plantas espontáneas.

### 4. Normas de campo

#### *4.1 Aislamiento*

El campo de producción de semillas deberá estar aislado por una distancia mínima de 1 000 m de otros campos de cultivo de sandía o líneas parentales y poblaciones semisalvajes de sandía, incluyendo *Citrullus colocynthis*.

#### *4.2 Relación parental*

Los campos para producir semillas híbridas de sandía deberán ser sembrados de modo que las plantas masculinas (polinizadoras) crezcan en surcos separados de las plantas femeninas o madre (para semilla) y sin que haya mezclas entre los surcos. Debe haber un número suficiente de plantas masculinas para proporcionar el polen requerido por las plantas madre.

#### *4.3 Emasculación*

En el momento de la floración no más de uno por ciento de las plantas madre pueden presentar inflorescencias que hayan esparcido o estén esparciendo polen.

#### *4.4 Pureza varietal*

Por lo menos 99 por ciento de las plantas masculinas y femeninas de melón deben ajustarse a las características de los respectivos parentales.

## 4.5 Malezas (general)

El campo de producción de semillas deberá estar razonablemente libre de malezas; razonablemente libre significa que el crecimiento de las malezas no deberá ser tal como para impedir una evaluación correcta del cultivo de melón para semillas.

## 4.6 Enfermedades trasmitidas por las semillas

El campo de producción de semillas deberá estar dentro de las normas para enfermedades trasmitidas por semillas especificadas en cada país de acuerdo a la situación local.

## 4.7 Otras enfermedades

El campo de producción de semillas deberá estar razonablemente libre de otras enfermedades; razonablemente libre significa que la cantidad de enfermedades no debería ser tal como para impedir una evaluación correcta de las características varietales.

## 5. Inspecciones de campo

### 5.1 Número y época

Los campos de producción de semillas deberán ser inspeccionados por lo menos tres veces: una vez antes de la floración, la segunda vez durante la floración y la tercera vez al inicio de la fructificación cuando pueden ser observadas adecuadamente las características varietales. Podrán ser necesarias inspecciones adicionales para controlar la emasculación y/o la continua macho esterilidad de las plantas femeninas durante la floración o si se presentaran problemas particulares.

### 5.2 Técnica

5.2.1 Antes de entrar en el campo: el inspector deberá confirmar con el productor de semillas la ubicación exacta del campo, la variedad y el cultivo anterior del campo y la identidad y las proporciones de los parentales de los que se compone el híbrido (párrafos 1 y 4.2). Los campos de más de cinco hectáreas deberán ser divididos en parcelas de una superficie máxima de cinco hectáreas cada una y serán inspeccionadas separadamente.

5.2.2 En el campo: el inspector controlará que las plantas de ambos progenitores se ajusten a las características pertinentes y que las proporciones han sido debidamente establecidas (párrafo 4.2) y después examinará los bordes del campo para controlar que los requisitos de aislamiento (párrafo 4.1) hayan sido satisfechos. A continuación se hará una supervisión general del campo y se hará una estimación de las plantas de malezas presentes y la situación de las enfermedades (párrafos 4.5, 4.6 y 4.7). Durante esta supervisión el inspector examinará cuidadosamente 300 plantas madre tomadas al azar en grupos de 60 en cinco lugares separados del campo; si el número de plantas supera tres el campo será rechazado. En las inspecciones durante la floración el inspector supervisará adicionalmente 300 plantas madre tomadas al azar en cinco lugares separados del campo en grupos de 60 y contará el número de plantas que han esparcido o esparcen polen; si este número excede tres el campo será rechazado.

5.2.3 Después de la inspección: se deberá compilar un informe de la inspección y será tomada una decisión para aceptar o rechazar el cultivo o recomendar medidas correctivas antes de tomar una decisión final.

## 6. Normas de calidad de semillas

Las semillas deberán ajustarse a las condiciones siguientes, de acuerdo a lo evaluado según las reglas nacionales para análisis de semillas:

- Germinación      60 por ciento mínimo
- Semilla pura      98 por ciento mínimo
- Pureza varietal   99 por ciento mínimo

y a los siguientes elementos especificados para cada país según las necesidades locales:

- Semillas de malezas y/u otros cultivos por unidad de peso
- Contenido de humedad
- Enfermedades trasmitidas por las semillas

## *CUCUMIS MELO* L. – *CUCURBITACEAE*
## MELÓN (POLINIZACIÓN ABIERTA)

### 1. Instalaciones y equipos

Recomendados:
- Depósito
- Equipo de extracción de semillas
- Equipo de limpieza de aire/zarandas
- Equipo de pesado y embolsado

A ser especificados de acuerdo a las necesidades del lugar:
- Equipo de secado
- Separador de gravedad
- Equipo de tratamiento de semillas

### 2. Requisitos de los terrenos

La tierra a ser usada para la producción de semillas deberá estar libre de plantas espontáneas.

### 3. Normas de campo

*3.1 Aislamiento*

El campo de producción de semillas deberá estar aislado por una distancia mínima de 500 m de otros campos de cultivo de melón.

*3.2 Pureza varietal*

Por lo menos 98 por ciento de las plantas de melón deben ajustarse a las características de la variedad.

*3.3 Malezas (general)*

El campo de producción de semillas deberá estar razonablemente libre de malezas; razonablemente libre significa que el crecimiento de las malezas no deberá ser tal como para impedir una evaluación correcta del cultivo de melón.

*3.4 Malezas (específico)*

No deberá haber más del número especificado de plantas de ciertas malezas por unidad de superficie (a ser especificado por cada país de acuerdo a la situación local).

*3.5 Enfermedades trasmitidas por las semillas*

El campo de producción de semillas deberá estar dentro de las normas para enfermedades trasmitidas por semillas especificadas en cada país de acuerdo a la situación local.

*3.6 Otras enfermedades*

El campo de producción de semillas deberá estar razonablemente libre de otras enfermedades; razonablemente libre significa que la cantidad de enfermedades no debería ser tal como para impedir una evaluación correcta de las características varietales.

## 4. Inspecciones de campo

### 4.1 Número y época

Los campos de producción de semillas deberán ser inspeccionados por lo menos dos veces: una vez antes de la floración y la segunda vez al inicio de la fructificación. Podrán ser necesarias inspecciones adicionales si se presentaran problemas particulares.

### 4.2 Técnica

4.2.1   Antes de entrar en el campo: el inspector deberá confirmar con el productor de semillas la ubicación exacta del campo, la variedad y el cultivo anterior del campo. Los campos de más de cinco hectáreas deberán ser divididos en parcelas de una superficie máxima de cinco hectáreas cada una y serán inspeccionadas separadamente.

4.2.2   En el campo: el inspector controlará que las plantas de melón se ajusten a las características de la variedad y después examinará los bordes del campo para controlar que los requisitos de aislamiento (párrafo 3.1) hayan sido satisfechos. A continuación se hará una supervisión general del campo y se hará una estimación de las plantas de malezas presentes y la situación de las enfermedades (párrafos 3.3, 3.4, 3.5 y 3.6). Durante esta supervisión el inspector examinará cuidadosamente 150 plantas tomadas al azar en grupos de 30 en cinco lugares separados del campo; el número de plantas que no correspondan a la variedad serán contadas y si el número de plantas fuera de tipo excede tres, el campo deberá ser rechazado (párrafos 3.2).

4.2.3   Después de la inspección: se deberá compilar un informe de la inspección y será tomada una decisión para aceptar o rechazar el cultivo o recomendar medidas correctivas antes de tomar una decisión final.

## 5. Normas de calidad de semillas

Las semillas deberán ajustarse a las condiciones siguientes, de acuerdo a lo evaluado según las reglas nacionales para análisis de semillas:
- Germinación      60 por ciento mínimo
- Semilla pura      98 por ciento mínimo
- Pureza varietal    98 por ciento mínimo

y a los siguientes elementos especificados para cada país según las necesidades locales:
- Semillas de malezas y/u otros cultivos por unidad de peso
- Contenido de humedad
- Enfermedades trasmitidas por las semillas

## *CUCUMIS MELO* L. – *CUCURBITACEAE*
## MELÓN (HÍBRIDO)

### 1. Material parental

Para la producción de semilla híbrida es necesario obtener semillas de las líneas parentales del mantenedor.

### 2. Instalaciones y equipos

Recomendados:
- Depósito
- Equipo de extracción de semillas
- Equipo de limpieza de aire/zarandas
- Equipo de pesado y embolsado

A ser especificados de acuerdo a las necesidades del lugar:
- Equipo de secado
- Separador de gravedad
- Equipo de tratamiento de semillas

### 3. Requisitos de los terrenos

La tierra a ser usada para la producción de semillas deberá estar libre de plantas espontáneas.

### 4. Normas de campo

*4.1 Aislamiento*

El campo de producción de semillas deberá estar aislado por una distancia mínima de 1 000 m de otros campos de cultivo de melón o líneas parentales.

*4.2 Relación parental*

Los campos para producir semillas híbridas de melón deberán ser sembrados de modo que las plantas masculinas (polinizadoras) crezcan en surcos separados de las plantas femeninas o madre (para semilla) y sin que haya mezclas entre los surcos. Debe haber un número suficiente de plantas masculinas para proporcionar el polen requerido por las plantas madre.

*4.3 Emasculación*

En el momento de la floración no más de uno por ciento de las plantas madre pueden presentar inflorescencias que hayan esparcido o estén esparciendo polen.

*4.4 Pureza varietal*

Por lo menos 99 por ciento de las plantas masculinas y femeninas de sandía deben ajustarse a las características de los respectivos parentales.

### 4.5 Malezas (general)

El campo de producción de semillas deberá estar razonablemente libre de malezas; razonablemente libre significa que el crecimiento de las malezas no deberá ser tal como para impedir una evaluación correcta del cultivo para semillas.

### 4.6 Enfermedades trasmitidas por las semillas

El campo de producción de semillas deberá estar dentro de las normas para enfermedades trasmitidas por semillas especificadas en cada país de acuerdo a la situación local.

### 4.7 Otras enfermedades

El campo de producción de semillas deberá estar razonablemente libre de otras enfermedades; razonablemente libre significa que la cantidad de enfermedades no debería ser tal como para impedir una evaluación correcta de las características varietales.

## 5. Inspecciones de campo

### 5.1 Número y época

Los campos de producción de semillas deberán ser inspeccionados por lo menos tres veces: una vez antes de la floración, la segunda vez durante la floración y la tercera vez al inicio de la fructificación cuando pueden ser observadas adecuadamente las características varietales. Podrán ser necesarias inspecciones adicionales la emasculación y/o la continua macho esterilidad de las plantas femeninas durante la floración o si se presentaran problemas particulares.

### 5.2 Técnica

5.2.1 Antes de entrar en el campo: el inspector deberá confirmar con el productor de semillas la ubicación exacta del campo, la variedad y el cultivo anterior del campo y la identidad y las proporciones de los parentales de los que se compone el híbrido. Los campos de más de cinco hectáreas deberán ser divididos en parcelas de una superficie máxima de cinco hectáreas cada una y serán inspeccionadas separadamente.

5.2.2 En el campo: el inspector controlará que las plantas de ambos progenitores se ajusten a las características pertinentes y que las proporciones han sido debidamente establecidas (párrafo 4.2) y después examinará los bordes del campo para controlar que los requisitos de aislamiento (párrafo 4.1) hayan sido satisfechos. A continuación se hará una supervisión general del campo y se hará una estimación de las plantas de malezas presentes y la situación de las enfermedades (párrafos 4.5, 4.6 y 4.7). Durante esta supervisión el inspector examinará cuidadosamente 300 plantas madre tomadas al azar en grupos de 60 en cinco lugares separados del campo; si el número de plantas supera tres el campo será rechazado. En las inspecciones durante la floración el inspector supervisará adicionalmente 300 plantas madre tomadas al azar en cinco lugares separados del campo en grupos de 60 y contará el número de plantas que han esparcido o esparcen polen; si este número excede tres el campo será rechazado.

5.2.3 Después de la inspección: se deberá compilar un informe de la inspección y será tomada una decisión para aceptar o rechazar el cultivo o recomendar medidas correctivas antes de tomar una decisión final.

## 6. Normas de calidad de semillas

Las semillas deberán ajustarse a las condiciones siguientes, de acuerdo a lo evaluado según las reglas nacionales para análisis de semillas:
- Germinación        70 por ciento mínimo
- Semilla pura       98 por ciento mínimo
- Pureza varietal    98 por ciento mínimo

y a los siguientes elementos especificados para cada país según las necesidades locales:
- Semillas de malezas y/u otros cultivos por unidad de peso
- Contenido de humedad
- Enfermedades trasmitidas por las semillas

## CUCUMIS SATIVUS L. - CUCURBITACEAE
## PEPINO (POLINIZACIÓN ABIERTA)

### 1. Instalaciones y equipos

Recomendados:
- Depósito
- Equipo de extracción de semillas
- Equipo de limpieza de aire/zarandas
- Equipo de pesado y embolsado

A ser especificados de acuerdo a las necesidades del lugar:
- Equipo de secado
- Separador de gravedad
- Equipo de tratamiento de semillas

### 2. Requisitos de los terrenos

La tierra a ser usada para la producción de semillas deberá estar libre de plantas espontáneas.

### 3. Normas de campo

*3.1 Aislamiento*

El campo de producción de semillas deberá estar aislado por una distancia mínima de 500 m de otros campos de cultivo de pepino.

*3.2 Pureza varietal*

Por lo menos 98 por ciento de las plantas de pepino deben ajustarse a las características de la variedad.

*3.3 Malezas (general)*

El campo de producción de semillas deberá estar razonablemente libre de malezas; razonablemente libre significa que el crecimiento de las malezas no deberá ser tal como para impedir una evaluación correcta del cultivo de sandía.

*3.4 Malezas (específico)*

No deberá haber más del número especificado de plantas de ciertas malezas por unidad de superficie (a ser especificado por cada país de acuerdo a la situación local).

*3.5 Enfermedades trasmitidas por las semillas*

El campo de producción de semillas deberá estar dentro de las normas para enfermedades trasmitidas por semillas especificadas en cada país de acuerdo a la situación local.

*3.6 Otras enfermedades*

El campo de producción de semillas deberá estar razonablemente libre de otras enfermedades; razonablemente libre significa que la cantidad de enfermedades no debería ser tal como para impedir una evaluación correcta de las características varietales.

*Hortalizas*

## 4. Inspecciones de campo
### *4.1 Número y época*

Los campos de producción de semillas deberán ser inspeccionados por lo menos dos veces: una vez antes de la floración y la segunda vez al inicio de la fructificación. Podrán ser necesarias inspecciones adicionales si se presentaran problemas particulares.

### *4.2 Técnica*

4.2.1 Antes de entrar en el campo: el inspector deberá confirmar con el productor de semillas la ubicación exacta del campo, la variedad y el cultivo anterior del campo. Los campos de más de cinco hectáreas deberán ser divididos en parcelas de una superficie máxima de cinco hectáreas cada una y serán inspeccionadas separadamente.

4.2.2 En el campo: el inspector controlará que las plantas de pepino se ajusten a las características de la variedad y después examinará los bordes del campo para controlar que los requisitos de aislamiento (párrafo 3.1) hayan sido satisfechos. A continuación se hará una supervisión general del campo y se hará una estimación de las plantas de malezas presentes y la situación de las enfermedades (párrafos 3.3, 3.4, 3.5 y 3.6). Durante esta supervisión el inspector examinará cuidadosamente 150 plantas tomadas al azar en grupos de 30 en cinco lugares separados del campo; el número de plantas que no correspondan a la variedad serán contadas y si el número de plantas fuera de tipo excede tres, el campo deberá ser rechazado (párrafos 3.2).

4.2.3 Después de la inspección: se deberá compilar un informe de la inspección y será tomada una decisión para aceptar o rechazar el cultivo o recomendar medidas correctivas antes de tomar una decisión final.

## 5. Normas de calidad de semillas

Las semillas deberán ajustarse a las condiciones siguientes, de acuerdo a lo evaluado según las reglas nacionales para análisis de semillas:
- Germinación      60 por ciento mínimo
- Semilla pura      98 por ciento mínimo
- Pureza varietal   98 por ciento mínimo

y a los siguientes elementos especificados para cada país según las necesidades locales:
- Semillas de malezas y/u otros cultivos por unidad de peso
- Contenido de humedad
- Enfermedades trasmitidas por las semillas

## *CUCUMIS SATIVUS* L. – *CUCURBITACEAE*
## PEPINO (HÍBRIDO)

### 1. Material parental

Para la producción de semilla híbrida es necesario obtener semillas de las líneas parentales del mantenedor.

### 2. Instalaciones y equipos

Recomendados:
- Depósito
- Equipo de extracción de semillas
- Equipo de limpieza de aire/zarandas
- Equipo de pesado y embolsado

A ser especificados de acuerdo a las necesidades del lugar:
- Equipo de secado
- Separador de gravedad
- Equipo de tratamiento de semillas

### 1. Requisitos de los terrenos

La tierra a ser usada para la producción de semillas deberá estar libre de plantas espontáneas.

### 4. Normas de campo

#### 4.1 Aislamiento

El campo de producción de semillas deberá estar aislado por una distancia mínima de 1 000 m de otros campos de cultivo de pepino o líneas parentales.

#### 4.2 Relación parental

Los campos para producir semillas híbridas de melón deberán ser sembrados de modo que las plantas masculinas (polinizadoras) crezcan en surcos separados de las plantas femeninas o madre (para semilla) y sin que haya mezclas entre los surcos. Debe haber un número suficiente de plantas masculinas para proporcionar el polen requerido por las plantas madre.

#### 4.3 Emasculación

En el momento de la floración no más de uno por ciento de las plantas madre pueden presentar inflorescencias que hayan esparcido o estén esparciendo polen.

#### 4.4 Pureza varietal

Por lo menos 99 por ciento de las plantas masculinas y femeninas de sandía deben ajustarse a las características de los respectivos parentales.

*4.5 Malezas (general)*

El campo de producción de semillas deberá estar razonablemente libre de malezas; razonablemente libre significa que el crecimiento de las malezas no deberá ser tal como para impedir una evaluación correcta del cultivo para semillas.

*4.6 Enfermedades trasmitidas por las semillas*

El campo de producción de semillas deberá estar dentro de las normas para enfermedades trasmitidas por semillas especificadas en cada país de acuerdo a la situación local.

*4.7 Otras enfermedades*

El campo de producción de semillas deberá estar razonablemente libre de otras enfermedades; razonablemente libre significa que la cantidad de enfermedades no debería ser tal como para impedir una evaluación correcta de las características varietales.

## 5. Inspecciones de campo

*5.1 Número y época*

Los campos de producción de semillas deberán ser inspeccionados por lo menos tres veces: una vez antes de la floración, la segunda vez durante la floración y la tercera vez al inicio de la fructificación cuando pueden ser observadas adecuadamente las características varietales. Podrán ser necesarias inspecciones adicionales para controlar la emasculación y/o la continua macho esterilidad de las plantas femeninas durante la floración o si se presentaran problemas particulares.

*5.2 Técnica*

5.2.1 Antes de entrar en el campo: el inspector deberá confirmar con el productor de semillas la ubicación exacta del campo, la variedad y el cultivo anterior del campo y la identidad y las proporciones de los parentales de los que se compone el híbrido. Los campos de más de cinco hectáreas deberán ser divididos en parcelas de una superficie máxima de cinco hectáreas cada una y serán inspeccionadas separadamente.

5.2.2 En el campo: el inspector controlará que las plantas de ambos progenitores se ajusten a las características pertinentes y que las proporciones han sido debidamente establecidas (párrafo 4.2) y después examinará los bordes del campo para controlar que los requisitos de aislamiento (párrafo 4.1) hayan sido satisfechos. A continuación se hará una supervisión general del campo y se hará una estimación de las plantas de malezas presentes y la situación de las enfermedades (párrafos 4.5, 4.6 y 4.7). Durante esta supervisión el inspector examinará cuidadosamente 300 plantas madre tomadas al azar en grupos de 60 en cinco lugares separados del campo; si el número de plantas supera tres el campo será rechazado. En las inspecciones durante la floración el inspector supervisará adicionalmente 300 plantas madre tomadas al azar en cinco lugares separados del campo en grupos de 60 y contará el número de plantas que han esparcido o esparcen polen; si este número excede tres el campo será rechazado.

5.2.3 Después de la inspección: se deberá compilar un informe de la inspección y será tomada una decisión para aceptar o rechazar el cultivo o recomendar medidas correctivas antes de tomar una decisión final.

### 6. Normas de calidad de semillas

Las semillas deberán ajustarse a las condiciones siguientes, de acuerdo a lo evaluado según las reglas nacionales para análisis de semillas:

- Germinación    60 por ciento mínimo
- Semilla pura    98 por ciento mínimo
- Pureza varietal    98 por ciento mínimo

y a los siguientes elementos especificados para cada país según las necesidades locales:

- Semillas de malezas y/u otros cultivos por unidad de peso
- Contenido de humedad
- Enfermedades trasmitidas por las semillas

## CUCURBITA ARGYROSPERMA C. HUBER, C. MAXIMA DUCHESNE, C. MOSCHATA DUCHESNE, C. PEPO – CUCURBITACEAE
## CALABAZA, ZAPALLO (POLINIZACIÓN ABIERTA)

### 1. Instalaciones y equipos

Recomendados:
- Depósito
- Equipo de extracción de semillas
- Equipo de limpieza de aire/zarandas
- Equipo de pesado y embolsado

A ser especificados de acuerdo a las necesidades del lugar:
- Equipo de secado
- Separador de gravedad
- Equipo de tratamiento de semillas

### 2. Requisitos de los terrenos

La tierra a ser usada para la producción de semillas deberá estar libre de plantas espontáneas.

### 3. Normas de campo

#### 3.1 Aislamiento

El campo de producción de semillas deberá estar aislado por una distancia mínima de 500 m de otros campos de cultivo de calabaza.

#### 3.2 Pureza varietal

Por lo menos 98 por ciento de las plantas de calabaza deben ajustarse a las características de la variedad.

#### 3.3 Malezas (general)

El campo de producción de semillas deberá estar razonablemente libre de malezas; razonablemente libre significa que el crecimiento de las malezas no deberá ser tal como para impedir una evaluación correcta del cultivo de calabaza.

#### 3.4 Malezas (específico)

No deberá haber más del número especificado de plantas de ciertas malezas por unidad de superficie (a ser especificado por cada país de acuerdo a la situación local).

#### 3.5 Enfermedades trasmitidas por las semillas

El campo de producción de semillas deberá estar dentro de las normas para enfermedades trasmitidas por semillas especificadas en cada país de acuerdo a la situación local.

#### 3.6 Otras enfermedades

El campo de producción de semillas deberá estar razonablemente libre de otras enfermedades; razonablemente libre significa que la cantidad de enfermedades no debería ser tal como para impedir una evaluación correcta de las características varietales.

## 4. Inspecciones de campo

### 4.1 Número y época

Los campos de producción de semillas deberán ser inspeccionados por lo menos dos veces: una vez antes de la floración y la segunda vez al inicio de la fructificación. Podrán ser necesarias inspecciones adicionales si se presentaran problemas particulares.

### 4.2 Técnica

4.2.1 Antes de entrar en el campo: el inspector deberá confirmar con el productor de semillas la ubicación exacta del campo, la variedad y el cultivo anterior del campo. Los campos de más de cinco hectáreas deberán ser divididos en parcelas de una superficie máxima de cinco hectáreas cada una y serán inspeccionadas separadamente.

4.2.2 En el campo: el inspector controlará que las plantas de calabaza se ajusten a las características de la variedad y después examinará los bordes del campo para controlar que los requisitos de aislamiento (párrafo 3.1) hayan sido satisfechos. A continuación se hará una supervisión general del campo y se hará una estimación de las plantas de malezas presentes y la situación de las enfermedades (párrafos 3.3, 3.4, 3.5 y 3.6). Durante esta supervisión el inspector examinará cuidadosamente 150 plantas tomadas al azar en grupos de 30 en cinco lugares separados del campo; el número de plantas que no correspondan a la variedad serán contadas y si el número de plantas fuera de tipo excede tres, el campo deberá ser rechazado (párrafo 3.2).

4.2.3 Después de la inspección: se deberá compilar un informe de la inspección y será tomada una decisión para aceptar o rechazar el cultivo o recomendar medidas correctivas antes de tomar una decisión final.

## 5. Normas de calidad de semillas

Las semillas deberán ajustarse a las condiciones siguientes, de acuerdo a lo evaluado según las reglas nacionales para análisis de semillas:
- Germinación          60 por ciento mínimo
- Semilla pura         98 por ciento mínimo
- Pureza varietal      98 por ciento mínimo

y a los siguientes elementos especificados para cada país según las necesidades locales:
- Semillas de malezas y/u otros cultivos por unidad de peso
- Contenido de humedad
- Enfermedades trasmitidas por las semillas

## *CUCURBITA ARGYROSPERMA* C. HUBER, *C. MAXIMA* DUCHESNE, *C. MOSCHATA* DUCHESNE, *C. PEPO* – CUCURBITACEAE
## CALABAZA, ZAPALLO (HÍBRIDOS)

### 1. Material parental

Para la producción de semilla híbrida es necesario obtener semillas de las líneas parentales del mantenedor.

### 2. Instalaciones y equipos

Recomendados:
- Depósito
- Equipo de extracción de semillas
- Equipo de limpieza de aire/zarandas
- Equipo de pesado y embolsado

A ser especificados de acuerdo a las necesidades del lugar:
- Equipo de secado
- Separador de gravedad
- Equipo de tratamiento de semillas

### 3. Requisitos de los terrenos

La tierra a ser usada para la producción de semillas deberá estar libre de plantas espontáneas.

### 4. Normas de campo

#### *4.1 Aislamiento*

El campo de producción de semillas deberá estar aislado por una distancia mínima de 1 000 m de otros campos de cultivo de calabaza.

#### *4.2 Relación parental*

Los campos para producir semillas híbridas de calabaza deberán ser sembrados de modo que las plantas masculinas (polinizadoras) crezcan en surcos separados de las plantas femeninas o madre (para semilla) y sin que haya mezclas entre los surcos. Debe haber un número suficiente de plantas masculinas para proporcionar el polen requerido por las plantas madre.

#### *4.3 Emasculación*

En el momento de la floración no más de uno por ciento de las plantas madre podrán presentar inflorescencias que hayan esparcido o estén esparciendo polen.

#### *4.4 Pureza varietal*

Por lo menos 99 por ciento de las plantas masculinas y femeninas de calabaza deben ajustarse a las características de los respectivos parentales.

### 4.5 Malezas (general)

El campo de producción de semillas deberá estar razonablemente libre de malezas; razonablemente libre significa que el crecimiento de las malezas no deberá ser tal como para impedir una evaluación correcta del cultivo para semillas.

### 4.6 Enfermedades trasmitidas por las semillas

El campo de producción de semillas deberá estar dentro de las normas para enfermedades trasmitidas por semillas especificadas en cada país de acuerdo a la situación local.

### 4.7 Otras enfermedades

El campo de producción de semillas deberá estar razonablemente libre de otras enfermedades; razonablemente libre significa que la cantidad de enfermedades no debería ser tal como para impedir una evaluación correcta de las características varietales.

## 5. Inspecciones de campo

### 5.1 Número y época

Los campos de producción de semillas deberán ser inspeccionados por lo menos dos veces: una vez antes de la floración y la segunda vez al inicio de la fructificación. Podrán ser necesarias inspecciones adicionales para controlar la emasculación y/o la continua macho esterilidad de las plantas femeninas durante la floración o si se presentaran problemas particulares.

### 5.2 Técnica

5.2.1 Antes de entrar en el campo: el inspector deberá confirmar con el productor de semillas la ubicación exacta del campo, la variedad y el cultivo anterior del campo. Los campos de más de cinco hectáreas deberán ser divididos en parcelas de una superficie máxima de cinco hectáreas cada una y serán inspeccionadas separadamente.

5.2.2 En el campo: el inspector controlará que las plantas de calabaza se ajusten a las características de la variedad y después examinará los bordes del campo para controlar que los requisitos de aislamiento (párrafo 4.1) hayan sido satisfechos. A continuación se hará una supervisión general del campo y se hará una estimación de las plantas de malezas presentes y la situación de las enfermedades (párrafos 4.5, 4.6 y 4.7). Durante esta supervisión el inspector examinará cuidadosamente 300 plantas madre tomadas al azar en grupos de 30 en cinco lugares separados del campo; el número de plantas que no correspondan a la variedad serán contadas y si el número de plantas fuera de tipo excede tres, el campo deberá ser rechazado. En la inspección durante de la floración el inspector revisará adicionalmente 300 plantas madre tomadas al azar al azar en grupos de 30 en cinco lugares separados del campo para comprobar si han esparcido o están esparciendo polen; si el número supera tres el campo deberá ser rechazado.

5.2.3 Después de la inspección: se deberá compilar un informe de la inspección y será tomada una decisión para aceptar o rechazar el cultivo o recomendar medidas correctivas antes de tomar una decisión final.

## 5. Normas de calidad de semillas

Las semillas deberán ajustarse a las condiciones siguientes, de acuerdo a lo evaluado según las reglas nacionales para análisis de semillas:
- Germinación    60 por ciento mínimo

- ➢ Semilla pura         95 por ciento mínimo
- ➢ Pureza varietal      98 por ciento mínimo

y a los siguientes elementos especificados para cada país según las necesidades locales:
- ➢ Semillas de malezas y/u otros cultivos por unidad de peso
- ➢ Contenido de humedad
- ➢ Enfermedades trasmitidas por las semillas

## *DAUCUS CAROTA* L. – *UMBELLIFERAE*
## ZANAHORIA

### 1. Instalaciones y equipos

Recomendados:
- Depósito
- Equipo de limpieza de aire/zarandas
- Equipo de pesado y embolsado

A ser especificados de acuerdo a las necesidades del lugar:
- Equipo de secado
- Desbarbador
- Separador de gravedad
- Equipo de tratamiento de semillas

### 2. Requisitos de los terrenos

La tierra a ser usada para la producción de semillas deberá estar libre de plantas espontáneas.

### 3. Normas de campo

#### *3.1 Aislamiento*

El campo de producción de semillas deberá estar aislado por una distancia mínima de cinco metros de otras campos de zanahoria. El cultivo para semillas deberá estar a una distancia mínima de 1 000 m de otros campos de cultivo de zanahoria en estado de floración.

#### *3.2 Pureza varietal*

Por lo menos 98 por ciento de las plantas de calabaza deben ajustarse a las características de la variedad.

#### *3.3 Pureza específica*

No deberá haber más de dos por ciento de otras especies con semillas de tamaño similar.

#### *3.4 Malezas (general)*

El campo de producción de semillas deberá estar razonablemente libre de malezas; razonablemente libre significa que el crecimiento de las malezas no deberá ser tal como para impedir una evaluación correcta del cultivo de zanahoria.

#### *3.5 Malezas (específico)*

No deberá haber más del número especificado de plantas de ciertas malezas por unidad de superficie (a ser especificado por cada país de acuerdo a la situación local).

#### *3.6 Enfermedades trasmitidas por las semillas*

El campo de producción de semillas deberá estar dentro de las normas para enfermedades trasmitidas por semillas especificadas en cada país de acuerdo a la situación local.

## 3.7 Otras enfermedades

El campo de producción de semillas deberá estar razonablemente libre de otras enfermedades; razonablemente libre significa que la cantidad de enfermedades no debería ser tal como para impedir una evaluación correcta de las características varietales.

## 4. Inspecciones de campo

### 4.1 Número y época

Los campos de producción de semillas deberán ser inspeccionados por lo menos dos veces: una vez durante la etapa vegetativa cuando pueden ser apreciadas las características varietales y la segunda vez durante la floración.

Los cultivos para semillas obtenidos a partir de plántulas deberán ser inspeccionados tres veces: dos inspecciones deberán ser hechas en el cultivo destinado a la obtención de plántulas, el primero de ellos durante la etapa vegetativa cuando pueden ser adecuadamente reconocidas las características varietales y la segunda vez inmediatamente antes de levantar las pántulas, la tercera inspección será hecha en las primeras etapas de la floración.

### 4.2 Técnica

4.2.1 Antes de entrar en el campo: el inspector deberá confirmar con el productor de semillas la ubicación exacta del campo, la variedad y el cultivo anterior del campo. Los campos de más de cinco hectáreas deberán ser divididos en parcelas de una superficie máxima de cinco hectáreas cada una y serán inspeccionadas separadamente.

4.2.2 En el campo: el inspector controlará que las plantas de zanahoria se ajusten a las características de la variedad y después examinará los bordes del campo para controlar que los requisitos de aislamiento (párrafo 3.1) hayan sido satisfechos. A continuación se hará una supervisión general del campo y se hará una estimación de las plantas de malezas presentes y la situación de las enfermedades (párrafos 3.3, 3.4, 3.5 y 3.6). Durante esta supervisión el inspector examinará cuidadosamente 150 plantas tomadas al azar en grupos de 30 en cinco lugares separados del campo; el número de plantas que no correspondan a la variedad serán contadas y si el número de plantas fuera de tipo excede tres, el campo deberá ser rechazado (párrafos 3.2).

4.2.3 Después de la inspección: se deberá compilar un informe de la inspección y será tomada una decisión para aceptar o rechazar el cultivo o recomendar medidas correctivas antes de tomar una decisión final.

## 5. Normas de calidad de semillas

Las semillas deberán ajustarse a las condiciones siguientes, de acuerdo a lo evaluado según las reglas nacionales para análisis de semillas:
- Germinación    60 por ciento mínimo
- Semilla pura    97 por ciento mínimo
- Pureza varietal    98 por ciento mínimo

y a los siguientes elementos especificados para cada país según las necesidades locales:
- Semillas de malezas y/u otros cultivos por unidad de peso
- Contenido de humedad
- Enfermedades trasmitidas por las semillas

## *LACTUCA SATIVA* L. – *ASTERACEAE*
## LECHUGA

### 1. Instalaciones y equipos

Recomendados:
- Depósito
- Equipo de limpieza de aire/zarandas
- Equipo de pesado y embolsado

A ser especificados de acuerdo a las necesidades del lugar:
- Equipo de secado
- Separador de gravedad
- Equipo de tratamiento de semillas

### 2. Requisitos de los terrenos

La tierra a ser usada para la producción de semillas deberá estar libre de plantas espontáneas.

### 3. Normas de campo

#### 3.1 Aislamiento

El campo de producción de semillas deberá estar aislado de otros campos de lechuga o de de otras especies con semillas de tamaño similar por una distancia adecuada para prevenir mezclas mecánicas o por una barrera física (zanja, seto vivo, alambrado).

#### 3.2 Pureza varietal

Por lo menos 98 por ciento de las plantas de lechuga deben ajustarse a las características de la variedad.

#### 3.3 Pureza específica

No deberá haber más de dos por ciento de otras especies con semillas de tamaño similar.

#### 3.4 Malezas (general)

El campo de producción de semillas deberá estar razonablemente libre de malezas; razonablemente libre significa que el crecimiento de las malezas no deberá ser tal como para impedir una evaluación correcta del cultivo de lechuga.

#### 3.5 Malezas (específico)

No deberá haber más del número especificado de plantas de ciertas malezas por unidad de superficie (a ser especificado por cada país de acuerdo a la situación local).

#### 3.6 Enfermedades trasmitidas por las semillas

El campo de producción de semillas deberá estar dentro de las normas para enfermedades trasmitidas por semillas especificadas en cada país de acuerdo a la situación local.

*3.7 Otras enfermedades*

El campo de producción de semillas deberá estar razonablemente libre de otras enfermedades; razonablemente libre significa que la cantidad de enfermedades no debería ser tal como para impedir una evaluación correcta de las características varietales.

## 4. Inspecciones de campo

*4.1 Número y época*

Los campos de producción de semillas deberán ser inspeccionados por lo menos dos veces: una vez durante la etapa vegetativa. Podrán ser necesarias inspecciones adicionales si se presentaran problemas particulares.

*4.2 Técnica*

4.2.1 Antes de entrar en el campo: el inspector deberá confirmar con el productor de semillas la ubicación exacta del campo, la variedad y el cultivo anterior del campo. Los campos de más de cinco hectáreas deberán ser divididos en parcelas de una superficie máxima de cinco hectáreas cada una y serán inspeccionadas separadamente.

4.2.2 En el campo: el inspector controlará que las plantas de lechuga se ajusten a las características de la variedad y después examinará los bordes del campo para controlar que los requisitos de aislamiento (párrafo 3.1) hayan sido satisfechos. A continuación se hará una supervisión general del campo y se hará una estimación de las plantas de malezas presentes y la situación de las enfermedades (párrafos 3.3, 3.4, 3.5 y 3.6). Durante esta supervisión el inspector examinará cuidadosamente 150 plantas tomadas al azar en grupos de 30 en cinco lugares separados del campo; el número de plantas que no correspondan a la variedad serán contadas y si el número de plantas fuera de tipo excede tres, el campo deberá ser rechazado (párrafos 3.2 y 3.3).

4.2.3 Después de la inspección: se deberá compilar un informe de la inspección y será tomada una decisión para aceptar o rechazar el cultivo o recomendar medidas correctivas antes de tomar una decisión final.

## 5. Normas de calidad de semillas

Las semillas deberán ajustarse a las condiciones siguientes, de acuerdo a lo evaluado según las reglas nacionales para análisis de semillas:
- Germinación        65 por ciento mínimo
- Semilla pura        97 por ciento mínimo
- Pureza varietal     98 por ciento mínimo

y a los siguientes elementos especificados para cada país según las necesidades locales:
- Semillas de malezas y/u otros cultivos por unidad de peso
- Contenido de humedad
- Enfermedades trasmitidas por las semillas

## *LAGENARIA SICERARIA* (MOLINA) STANDL. – *CUCURBITACEAE*
## CALABAZA DE CUELLO (POLINIZACIÓN ABIERTA)

### 1. Instalaciones y equipos

Recomendados:
- Depósito
- Equipo de extracción de semillas
- Equipo de limpieza de aire/zarandas
- Equipo de pesado y embolsado

A ser especificados de acuerdo a las necesidades del lugar:
- Equipo de secado
- Separador de gravedad
- Equipo de tratamiento de semillas

### 2. Requisitos de los terrenos

La tierra a ser usada para la producción de semillas deberá estar libre de plantas espontáneas.

### 3. Normas de campo

#### 3.1 Aislamiento

El campo de producción de semillas deberá estar aislado por una distancia mínima de 500 m de otros campos de cultivo de calabaza.

#### 3.2 Pureza varietal

Por lo menos 98 por ciento de las plantas de calabaza de cuello deben ajustarse a las características de la variedad.

#### 3.3 Malezas (general)

El campo de producción de semillas deberá estar razonablemente libre de malezas; razonablemente libre significa que el crecimiento de las malezas no deberá ser tal como para impedir una evaluación correcta del cultivo de calabaza de cuello.

#### 3.4 Malezas (específico)

No deberá haber más del número especificado de plantas de ciertas malezas por unidad de superficie (a ser especificado por cada país de acuerdo a la situación local).

#### 3.5 Enfermedades trasmitidas por las semillas

El campo de producción de semillas deberá estar dentro de las normas para enfermedades trasmitidas por semillas especificadas en cada país de acuerdo a la situación local.

#### 3.6 Otras enfermedades

El campo de producción de semillas deberá estar razonablemente libre de otras enfermedades; razonablemente libre significa que la cantidad de enfermedades no debería ser tal como para impedir una evaluación correcta de las características varietales.

*Hortalizas*

## 4. Inspecciones de campo

### 4.1 Número y época

Los campos de producción de semillas deberán ser inspeccionados por lo menos tres veces: una primera vez antes de la floración, la segunda vez durante la floración y la tercera vez al inicio de la fructificación. Podrán ser necesarias inspecciones adicionales si se presentaran problemas particulares.

### 4.2 Técnica

4.2.1 Antes de entrar en el campo: el inspector deberá confirmar con el productor de semillas la ubicación exacta del campo, la variedad y el cultivo anterior del campo. Los campos de más de cinco hectáreas deberán ser divididos en parcelas de una superficie máxima de cinco hectáreas cada una y serán inspeccionadas separadamente.

4.2.2 En el campo: el inspector controlará que las plantas de calabaza de cuello se ajusten a las características de la variedad y después examinará los bordes del campo para controlar que los requisitos de aislamiento (párrafo 3.1) hayan sido satisfechos. A continuación se hará una supervisión general del campo y se hará una estimación de las plantas de malezas presentes y la situación de las enfermedades (párrafos 3.3, 3.4, 3.5 y 3.6). Durante esta supervisión el inspector examinará cuidadosamente 150 plantas tomadas al azar en grupos de 30 en cinco lugares separados del campo; el número de plantas que no correspondan a la variedad serán contadas y si el número de plantas fuera de tipo excede tres, el campo deberá ser rechazado (párrafo 3.2).

4.2.3 Después de la inspección: se deberá compilar un informe de la inspección y será tomada una decisión para aceptar o rechazar el cultivo o recomendar medidas correctivas antes de tomar una decisión final.

## 5. Normas de calidad de semillas

Las semillas deberán ajustarse a las condiciones siguientes, de acuerdo a lo evaluado según las reglas nacionales para análisis de semillas:
- Germinación        60 por ciento mínimo
- Semilla pura       98 por ciento mínimo
- Pureza varietal    98 por ciento mínimo

y a los siguientes elementos especificados para cada país según las necesidades locales:
- Semillas de malezas y/u otros cultivos por unidad de peso
- Contenido de humedad
- Enfermedades trasmitidas por las semillas

## *LAGENARIA SICERARIA* (MOLINA) STANDL. – *CUCURBITACEAE*
## CALABAZA DE CUELLO (HÍBRIDA)

### 1. Material parental

Para la producción de semilla híbrida es necesario obtener semillas de las líneas parentales del mantenedor.

### 1. Instalaciones y equipos

Recomendados:
- Depósito
- Equipo de extracción de semillas
- Equipo de limpieza de aire/zarandas
- Equipo de pesado y embolsado

A ser especificados de acuerdo a las necesidades del lugar:
- Equipo de secado
- Separador de gravedad
- Equipo de tratamiento de semillas

### 3. Requisitos de los terrenos

La tierra a ser usada para la producción de semillas deberá estar libre de plantas espontáneas.

### 4. Normas de campo

#### *4.1 Aislamiento*

El campo de producción de semillas deberá estar aislado por una distancia mínima de 1 000 m de otros campos de cultivo de la misma especie o de las líneas parentales del híbrido que no cumplan las normas de semillas del mantenedor.

#### *4.2 Relación parental*

Los campos para producir semillas híbridas de calabaza de cuello deberán ser sembrados de modo que las plantas masculinas (polinizadoras) crezcan en surcos separados de las plantas femeninas o madre (para semilla) y sin que haya mezclas entre los surcos. Debe haber un número suficiente de plantas masculinas para proporcionar el polen requerido por las plantas madre.

#### *4.3 Emasculación*

En el momento de la floración no más de uno por ciento de las plantas madre podrán presentar inflorescencias que hayan esparcido o estén esparciendo polen.

#### *4.4 Pureza varietal*

Por lo menos 99 por ciento de las plantas masculinas y femeninas de calabaza de cuello deben ajustarse a las características de los respectivos parentales.

*4.5 Malezas (general)*

El campo de producción de semillas deberá estar razonablemente libre de malezas; razonablemente libre significa que el crecimiento de las malezas no deberá ser tal como para impedir una evaluación correcta del cultivo para semillas.

*4.6 Enfermedades trasmitidas por las semillas*

El campo de producción de semillas deberá estar dentro de las normas para enfermedades trasmitidas por semillas especificadas en cada país de acuerdo a la situación local.

*4.7 Otras enfermedades*

El campo de producción de semillas deberá estar razonablemente libre de otras enfermedades; razonablemente libre significa que la cantidad de enfermedades no debería ser tal como para impedir una evaluación correcta de las características varietales.

## 5. Inspecciones de campo

*5.1 Número y época*

Los campos de producción de semillas deberán ser inspeccionados por lo menos tres veces: una vez antes de la floración, la segunda vez durante la floración y la tercera vez al inicio de la fructificación cuando se puedan apreciar adecuadamente las características varietales. Podrán ser necesarias inspecciones adicionales para controlar la emasculación y/o la continua macho esterilidad de las plantas femeninas durante la floración o si se presentaran problemas particulares.

*5.2 Técnica*

5.2.1 Antes de entrar en el campo: el inspector deberá confirmar con el productor de semillas la ubicación exacta del campo, la identidad y las proporciones de las líneas parentales de las cuales está formado (párrafo 1 y 4.2) y el cultivo anterior del campo. Los campos de más de cinco hectáreas deberán ser divididos en parcelas de una superficie máxima de cinco hectáreas cada una y serán inspeccionadas separadamente.

5.2.2 En el campo: el inspector controlará que las plantas de calabaza de cuello se ajusten a las características de la variedad y después examinará los bordes del campo para controlar que los requisitos de aislamiento (párrafo 4.1) hayan sido satisfechos. A continuación se hará una supervisión general del campo y se hará una estimación de las plantas de malezas presentes y la situación de las enfermedades (párrafos 4.5, 4.6 y 4.7). Durante esta supervisión el inspector examinará cuidadosamente 300 plantas madre tomadas al azar en grupos de 30 en cinco lugares separados del campo; el número de plantas que no correspondan a la variedad serán contadas y si el número de plantas fuera de tipo excede tres, el campo deberá ser rechazado. En la inspección durante de la floración el inspector revisará adicionalmente 300 plantas madre tomadas al azar al azar en grupos de 30 en cinco lugares separados del campo para comprobar si han esparcido o están esparciendo polen; si el número supera tres el campo deberá ser rechazado.

5.2.3 Después de la inspección: se deberá compilar un informe de la inspección y será tomada una decisión para aceptar o rechazar el cultivo o recomendar medidas correctivas antes de tomar una decisión final.

## 6. Normas de calidad de semillas

Las semillas deberán ajustarse a las condiciones siguientes, de acuerdo a lo evaluado según las reglas nacionales para análisis de semillas:
- Germinación      60 por ciento mínimo
- Semilla pura     98 por ciento mínimo
- Pureza varietal  99 por ciento mínimo

y a los siguientes elementos especificados para cada país según las necesidades locales:
- Semillas de malezas y/u otros cultivos por unidad de peso
- Contenido de humedad
- Enfermedades trasmitidas por las semillas

*Hortalizas*

## *LYCOPERSICON ESCULENTUM* MILL. – *SOLANACEAE*
## TOMATE (POLINIZACIÓN ABIERTA)

### 1. Instalaciones y equipos

Recomendados:
- Depósito
- Equipo de extracción de semillas
- Equipo de limpieza de aire/zarandas
- Equipo de pesado y embolsado

A ser especificados de acuerdo a las necesidades del lugar:
- Equipo de secado
- Separador de gravedad
- Equipo de tratamiento de semillas

### 2. Requisitos de los terrenos

La tierra a ser usada para la producción de semillas deberá estar libre de plantas espontáneas de la misma especie.

### 3. Normas de campo

#### *3.1 Aislamiento*

El campo de producción de semillas deberá estar aislado de otros campos de tomate por una distancia adecuada para prevenir mezclas mecánicas o por una barrera física (zanja, seto vivo, alambrado).

#### *3.2 Pureza varietal*

Por lo menos 98 por ciento de las plantas de tomate deben ajustarse a las características de la variedad.

#### *3.3 Malezas (general)*

El campo de producción de semillas deberá estar razonablemente libre de malezas; razonablemente libre significa que el crecimiento de las malezas no deberá ser tal como para impedir una evaluación correcta del cultivo de tomate.

#### *3.4 Malezas (específico)*

No deberá haber más del número especificado de plantas de ciertas malezas por unidad de superficie (a ser especificado por cada país de acuerdo a la situación local).

#### *3.5 Enfermedades trasmitidas por las semillas*

El campo de producción de semillas deberá estar dentro de las normas para enfermedades trasmitidas por semillas especificadas en cada país de acuerdo a la situación local.

### 3.6 Otras enfermedades

El campo de producción de semillas deberá estar razonablemente libre de otras enfermedades; razonablemente libre significa que la cantidad de enfermedades no debería ser tal como para impedir una evaluación correcta de las características varietales.

## 4. Inspecciones de campo

### 4.1 Número y época

Los campos de producción de semillas deberán ser inspeccionados por lo menos dos veces: una primera vez durante la floración y la segunda vez en la madurez de los frutos. Podrán ser necesarias inspecciones adicionales si se presentaran problemas particulares.

### 4.2 Técnica

4.2.1   Antes de entrar en el campo: el inspector deberá confirmar con el productor de semillas la ubicación exacta del campo, la variedad y el cultivo anterior del campo. Los campos de más de dos hectáreas deberán ser divididos en parcelas de una superficie máxima de dos hectáreas cada una y serán inspeccionadas separadamente.

4.2.2   En el campo: el inspector controlará que las plantas de tomate se ajusten a las características de la variedad y después examinará los bordes del campo para controlar que los requisitos de aislamiento (párrafo 3.1) hayan sido satisfechos. A continuación se hará una supervisión general del campo y se hará una estimación de las plantas de malezas presentes y la situación de las enfermedades (párrafos 3.3, 3.4, 3.5 y 3.6). Durante esta supervisión el inspector examinará cuidadosamente 150 plantas tomadas al azar en grupos de 30 en cinco lugares separados del campo; el número de plantas que no correspondan a la variedad serán contadas y si el número de plantas fuera de tipo excede tres, el campo deberá ser rechazado (párrafo 3.2).

4.2.3   Después de la inspección: se deberá compilar un informe de la inspección y será tomada una decisión para aceptar o rechazar el cultivo o recomendar medidas correctivas antes de tomar una decisión final.

## 5. Normas de calidad de semillas

Las semillas deberán ajustarse a las condiciones siguientes, de acuerdo a lo evaluado según las reglas nacionales para análisis de semillas:

- Germinación    65 por ciento mínimo (trópico húmedo)
                 75 por ciento mínimo (otros lugares)
- Semilla pura   98 por ciento mínimo
- Pureza varietal 98 por ciento mínimo

y a los siguientes elementos especificados para cada país según las necesidades locales:
- Semillas de malezas y/u otros cultivos por unidad de peso
- Contenido de humedad
- Enfermedades trasmitidas por las semillas

## *LYCOPERSICON ESCULENTUM* MILL. – *SOLANACEAE*
## TOMATE (HÍBRIDO)

### 1. Material parental

Para la producción de semilla híbrida es necesario obtener semillas de las líneas parentales del mantenedor.

### 2. Instalaciones y equipos

Recomendados:
- Depósito
- Equipo de extracción de semillas
- Equipo de limpieza de aire/zarandas
- Equipo de pesado y embolsado

A ser especificados de acuerdo a las necesidades del lugar:
- Equipo de secado
- Separador de gravedad
- Equipo de tratamiento de semillas

### 3. Requisitos de los terrenos

La tierra a ser usada para la producción de semillas deberá estar libre de plantas espontáneas de la misma especie.

### 4. Normas de campo

#### 4.1 Aislamiento

El campo de producción de semillas deberá estar aislado de otros campos de tomate por una distancia de 10 m o por una barrera física (zanja, seto vivo, alambrado).

#### 4.2 Relación parental

Los campos para producir semillas híbridas de tomate deberán ser sembrados de modo que las plantas masculinas (polinizadoras) crezcan en surcos separados de las plantas femeninas o madre (para semilla) y sin que haya mezclas entre los surcos. Debe haber un número suficiente de plantas masculinas para proporcionar el polen requerido por las plantas madre.

#### 4.3 Emasculación

En el momento de la floración no más de uno por ciento de las plantas madre podrán presentar inflorescencias que hayan esparcido o estén esparciendo polen.

#### 4.4 Pureza varietal

Por lo menos 99 por ciento de las plantas masculinas y femeninas y 99 por ciento deben ajustarse a las características de los respectivos parentales.

### 4.5 Malezas (general)

El campo de producción de semillas deberá estar razonablemente libre de malezas; razonablemente libre significa que el crecimiento de las malezas no deberá ser tal como para impedir una evaluación correcta del cultivo para semillas.

### 4.6 Enfermedades trasmitidas por las semillas

El campo de producción de semillas deberá estar dentro de las normas para enfermedades trasmitidas por semillas especificadas en cada país de acuerdo a la situación local.

### 4.7 Otras enfermedades

El campo de producción de semillas deberá estar razonablemente libre de otras enfermedades; razonablemente libre significa que la cantidad de enfermedades no debería ser tal como para impedir una evaluación correcta de las características varietales.

## 5. Inspecciones de campo

### 5.1 Número y época

Los campos de producción de semillas deberán ser inspeccionados por lo menos dos veces: la primera vez durante la floración y la segunda en la madurez de los frutos cuando se puedan apreciar adecuadamente las características varietales. Podrán ser necesarias inspecciones adicionales para controlar la emasculación de las plantas femeninas durante la floración o si se presentaran problemas particulares.

### 5.2 Técnica

5.2.1   Antes de entrar en el campo: el inspector deberá confirmar con el productor de semillas la ubicación exacta del campo, la identidad y las proporciones de las líneas parentales de las cuales está formado (párrafo 1 y 4.2) y el cultivo anterior del campo. Los campos de más de una hectárea deberán ser divididos en parcelas de una superficie máxima de una hectárea cada una y serán inspeccionadas separadamente.

5.2.2   En el campo: el inspector controlará que las plantas de tomate se ajusten a las características de la variedad y después examinará los bordes del campo para controlar que los requisitos de aislamiento (párrafo 4.1) hayan sido satisfechos. A continuación se hará una supervisión general del campo y se hará una estimación de las plantas de malezas presentes y la situación de las enfermedades (párrafos 4.5, 4.6 y 4.7). Durante esta supervisión el inspector examinará cuidadosamente 300 plantas madre tomadas al azar en grupos de 30 en cinco lugares separados del campo; el número de plantas que no correspondan a la variedad serán contadas y si el número de plantas fuera de tipo excede tres, el campo deberá ser rechazado. En la inspección durante de la floración el inspector revisará adicionalmente 300 plantas madre tomadas al azar al azar en grupos de 30 en cinco lugares separados del campo para comprobar si han esparcido o están esparciendo polen; si el número supera tres el campo deberá ser rechazado.

5.2.3   Después de la inspección: se deberá compilar un informe de la inspección y será tomada una decisión para aceptar o rechazar el cultivo o recomendar medidas correctivas antes de tomar una decisión final.

## 6. Normas de calidad de semillas

Las semillas deberán ajustarse a las condiciones siguientes, de acuerdo a lo evaluado según las reglas nacionales para análisis de semillas:

- Germinación      65 por ciento mínimo (trópico húmedo)
- 75 por ciento (otros lugares)
- Semilla pura     98 por ciento mínimo
- Pureza varietal  99 por ciento mínimo

y a los siguientes elementos especificados para cada país según las necesidades locales:

- Semillas de malezas y/u otros cultivos por unidad de peso
- Contenido de humedad
- Enfermedades trasmitidas por las semillas

## *MOMORDICA CHARANTIA* L. – *CUCURBITACEAE*
## CUNDEAMOR (POLINIZACIÓN ABIERTA)

### 1. Instalaciones y equipos

Recomendados:
- Depósito
- Equipo de extracción de semillas
- Equipo de limpieza de aire/zarandas
- Equipo de pesado y embolsado

A ser especificados de acuerdo a las necesidades del lugar:
- Equipo de secado
- Separador de gravedad
- Equipo de tratamiento de semillas

### 2. Requisitos de los terrenos

La tierra a ser usada para la producción de semillas deberá estar libre de plantas espontáneas.

### 3. Normas de campo

*3.1 Aislamiento*

El campo de producción de semillas deberá estar aislado por una distancia mínima de 500 m de otros campos de cultivo de cundeamor.

*3.2 Pureza varietal*

Por lo menos 98 por ciento de las plantas de calabaza de cuello deben ajustarse a las características de la variedad.

*3.3 Malezas (general)*

El campo de producción de semillas deberá estar razonablemente libre de malezas; razonablemente libre significa que el crecimiento de las malezas no deberá ser tal como para impedir una evaluación correcta del cultivo de cundeamor.

*3.4 Malezas (específico)*

No deberá haber más del número especificado de plantas de ciertas malezas por unidad de superficie (a ser especificado por cada país de acuerdo a la situación local).

*3.5 Enfermedades trasmitidas por las semillas*

El campo de producción de semillas deberá estar dentro de las normas para enfermedades trasmitidas por semillas especificadas en cada país de acuerdo a la situación local.

*3.6 Otras enfermedades*

El campo de producción de semillas deberá estar razonablemente libre de otras enfermedades; razonablemente libre significa que la cantidad de enfermedades no debería ser tal como para impedir una evaluación correcta de las características varietales.

## 4. Inspecciones de campo

### 4.1 Número y época

Los campos de producción de semillas deberán ser inspeccionados por lo menos tres veces: la primera vez antes de la floración, la segunda vez durante la floración y la tercera vez al inicio de la fructificación. Podrán ser necesarias inspecciones adicionales si se presentaran problemas particulares.

### 4.2 Técnica

4.2.1 Antes de entrar en el campo: el inspector deberá confirmar con el productor de semillas la ubicación exacta del campo, la variedad y el cultivo anterior del campo. Los campos de más de cinco hectáreas deberán ser divididos en parcelas de una superficie máxima de cinco hectáreas cada una y serán inspeccionadas separadamente.

4.2.2 En el campo: el inspector controlará que las plantas de cundeamor se ajusten a las características de la variedad y después examinará los bordes del campo para controlar que los requisitos de aislamiento (párrafo 3.1) hayan sido satisfechos. A continuación se hará una supervisión general del campo y se hará una estimación de las plantas de malezas presentes y la situación de las enfermedades (párrafos 3.3, 3.4, 3.5 y 3.6). Durante esta supervisión el inspector examinará cuidadosamente 150 plantas tomadas al azar en grupos de 30 en cinco lugares separados del campo; el número de plantas que no correspondan a la variedad serán contadas y si el número de plantas fuera de tipo excede tres, el campo deberá ser rechazado (párrafo 3.2).

4.2.3 Después de la inspección: se deberá compilar un informe de la inspección y será tomada una decisión para aceptar o rechazar el cultivo o recomendar medidas correctivas antes de tomar una decisión final.

## 5. Normas de calidad de semillas

Las semillas deberán ajustarse a las condiciones siguientes, de acuerdo a lo evaluado según las reglas nacionales para análisis de semillas:
- ➢ Germinación          60 por ciento mínimo
- ➢ Semilla pura         98 por ciento mínimo
- ➢ Pureza varietal      98 por ciento mínimo

y a los siguientes elementos especificados para cada país según las necesidades locales:
- ➢ Semillas de malezas y/u otros cultivos por unidad de peso
- ➢ Contenido de humedad
- ➢ Enfermedades trasmitidas por las semillas

## *PETROSELINUM CRISPUM* (MILL.) NYMAN EX A. W. HILL – *UMBELLIFERAE*
## PEREJIL

### 1. Instalaciones y equipos

Recomendados:
- Depósito
- Equipo de limpieza de aire/zarandas
- Equipo de pesado y embolsado

A ser especificados de acuerdo a las necesidades del lugar:
- Equipo de secado
- Desbarbador
- Separador de gravedad
- Equipo de tratamiento de semillas

### 2. Requisitos de los terrenos

La tierra a ser usada para la producción de semillas deberá estar libre de plantas espontáneas de la misma especie.

### 3. Normas de campo

*3.1 Aislamiento*

El campo de producción de semillas deberá estar aislado por una distancia mínima de 500 m de otras campos de perejil con el mismo tipo de hoja y por una distancia mínima de 1 000 m de otros campos de cultivo de perejil con distinto tipo de hoja.

*3.2 Pureza varietal*

Por lo menos 98 por ciento de las plantas de perejil deben ajustarse a las características de la variedad.

*3.3 Pureza específica*

No deberá haber más de dos por ciento de otras especies de umbelíferas con semillas de tamaño similar.

*3.4 Malezas (general)*

El campo de producción de semillas deberá estar razonablemente libre de malezas; razonablemente libre significa que el crecimiento de las malezas no deberá ser tal como para impedir una evaluación correcta del cultivo de perejil.

*3.5 Malezas (específico)*

No deberá haber más del número especificado de plantas de ciertas malezas por unidad de superficie (a ser especificado por cada país de acuerdo a la situación local).

*3.6 Enfermedades trasmitidas por las semillas*

El campo de producción de semillas deberá estar dentro de las normas para enfermedades trasmitidas por semillas especificadas en cada país de acuerdo a la situación local.

*3.7 Otras enfermedades*

El campo de producción de semillas deberá estar razonablemente libre de otras enfermedades; razonablemente libre significa que la cantidad de enfermedades no debería ser tal como para impedir una evaluación correcta de las características varietales.

## 4. Inspecciones de campo

*4.1 Número y época*

Los campos de producción de semillas deberán ser inspeccionados por lo menos dos veces: una vez durante la etapa vegetativa y la segunda vez durante la floración. Podrán ser necesarias inspecciones adicionales si se presentaran problemas particulares.

*4.2 Técnica*

4.2.1   Antes de entrar en el campo: el inspector deberá confirmar con el productor de semillas la ubicación exacta del campo, la variedad y el cultivo anterior del campo. Los campos de más de cinco hectáreas deberán ser divididos en parcelas de una superficie máxima de cinco hectáreas cada una y serán inspeccionadas separadamente.

4.2.2   En el campo: el inspector controlará que las plantas de perejil se ajusten a las características de la variedad y después examinará los bordes del campo para controlar que los requisitos de aislamiento (párrafo 3.1) hayan sido satisfechos. A continuación se hará una supervisión general del campo y se hará una estimación de las plantas de malezas presentes y la situación de las enfermedades (párrafos 3.3, 3.4, 3.5 y 3.6). Durante esta supervisión el inspector examinará cuidadosamente 150 plantas tomadas al azar en grupos de 30 en cinco lugares separados del campo; el número de plantas que no correspondan a la variedad serán contadas y si el número de plantas fuera de tipo excede tres, el campo deberá ser rechazado (párrafos 3.2).

4.2.3   Después de la inspección: se deberá compilar un informe de la inspección y será tomada una decisión para aceptar o rechazar el cultivo o recomendar medidas correctivas antes de tomar una decisión final.

## 5. Normas de calidad de semillas

Las semillas deberán ajustarse a las condiciones siguientes, de acuerdo a lo evaluado según las reglas nacionales para análisis de semillas:

- Germinación         55 por ciento mínimo
- Semilla pura         95 por ciento mínimo
- Pureza varietal      98 por ciento mínimo

y a los siguientes elementos especificados para cada país según las necesidades locales:

- Semillas de malezas y/u otros cultivos por unidad de peso
- Contenido de humedad
- Enfermedades trasmitidas por las semillas

## *RAPHANUS SATIVUS* L. – *BRASSICACEAE*
## RÁBANO

### 1. Instalaciones y equipos

Recomendados:
- Depósito
- Equipo de limpieza de aire/zarandas
- Equipo de pesado y embolsado

A ser especificados de acuerdo a las necesidades del lugar:
- Equipo de secado
- Separador de gravedad
- Separador por espiral
- Equipo de tratamiento de semillas

### 2. Requisitos de los terrenos

La tierra a ser usada para la producción de semillas deberá estar libre de plantas espontáneas.

### 3. Normas de campo

#### *3.1 Aislamiento*

El campo de producción de plántulas deberá estar aislado de otros campos de cultivo de rábano por una distancia de cinco metros para evitar mezclas mecánicas. El campo deberá estar aislado de otros campos en floración de rábano por una distancia mínima de 1 000m.

#### *3.2 Pureza varietal*

Por lo menos 98 por ciento de las plantas de coliflor deben ajustarse a las características de la variedad.

#### *3.3 Pureza específica*

No deberá haber más de dos por ciento de otras especies con semillas de tamaño similar.

#### *3.4 Malezas (general)*

El campo de producción de semillas deberá estar razonablemente libre de malezas; razonablemente libre significa que el crecimiento de las malezas no deberá ser tal como para impedir una evaluación correcta del cultivo de rábano.

#### *3.5 Malezas (específico)*

No deberá haber más del número especificado de plantas de ciertas malezas por unidad de superficie (a ser especificado por cada país de acuerdo a la situación local).

#### *3.6 Enfermedades trasmitidas por las semillas*

El campo de producción de semillas deberá estar dentro de las normas para enfermedades trasmitidas por semillas especificadas en cada país de acuerdo a la situación local.

*Hortalizas*

*3.7 Otras enfermedades*

El campo de producción de semillas deberá estar razonablemente libre de otras enfermedades; razonablemente libre significa que la cantidad de enfermedades no debería ser tal como para impedir una evaluación correcta de las características varietales.

## 4. Inspecciones de campo

*4.1 Número y época*

Los campos de siembra directa para producción de semillas deberán ser inspeccionados por lo menos dos veces: una vez en estado vegetativo cuando se puedan observar adecuadamente las características varietales y la segunda vez durante la floración. Los cultivos para producción de plántulas para producción de semillas deberán ser inspeccionados por lo menos tres veces, la primera vez durante la etapa vegetativa cuando se puedan observar adecuadamente las características varietales, la segunda vez inmediatamente antes de levantar las plántulas y la tercera vez al inicio de la floración.

*4.2 Técnica*

4.2.1 Antes de entrar en el campo: el inspector deberá confirmar con el productor de semillas la ubicación exacta del campo, la variedad y el cultivo anterior del campo (párrafo 2). Los campos de más de cinco hectáreas deberán ser divididos en parcelas de una superficie máxima de cinco hectáreas cada una y serán inspeccionadas separadamente.

4.2.2 En el campo: el inspector controlará que las plantas de rábano se ajusten a las características de la variedad y después examinará los bordes del campo para controlar que los requisitos de aislamiento (párrafo 3.1) hayan sido satisfechos. A continuación se hará una supervisión general del campo y se hará una estimación de las plantas de malezas presentes y la situación de las enfermedades (párrafos 3.4, 3.5, 3.6 y 3.7). Durante esta supervisión el inspector examinará cuidadosamente 150 plantas tomadas al azar en grupos de 30 en cinco lugares separados del campo; el número de plantas que no correspondan a la variedad y el número de plantas de otras especies con semillas de tamaño similar serán contadas separadamente. Si el número de plantas fuera de tipo o el número de especies relacionadas supera tres, el campo deberá ser rechazado (párrafos 3.2 y 3.3).

4.2.3 Después de la inspección: se deberá compilar un informe de la inspección y será tomada una decisión para aceptar o rechazar el cultivo o recomendar medidas correctivas antes de tomar una decisión final.

## 5. Normas de calidad de semillas

Las semillas deberán ajustarse a las condiciones siguientes, de acuerdo a lo evaluado según las reglas nacionales para análisis de semillas:
- Germinación      75 por ciento mínimo
- Semilla pura      98 por ciento mínimo
- Pureza varietal   98 por ciento mínimo

y a los siguientes elementos especificados para cada país según las necesidades locales:
- Semillas de malezas y/u otros cultivos por unidad de peso
- Contenido de humedad
- Enfermedades trasmitidas por las semillas

## *SOLANUM MELONGENA* L. – *SOLANACEAE*
## BERENJENA

### 1. Instalaciones y equipos

Recomendados:
- Depósito
- Equipo de extracción de semillas
- Equipo de limpieza de aire/zarandas
- Equipo de pesado y embolsado

A ser especificados de acuerdo a las necesidades del lugar:
- Equipo de secado
- Separador de gravedad
- Equipo de tratamiento de semillas

### 2. Requisitos de los terrenos

La tierra a ser usada para la producción de semillas deberá estar libre de plantas espontáneas.

### 3. Normas de campo

*3.1 Aislamiento*

El campo de producción de semillas deberá estar aislado de otros campos de berenjena por una distancia mínima de 200 m.

*3.2 Pureza varietal*

Por lo menos 98 por ciento de las plantas de berenjena deben ajustarse a las características de la variedad.

*3.3 Malezas (general)*

El campo de producción de semillas deberá estar razonablemente libre de malezas; razonablemente libre significa que el crecimiento de las malezas no deberá ser tal como para impedir una evaluación correcta del cultivo de berenjena.

*3.4 Malezas (específico)*

No deberá haber más del número especificado de plantas de ciertas malezas por unidad de superficie (a ser especificado por cada país de acuerdo a la situación local).

*3.5 Enfermedades trasmitidas por las semillas*

El campo de producción de semillas deberá estar dentro de las normas para enfermedades trasmitidas por semillas especificadas en cada país de acuerdo a la situación local.

*3.6 Otras enfermedades*

El campo de producción de semillas deberá estar razonablemente libre de otras enfermedades; razonablemente libre significa que la cantidad de enfermedades no debería ser tal como para impedir una evaluación correcta de las características varietales.

*Hortalizas*

## 4. Inspecciones de campo

### 4.1 Número y época

Los campos de producción de semillas deberán ser inspeccionados por lo menos dos veces: una primera vez antes de la floración y la segunda vez en la madurez de los frutos. Podrán ser necesarias inspecciones adicionales si se presentaran problemas particulares.

### 4.2 Técnica

4.2.1 Antes de entrar en el campo: el inspector deberá confirmar con el productor de semillas la ubicación exacta del campo, la variedad y el cultivo anterior del campo. Los campos de más de cinco hectáreas deberán ser divididos en parcelas de una superficie máxima de cinco hectáreas cada una y serán inspeccionadas separadamente.

4.2.2 En el campo: el inspector controlará que las plantas de berenjena se ajusten a las características de la variedad y después examinará los bordes del campo para controlar que los requisitos de aislamiento (párrafo 3.1) hayan sido satisfechos. A continuación se hará una supervisión general del campo y se hará una estimación de las plantas de malezas presentes y la situación de las enfermedades (párrafos 3.3, 3.4, 3.5 y 3.6). Durante esta supervisión el inspector examinará cuidadosamente 150 plantas tomadas al azar en grupos de 30 en cinco lugares separados del campo; el número de plantas que no correspondan a la variedad serán contadas y si el número de plantas fuera de tipo excede tres, el campo deberá ser rechazado (párrafo 3.2).

4.2.3 Después de la inspección: se deberá compilar un informe de la inspección y será tomada una decisión para aceptar o rechazar el cultivo o recomendar medidas correctivas antes de tomar una decisión final.

## 5. Normas de calidad de semillas

Las semillas deberán ajustarse a las condiciones siguientes, de acuerdo a lo evaluado según las reglas nacionales para análisis de semillas:
- Germinación        60 por ciento mínimo
- Semilla pura        98 por ciento mínimo
- Pureza varietal    98 por ciento mínimo

y a los siguientes elementos especificados para cada país según las necesidades locales:
- Semillas de malezas y/u otros cultivos por unidad de peso
- Contenido de humedad
- Enfermedades trasmitidas por las semillas

## *SPINACIA OLERACEA* L. – *CHENOPODIACEAE*
## ESPINACA (HÍBRIDA)

### 1. Material parental

Para la producción de semilla híbrida es necesario obtener semillas de las líneas parentales del mantenedor.

### 2. Instalaciones y equipos

Recomendados:
- Depósito
- Equipo de limpieza de aire/zarandas
- Equipo de pesado y embolsado

A ser especificados de acuerdo a las necesidades del lugar:
- Equipo de secado
- Separador de gravedad
- Equipo de tratamiento de semillas

### 3. Requisitos de los terrenos

La tierra a ser usada para la producción de semillas deberá estar libre de plantas espontáneas.

### 4. Normas de campo

*4.1 Aislamiento*

El campo de producción de semillas deberá estar aislado de otros campos de espinacas o de líneas parentales con el mismo tipo de hoja por una distancia mínima de 500 m y de otros campos de cultivo de espinaca o de las líneas parentales con distinto tipo de hoja por una distancia de 1 000 m.

*4.2 Relación parental*

Los campos para producir semillas híbridas de espinaca deberán ser sembrados de modo que las plantas masculinas (polinizadoras) crezcan en surcos separados de las plantas femeninas o madre (para semilla) y sin que haya mezclas entre los surcos. Debe haber un número suficiente de plantas masculinas para proporcionar el polen requerido por las plantas madre.

*4.3 Emasculación*

En el momento de la floración no más de uno por ciento de las plantas madre podrán presentar inflorescencias que hayan esparcido o estén esparciendo polen.

*4.4 Pureza varietal*

Por lo menos 98 por ciento de las plantas masculinas y femeninas de espinaca deben ajustarse a las características de los respectivos parentales.

## 4.5 Pureza específca

No deberá haber más de dos por ciento de otras especies con tamaño similar de la semilla.

## 4.6 Malezas (general)

El campo de producción de semillas deberá estar razonablemente libre de malezas; razonablemente libre significa que el crecimiento de las malezas no deberá ser tal como para impedir una evaluación correcta del cultivo para semillas.

## 4.7 Malezas )especifico=

No deberá haber más del número especificado de plantas de ciertas malezas por unidad de superficie (a ser especificado según las necesidades locales).

## 4.8 Enfermedades trasmitidas por las semillas

El campo de producción de semillas deberá estar dentro de las normas para enfermedades trasmitidas por semillas especificadas en cada país de acuerdo a la situación local.

## 4.9 Otras enfermedades

El campo de producción de semillas deberá estar razonablemente libre de otras enfermedades; razonablemente libre significa que la cantidad de enfermedades no debería ser tal como para impedir una evaluación correcta de las características varietales.

## 5. Inspecciones de campo

### 5.1 Número y época

Los campos de producción de semillas deberán ser inspeccionados por lo menos dos veces: una vez durante la floración y la segunda vez al inicio de la fructificación cuando se puedan apreciar adecuadamente las características varietales. Podrán ser necesarias inspecciones adicionales para controlar la emasculación y/o la continua macho esterilidad de las plantas femeninas durante la floración o si se presentaran problemas particulares.

### 5.2 Técnica

5.2.1 Antes de entrar en el campo: el inspector deberá confirmar con el productor de semillas la ubicación exacta del campo, la identidad y las proporciones de las líneas parentales de las cuales está formado (párrafo 1 y 4.2) y el cultivo anterior del campo. Los campos de más de cinco hectáreas deberán ser divididos en parcelas de una superficie máxima de cinco hectáreas cada una y serán inspeccionadas separadamente.

5.2.2 En el campo: el inspector controlará que las plantas de cundeamor se ajusten a las características de la variedad y después examinará los bordes del campo para controlar que los requisitos de aislamiento (párrafo 1 y 4.2) hayan sido satisfechos. A continuación se hará una supervisión general del campo y se hará una estimación de las plantas de malezas presentes y la situación de las enfermedades (párrafos 4.5, 4.6 y 4.7). Durante esta supervisión el inspector examinará cuidadosamente 150 plantas madre tomadas al azar en grupos de 30 en cinco lugares separados del campo; el número de plantas que no correspondan a la variedad serán contadas y si el número de plantas fuera de tipo excede tres, el campo deberá ser rechazado. El inspector también examinará cuidadosamente 150 plantas padre tomadas al azar en cinco lugares separados (30 plantas en cada lugar) y contará el número que no corresponde a las características parentales y el número de otras especies con tamaño similar de la semilla. Si cualquiera de estos supera tres, el campo deberá ser rechazado. En la inspección durante de la floración el inspector revisará adicionalmente 300 plantas madre tomadas al azar en grupos de 30 en cinco lugares separados del campo para comprobar si han esparcido o están esparciendo polen; si el número supera tres el campo deberá ser rechazado.

5.2.3   Después de la inspección: se deberá compilar un informe de la inspección y será tomada una decisión para aceptar o rechazar el cultivo o recomendar medidas correctivas antes de tomar una decisión final.

## 6. Normas de calidad de semillas

Las semillas deberán ajustarse a las condiciones siguientes, de acuerdo a lo evaluado según las reglas nacionales para análisis de semillas:
- Germinación        60 por ciento mínimo
- Semilla pura       97 por ciento mínimo
- Pureza varietal    98 por ciento mínimo

y a los siguientes elementos especificados para cada país según las necesidades locales:
- Semillas de malezas y/u otros cultivos por unidad de peso
- Contenido de humedad
- Enfermedades trasmitidas por las semillas

## *SPINACIA OLERACEA* L. – *CHENOPODIACEAE*
## ESPINACA (POLINIZACIÓN ABIERTA)

### 1. Instalaciones y equipos

Recomendados:
- ➢ Depósito
- ➢ Equipo de limpieza de aire/zarandas
- ➢ Equipo de pesado y embolsado

A ser especificados de acuerdo a las necesidades del lugar:
- ➢ Equipo de secado
- ➢ Separador de gravedad
- ➢ Equipo de tratamiento de semillas

### 2. Requisitos de los terrenos

La tierra a ser usada para la producción de semillas deberá estar libre de plantas espontáneas.

### 3. Normas de campo

*3.1 Aislamiento*

El campo de producción de semillas deberá estar aislado de otros campos de espinaca de Nueva Zelandia o de otras especies con semilla de tamaño similar por una distancia adecuada para prevenir mezclas mecánicas o por una barrera física (zanja, seto vivo, alambrado).

*3.2 Pureza varietal*

Por lo menos 98 por ciento de las plantas de espinaca de Nueva Zelandia deben ajustarse a las características de la variedad.

*3.3 Malezas (general)*

El campo de producción de semillas deberá estar razonablemente libre de malezas; razonablemente libre significa que el crecimiento de las malezas no deberá ser tal como para impedir una evaluación correcta del cultivo de espinaca.

*3.4 Malezas (específico)*

No deberá haber más del número especificado de plantas de ciertas malezas por unidad de superficie (a ser especificado por cada país de acuerdo a la situación local).

*3.5 Enfermedades trasmitidas por las semillas*

El campo de producción de semillas deberá estar dentro de las normas para enfermedades trasmitidas por semillas especificadas en cada país de acuerdo a la situación local.

*3.6 Otras enfermedades*

El campo de producción de semillas deberá estar razonablemente libre de otras enfermedades; razonablemente libre significa que la cantidad de enfermedades no debería ser tal como para impedir una evaluación correcta de las características varietales.

## 4. Inspecciones de campo

### 4.1 Número y época

Los campos de producción de semillas deberán ser inspeccionados por lo menos dos veces: una primera vez en la etapa vegetativa y la segunda vez durante la floración. Podrán ser necesarias inspecciones adicionales si se presentaran problemas particulares.

### 4.2 Técnica

4.2.1   Antes de entrar en el campo: el inspector deberá confirmar con el productor de semillas la ubicación exacta del campo, la variedad y el cultivo anterior del campo. Los campos de más de cinco hectáreas deberán ser divididos en parcelas de una superficie máxima de cinco hectáreas cada una y serán inspeccionadas separadamente.

4.2.2   En el campo: el inspector controlará que las plantas de espinaca se ajusten a las características de la variedad y después examinará los bordes del campo para controlar que los requisitos de aislamiento (párrafo 3.1) hayan sido satisfechos. A continuación se hará una supervisión general del campo y se hará una estimación de las plantas de malezas presentes y la situación de las enfermedades (párrafos 3.3, 3.4, 3.5 y 3.6). Durante esta supervisión el inspector examinará cuidadosamente 150 plantas tomadas al azar en grupos de 30 en cinco lugares separados del campo; el número de plantas que no correspondan a la variedad serán contadas y si el número de plantas fuera de tipo excede tres, el campo deberá ser rechazado (párrafo 3.2).

4.2.3   Después de la inspección: se deberá compilar un informe de la inspección y será tomada una decisión para aceptar o rechazar el cultivo o recomendar medidas correctivas antes de tomar una decisión final.

## 5. Normas de calidad de semillas

Las semillas deberán ajustarse a las condiciones siguientes, de acuerdo a lo evaluado según las reglas nacionales para análisis de semillas:
- Germinación        60 por ciento mínimo
- Semilla pura       97 por ciento mínimo
- Pureza varietal    98 por ciento mínimo

y a los siguientes elementos especificados para cada país según las necesidades locales:
- Semillas de malezas y/u otros cultivos por unidad de peso
- Contenido de humedad
- Enfermedades trasmitidas por las semillas

*Hortalizas*

## *TETRAGONIA TETRAGONOIDES* (PALL.) KUNTZE – *AIZOACEAE*
## ESPINACA DE NUEVA ZELANDIA

### 1. Instalaciones y equipos

Recomendados:
- Depósito
- Equipo de limpieza de aire/zarandas
- Equipo de pesado y embolsado

A ser especificados de acuerdo a las necesidades del lugar:
- Equipo de secado
- Separador de gravedad
- Equipo de tratamiento de semillas

### 2. Requisitos de los terrenos

La tierra a ser usada para la producción de semillas deberá estar libre de plantas espontáneas.

### 3. Normas de campo

*3.1 Aislamiento*

El campo de producción de semillas deberá estar aislado de otros campos de espinaca de Nueva Zelandia o de otras especies con semilla de tamaño similar por una distancia adecuada para prevenir mezclas mecánicas o por una barrera física (zanja, seto vivo, alambrado).

*3.2 Pureza varietal*

Por lo menos 98 por ciento de las plantas de espinaca de Nueva Zelandia deben ajustarse a las características de la variedad.

*3.3 Malezas (general)*

El campo de producción de semillas deberá estar razonablemente libre de malezas; razonablemente libre significa que el crecimiento de las malezas no deberá ser tal como para impedir una evaluación correcta del cultivo de espinaca de Nueva Zelandia.

*3.4 Malezas (específico)*

No deberá haber más del número especificado de plantas de ciertas malezas por unidad de superficie (a ser especificado por cada país de acuerdo a la situación local).

*3.5 Enfermedades trasmitidas por las semillas*

El campo de producción de semillas deberá estar dentro de las normas para enfermedades trasmitidas por semillas especificadas en cada país de acuerdo a la situación local.

*3.6 Otras enfermedades*

El campo de producción de semillas deberá estar razonablemente libre de otras enfermedades; razonablemente libre significa que la cantidad de enfermedades no debería ser tal como para impedir una evaluación correcta de las características varietales.

## 4. Inspecciones de campo

### 4.1 Número y época

Los campos de producción de semillas deberán ser inspeccionados por lo menos dos veces: una primera vez en la etapa vegetativa y la segunda vez durante la floración. Podrán ser necesarias inspecciones adicionales si se presentaran problemas particulares.

### 4.2 Técnica

4.2.1 Antes de entrar en el campo: el inspector deberá confirmar con el productor de semillas la ubicación exacta del campo, la variedad y el cultivo anterior del campo. Los campos de más de cinco hectáreas deberán ser divididos en parcelas de una superficie máxima de cinco hectáreas cada una y serán inspeccionadas separadamente.

4.2.2 En el campo: el inspector controlará que las plantas de espinaca de Nueva Zelandia se ajusten a las características de la variedad y después examinará los bordes del campo para controlar que los requisitos de aislamiento (párrafo 3.1) hayan sido satisfechos. A continuación se hará una supervisión general del campo y se hará una estimación de las plantas de malezas presentes y la situación de las enfermedades (párrafos 3.3, 3.4, 3.5 y 3.6). Durante esta supervisión el inspector examinará cuidadosamente 150 plantas tomadas al azar en grupos de 30 en cinco lugares separados del campo; el número de plantas que no correspondan a la variedad serán contadas y si el número de plantas fuera de tipo excede tres, el campo deberá ser rechazado (párrafo 3.2).

4.2.3 Después de la inspección: se deberá compilar un informe de la inspección y será tomada una decisión para aceptar o rechazar el cultivo o recomendar medidas correctivas antes de tomar una decisión final.

## 5. Normas de calidad de semillas

Las semillas deberán ajustarse a las condiciones siguientes, de acuerdo a lo evaluado según las reglas nacionales para análisis de semillas:
- Germinación        60 por ciento mínimo
- Semilla pura        97 por ciento mínimo
- Pureza varietal    98 por ciento mínimo

y a los siguientes elementos especificados para cada país según las necesidades locales:
- Semillas de malezas y/u otros cultivos por unidad de peso
- Contenido de humedad
- Enfermedades trasmitidas por las semillas

# Anexo 1
# Agenda

| **Lunes 5 de mayo** | | | |
|---|---|---|---|
| | Inscripciones | | |
| | Ceremonia de apertura | Dirección de Producción y Protección Vegetal | Mahmoud Solh |
| | | Servicio de Semillas y Recursos Fitogenéticos | Arturo Martínez |
| | Adopción de la agenda y horario | | |
| | Elección de Presidente, Vicepresidente y Relator | | |
| | Semillas de Calidad Declarada | Servicio de Semillas y Recursos Fitogenéticos | Michael Larinde |
| | Antecedentes y resumen de las contribuciones | Servicio de Semillas y Recursos Fitogenéticos – Consultor | Cadmo Rosell |
| | Presentación de las contribuciones técnicas | | Expertos |
| **Martes 6 de mayo** | | | |
| | Elementos técnicos – cultivos | | Expertos |
| | Elementos técnicos – Atributos de la Calidad de Semillas | | Expertos |
| | Elementos técnicos - OGM | | Expertos |
| | Preparación de borradores de informes (por grupos) | | Expertos |
| **Miércoles 7 de mayo** | | | |
| | Discusiones sobre el borrador del informe | | Expertos |
| | Discusiones finales | | Expertos |
| | Adopción del informe | | Expertos |
| | Ceremonia de Clausura | | |

# Anexo 2
# Lista de participantes

Srta. Malavika Dadlani
Jefe, Dirección de Ciencia y Tecnología
de Semillas
Indian Agricultural Research Institute
India
Correo-e:
malavikadadlani@rediffmail.com.

Sr. Raymond A. T. George
Consultor FAO/AGPS
Bath, Reino Unido
Correo-e: chrisgeorge@compuserve.com

Sr. Jorge Herrera
Centro de Investigaciones en Granos y
Semillas (CIGRAS)
Universidad de Costa Rica
San José, Costa Rica
Correo-e: jherrera@cariari.ucr.ac.cr

Sr. Michael Larinde
Oficial Agrícola – Producción de
Semillas
Servicio de Semillas y Recursos
Fitogenéticos (FAO/AGPS)
Roma
Italia
Correo-e: michael.larinde@fao.org

Sr. Francisco A. Mandl
Centro de Investigaciones Agrícolas
Estación Experimental La Estanzuela
Uruguay
Correo-e: fmandl@inia.org.uy

Sr. Arturo Martínez
Jefe, Servicio de Semillas y Recursos
Fitogenéticos (FAO/AGPS)
Roma
Italia
Correo-e: arturo.martinez@fao.org

Sr. Luis Martínez Vassallo
Director, Laboratorio Central de
Análisis de Semillas
Madrid
España
Correo-e: marvass@terra.es

Sr. Cadmo Rosell
Servicio de Semillas y Recursos
Fitogenéticos (FAO/AGPS)
Consultor
Roma
Italia
Correo-e: ch.rosell@email.it

Sr. Mohamed Tazi
Producción de Semillas Forrajeras
Director, Centro de Materiales Vegetales
El Jadida
Marruecos
Correo-e: m.tazi@iam.net.ma

Sr. Michael Turner
Profesor Visitante/Tecnología de Semillas
Iowa State University
Estados Unidos de América

**Presente el martes 6 de mayo**

Sr. S. B. Mathur
Danish Institute for Seed Pathology for
Developing Countries
DK-2900
Hellerup
Dinamarca

# Anexo 3
# Normas para semilla de calidad declarada

|  | Pureza varietal (% mínimo) | Pureza analítica (% mínimo) | Germinación (% mínimo) | Contenido de humedad (% máximo) * |
|---|---|---|---|---|
| **Cereales y pseudocereales** | | | | |
| *Amaranthus caudatus* | 98 | 95 | 60 | 13 |
| *Avena sativa* | 98 | 98 | 80 | 13 |
| *Hordeum vulgare* | 98 | 98 | 80 | 13 |
| *Oryza sativa* (OP) | 98 | 98 | 75 | 13 |
| *Oryza sativa* (H) | 98 | 98 | 75 | 13 |
| *Pennisetum glaucum* (OP, VS) | 98 | 98 | 70 | 13 |
| *Pennisetum glaucum* (H) | 98 | 98 | 70 | 13 |
| *Secale cereale* | 98 | 96 | 70 | 13 |
| *Sorghum bicolor* (OP) | 98 | 98 | 70 | 13 |
| *Sorghum bicolor* (H) | 98 | 98 | 70 | 13 |
| *Triticum aestivum* | 98 | 98 | 80 | 13 |
| *Triticum turgidum* subsp.*durum* | 98 | 98 | 80 | 13 |
| *Zea mays* (OP) | 98 | 98 | 80 | 13 |
| *Zea mays* (H) | 98 | 98 | 80 | 13 |
| **Leguminosas alimenticias** | | | | |
| *Cajanus cajan* | 98 | 98 | 70 | 10 |
| *Cicer arietinum* | 98 | 98 | 75 | 10 |
| *Lens culinaris* | 98 | 98 | 70 | 10 |
| *Phaseolus* spp. | 98 | 98 | 60 | 10 |
| *Pisum sativum* | 98 | 98 | 75 | 10 |
| *Vicia faba* | 98 | 98 | 70 | 10 |
| *Vigna radiata* | 98 | 98 | 75 | 10 |
| *Vigna unguiculata* | 98 | 98 | 75 | 10 |
| **Oleaginosas** | | | | |
| *Arachis hypogaea* | 98 | 98 | 60 | 10 |
| *Brassica napus* | 98 | 98 | 85 | 10 |
| *Brassica nigra* | 98 | 98 | 85 | 10 |
| *Glycine max* | 98 | 98 | 65 (trópico húmedo) 70 (otros lugares) | 10 |
| *Helianthus annuus* (OP) | 98 | 98 | 70 | 10 |
| *Helianthus annuus* (H) | 98 | 98 | 70 | 10 |
| *Sesamum indicum* | 98 | 98 | 60 | 10 |
| **Especies forrajeras – *Poaceae*** | | | | |
| *Andropogon gayanus* | | 50 | 10 | 10 |
| *Bothriochloa insculpta* | | 30 | 10 | 10 |
| *Bromus catharticus* | | 95 | 75 | 10 |
| *Cenchrus ciliarisa* | | 90 | 20 | 10 |
| *Chloris gayana* | | 85 (diploides) 75 (tetraploides) | 20 (diploides)10 (tetraploides) | 10 |
| *Dactylis glomerata* | | 80 | 70 | 10 |
| *Eragrostis curvula* | | 60 | 60 | 10 |
| *Festuca arundinacea* | | 95 | 75 | 10 |
| *Lolium multiflorum* | | 95 | 75 | 10 |
| *Megathyrsus maximus* (= *Panicum maximum*) | | 75 | 70 | 10 |

*Contenido máximo de humedad recomendado para un almacenamiento seguro. Estos valores pueden variar de acuerdo a las condiciones locales, especialmente en casos de alta humedad relativa y temperatura. Deben ser aplicados estándares locales.

| | Pureza varietal (% mínimo) | Pureza analítica (% mínimo) | Germinación (% mínimo) | Contenido de humedad (% máximo) * |
|---|---|---|---|---|
| Panicum coloratum | | 80 | 20 | 10 |
| Paspalum dilatatum | | 60 | 60 | 10 |
| Pennisetum clandestinum | | 90 | 60 | 10 |
| Setaria incrassata (ex S. porphyrantha) | | 95 | 10 | 10 |
| Setaria sphacelata | | 60 | 20 | 10 |
| Urochloa decumbens (=Brachiaria decumbens) | | 50 | 15 | 10 |
| Urochloa humidicola (=Brachiaria humidicola) | | 50 | 15 | 10 |
| **Especies forrajeras – *Fabaceae*** | | | | |
| Calopogonium mucunoides | | 95 | 50 | 10 |
| Centrosema pubescens | | 98 | 50 | 10 |
| Desmodium uncinatum | | 94 | 70 | 10 |
| Lablab purpureus | | 94 | 75 | 10 |
| Lotononis bainesii | | 93 | 50 | 10 |
| Lotus corniculatus | | 95 | 75 | 10 |
| Medicago arabiga | 98 | 95 | 80 | 10 |
| Medicago sativa | 98 | 98 | 80 | 10 |
| Medicago scutellata | 98 | 95 | 80 | 10 |
| Medicago truncatula | 98 | 95 | 80 | 10 |
| Pueraria phaseoloides | | 95 | 50 | 10 |
| Stylosanthes spp, | | 90 | 60 | 10 |
| Trifolium alexandrinum | 98 | 95 | 80 | 10 |
| Trifolium fragiferum | 98 | 95 | 80 | 10 |
| Trifolium incarnatum | 98 | 95 | 80 | 10 |
| Trifolium pratense | 98 | 95 | 80 | 10 |
| Trifolium repens | 98 | 95 | 80 | 10 |
| Trifolium resupinatum | 98 | 95 | 80 | 10 |
| Trifolium semipilosum | | 96,5 | 60 | 10 |
| Trifolium subterraneum | 98 | 95 | 80 | 10 |
| Vicia sativa | 98 | 96 | 80 | 10 |
| **Cultivos industriales** | | | | |
| Gossypium hirsutum (OP) | 98 | 98 | 60 | 10 |
| Gossypium hirsutum (H) | 90 | 98 | 70 | 10 |
| Ricinus communis | 98 | 98 | 70 | 10 |
| **Hortalizas** | | | | |
| Abelmoschus esculentus | 98 | 98 | 65 | 8 |
| Allium cepa (OP) | 98 | 97 | 60 | 8 |
| Allium cepa (H) | 98 | 97 | 60 | 8 |
| Allium porrum | 98 | 97 | 60 | 8 |
| Apium graveolens | 98 | 978 | 60 | 8 |
| Beta vulgaris subsp. vulgaris (grupo cicla) | 98 | 95 | 60 | 8 |
| Beta vulgaris subsp. vulgaris (grupo vulgaris) | 98 | 95 | 60 | 8 |
| Brassica olearacea var. botrytis (OP) | 98 | 98 | 70 | 8 |
| Brassica olearacea var. botrytis (H) | 98 | 98 | 70 | 8 |
| Brassica olearacea var. capitata (OP) | 98 | 98 | 70 | 8 |
| Brassica olearacea var. capitata (H) | 98 | 98 | 70 | 8 |
| Brassica rapa subsp. chinensis | 98 | 95 | 60 | 8 |
| Brassica rapa subsp. rapa | 98 | 98 | 70 | 8 |
| Capsicum annuum (OP) | 98 | 98 | 65 | 8 |
| Capsicum annuum (H) | 98 | 98 | 65 | 8 |
| Capsicum frutescens (OP) | 98 | 98 | 65 | 8 |
| Capsicum frutescens (H) | 98 | 98 | 65 | 8 |
| Citrullus lanatus (OP) | 98 | 98 | 70 | 8 |
| Citrullus lanatus (H) | 98 | 98 | 70 | 8 |

*Contenido máximo de humedad recomendado para un almacenamiento seguro. Estos valores pueden variar de acuerdo a las condiciones locales, especialmente en casos de alta humedad relativa y temperatura. Deben ser aplicados estándares locales.

## Anexo 3 – Normas para semilla de calidad declarada

|  | Pureza varietal (% mínimo) | Pureza analítica (% mínimo) | Germinación (% mínimo) | Contenido de humedad (% máximo) * |
|---|---|---|---|---|
| *Cucumis melo* (OP) | 98 | 98 | 60 | 8 |
| *Cucumis melo* (H) | 98 | 98 | 60 | 8 |
| *Cucumis sativus* (OP) | 98 | 98 | 60 | 8 |
| *Cucumis sativus* (H) | 98 | 98 | 60 | 8 |
| *Cucurbita argyrosperma* (OP) | 98 | 98 | 60 | 8 |
| *Cucurbita argyrosperma* (H) | 98 | 98 | 60 | 8 |
| *Cucurbita maxima* (OP) | 98 | 98 | 60 | 8 |
| *Cucurbita maxima* (H) | 98 | 98 | 60 | 8 |
| *Cucurbita moschata* (OP) | 98 | 98 | 60 | 8 |
| *Cucurbita moschata* (H) | 98 | 98 | 60 | 8 |
| *Cucurbita pepo* (OP) | 98 | 98 | 60 | 8 |
| *Cucurbita pepo* (H) | 98 | 98 | 60 | 8 |
| *Daucus carota* | 98 | 97 | 60 | 8 |
| *Lactuca sativa* | 98 | 97 | 65 | 8 |
| *Lagenaria siceraria* (OP) | 98 | 98 | 60 | 8 |
| *Lagenaria siceraria* (H) | 98 | 98 | 60 | 8 |
| *Lycopersicum esculentum* (OP) | 98 | 98 | 65 (trópico húmedo) 75 (otros lugares) | 8 |
| *Lycopersicum esculentum* (H) | 98 | 98 | 65 (trópico húmedo) 75 (otros lugares) | 8 |
| *Momordica charantia* (OP) | 98 | 98 | 60 | 8 |
| *Petroselinum crispum* | 98 | 98 | 55 | 8 |
| *Raphanus sativus* | 98 | 98 | 75 | 8 |
| *Solanum melongena* | 98 | 98 | 60 | 8 |
| *Spinacia oleracea* (OP) | 98 | 97 | 60 | 8 |
| *Spinacia oleracea* (H) | 98 | 97 | 60 | 8 |
| *Tetragonia tetragonoides* | 98 | 97 | 60 | 8 |

*Contenido máximo de humedad recomendado para un almacenamiento seguro. Estos valores pueden variar de acuerdo a las condiciones locales, especialmente en casos de alta humedad relativa y temperatura. Deben ser aplicados estándares locales.
Notas:
OP – polinización abierta
H – híbrido
VS – variedad sintética
**Pureza varietal**: porcentaje de semilla pura de la variedad especificada del cultivo en la semilla del cultivo en consideración.
**Pureza analítica:** porcentaje de semilla pura de la especie del cultivo en la muestra de trabajo, no necesariamente de la misma variedad.

CUADERNOS TÉCNICOS DE LA FAO

ESTUDIOS FAO: PRODUCCIÓN Y PROTECCIÓN VEGETAL

| | | | |
|---|---|---|---|
| 1 | Horticulture: a select bibliography, 1976 (I) | 25 | Prosopis tamarugo: arbusto forrajero para zonas áridas, 1981 (E F I) |
| 2 | Cotton specialists and research institutions in selected countries, 1976 (I) | 26 | Residuos de plaguicidas en los alimentos 1980 – Informe, 1981 (E F I) |
| 3 | Las leguminosas alimenticias: su distribución, su capacidad de adaptación y biología de los rendimientos, 1978 (E F I) | 26 Sup. | Pesticide residues in food 1980 – Evaluations, 1981 (I) |
| 4 | La producción de soja en los trópicos, 1978 (C E F I) | 27 | Small-scale cash crop farming in South Asia, 1981 (I) |
| 4 Rev. | 1. Soybean production in the tropics (first revision), 1982 (I) | 28 | Criterios ecológicos para el registro de plaguicidas (segunda consulta de expertos), 1982 (E F I) |
| 5 | Les systèmes pastoraux sahéliens, 1977 (F) | 29 | Sesame: status and improvement, 1981 (I) |
| 6 | Resistencia de las plagas a los plaguicidas y evaluación de las pérdidas agrícolas – 1, 1977 (E F I) | 30 | Palm tissue culture, 1981 (C I) |
| 6/2 | Resistencia de las plagas a los plaguicidas y evaluación de las pérdidas agrícolas – 2, 1980 (E F I) | 31 | An eco-climatic classification of intertropical Africa, 1981 (I) |
| 6/3 | Resistencia de las plagas a los plaguicidas y evaluación de las pérdidas agrícolas – 3, 1983 (E F I) | 32 | Weeds in tropical crops: selected abstracts, 1981 (I) |
| 7 | Rodent pest biology and control – Bibliography 1970-74, 1977 (I) | 32 Sup. | 1. Weeds in tropical crops: review of abstracts, 1982 (I) |
| 8 | Tropical pasture seed production, 1979 (E** F** I) | 33 | Plant collecting and herbarium development, 1981 (I) |
| 9 | Food legume crops: improvement and production, 1977 (I) | 34 | Improvement of nutritional quality of food crops, 1981 (C I) |
| 10 | Residuos de plaguicidas en los alimentos 1977 – Informe, 1978 (E F I) | 35 | Date production and protection, 1982 (I) |
| 10 Sup. | Pesticide residues in food 1977 – Evaluations, 1978 (I) | 36 | El cultivo y la utilización del tarwi – *Lupinus mutabilis* Sweet, 1982 (E) |
| 11 | Residuos de plaguicidas en los alimentos 1965-78 – Indice y resumen, 1978 (E F I) | 37 | Residuos de plaguicidas en los alimentos 1981 – Informe, 1982 (E F I) |
| 12 | Calendarios culturales, 1978 (E/F/I) | 38 | Winged bean production in the tropics, 1982 (I) |
| 13 | Empleo de las especificaciones de la FAO para productos destinados a la protección de las plantas, 1978 (E F I) | 39 | Semillas, 1982 (E/F/I) |
| | | 40 | La lucha contra los roedores en la agricultura, 1984 (Ar C E F I) |
| 14 | Manual de control integrado de plagas del arroz, 1979 (Ar C E F I) | 41 | Rice development and rainfed rice production, 1982 (I) |
| 15 | Residuos de plaguicidas en los alimentos 1978 – Informe, 1979 (E F I) | 42 | Pesticide residues in food 1981 – Evaluations, 1982 (I) |
| | | 43 | Manual on mushroom cultivation, 1983 (F I) |
| 15 Sup. | Pesticide residues in food 1978 – Evaluations, 1979 (I) | 44 | Mejoramiento del control de malezas, 1985 (E F I) |
| 16 | Rodenticidas: análisis, especificaciones, preparados para uso en salud pública y agricultura, 1986 (E F I) | 45 | Pocket computers in agrometeorology, 1983 (I) |
| | | 46 | Residuos de plaguicidas en los alimentos 1982 – Informe, 1983 (E F I) |
| 17 | Pronóstico de cosechas basado en datos agrometeorológicos, 1980 (C E F I) | 47 | The sago palm, 1983 (F I) |
| 18 | Guidelines for integrated control of maize pests, 1979 (C I) | 48 | Control integrado de plagas del algodonero, 1985 (Ar E F I) |
| 19 | Introducción al control integrado de las plagas del sorgo, 1980 (E F I) | 49 | Pesticide residues in food 1982 – Evaluations, 1983 (I) |
| 20 | Residuos de plaguicidas en los alimentos 1979 – Informe, 1980 (E F I) | 50 | International plant quarantine treatment manual, 1983 (C I) |
| | | 51 | Handbook on jute, 1983 (I) |
| 20 Sup. | Pesticide residues in food 1979 – Evaluations, 1980 (I) | 52 | The palmyrah palm: potential and perspectives, 1983 (I) |
| 21 | Recommended methods for measurement of pest resistance to pesticides, 1980 (F I) | 53/1 | Selected medicinal plants, 1983 (I) |
| | | 54 | Manual de fumigación contra insectos, 1986 (C E F I) |
| 22 | China: multiple cropping and related crop production technology, 1980 (I) | 55 | Breeding for durable disease and pest resistance, 1984 (C I) |
| 23 | China: development of olive production, 1980 (I) | 56 | Residuos de plaguicidas en los alimentos 1983 – Informe, 1984 (E F I) |
| 24/1 | Improvement and production of maize, sorghum and millet – Vol. 1. General principles, 1980 (F I) | 57 | El cocotero, árbol de vida, 1986 (E I) |
| 24/2 | Improvement and production of maize, sorghum and millet – Vol. 2. Breeding, agronomy and seed production, 1980 (F I) | 58 | Directrices económicas para la lucha contra las plagas en la agricultura, 1985 (E F I) |
| | | 59 | Micropropagation of selected rootcrops, palms, citrus and ornamental species, 1984 (I) |

| | | | |
|---|---|---|---|
| 60 | Requisitos mínimos para recibir y mantener material de propagación en cultivo de tejidos, 1985 (E F I) | 89 | Vegetable production under arid and semi-arid conditions in tropical Africa, 1988 (F I) |
| 61 | Pesticide residues in food 1983 – Evaluations, 1985 (I) | 90 | El cultivo protegido en clima mediterráneo, 2002 (E F I) |
| 62 | Residuos de plaguicidas en los alimentos 1984 – Informe, 1985 (E F I) | 91 | Pasto y ganado bajo los cocoteros, 1994 (E I) |
| 63 | Manual of pest control for food security reserve grain stocks, 1985 (C I) | 92 | Residuos de plaguicidas en los alimentos 1988 – Informe, 1989 (E F I) |
| 64 | Contribution à l'écologie des aphides africains, 1985 (F) | 93/1 | Pesticide residues in food 1988 – Evaluations – Part I: Residues, 1988 (I) |
| 65 | Amélioration de la culture irriguée du riz des petits fermiers, 1985 (F) | 93/2 | Pesticide residues in food 1988 – Evaluations – Part II: Toxicology, 1989 (I) |
| 66 | Sesame and safflower: status and potentials, 1985 (I) | 94 | Utilization of genetic resources: suitable approaches, agronomical evaluation and use, 1989 (I) |
| 67 | Pesticide residues in food 1984 – Evaluations, 1985 (I) | | |
| 68 | Residuos de plaguicidas en los alimentos 1985 – Informe, 1986 (E F I) | 95 | Rodent pests and their control in the Near East, 1989 (I) |
| 69 | Breeding for horizontal resistance to wheat diseases, 1986 (I) | 96 | *Striga* – Improved management in Africa, 1989 (I) |
| | | 97/1 | Fodders for the Near East: alfalfa, 1989 (Ar I) |
| 70 | Breeding for durable resistance in perennial crops,1986(I) | 97/2 | Fodders for the Near East: annual medic pastures, 1989 (Ar F I) |
| 71 | Technical guideline on seed potato micropropagation and multiplication, 1986 (I) | 98 | An annotated bibliography on rodent research in Latin America 1960-1985, 1989 (I) |
| 72/1 | Pesticide residues in food 1985 – Evaluations – Part I: Residues, 1986 (I) | 99 | Residuos de plaguicidas en los alimentos 1989 – Informe, 1989 (E F I) |
| 72/2 | Pesticide residues in food 1985 – Evaluations – Part II: Toxicology, 1986 (I) | 100 | Pesticide residues in food 1989 – Evaluations – Part I: Residues, 1990 (I) |
| 73 | Pronóstico agrometerológico del rendimiento de los cultivos, 1986 (E F I) | 100/2 | Pesticide residues in food 1989 – Evaluations – Part II: Toxicology, 1990 (I) |
| 74 | Ecología y control de malezas perennes en América Latina, 1986 (E I) | 101 | Soilless culture for horticultural crop production, 1990 (I) |
| 75 | Guía técnica para ensayos de variedades en campo, 1986 (E I) | 102 | Residuos de plaguicidas en los alimentos 1990 – Informe, 1991 (E F I) |
| 76 | Guidelines for seed exchange and plant introduction in tropical crops, 1986 (I) | 103/1 | Pesticide residues in food 1990 – Evaluations – Part I: Residues, 1990 (I) |
| 77 | Residuos de plaguicidas en los alimentos 1986 – Informe, 1987 (E F I) | 104 | Major weeds of the Near East, 1991 (I) |
| | | 105 | Fundamentos teórico-prácticos del cultivo de tejidos vegetales, 1990 (E) |
| 78 | Pesticide residues in food 1986 – Evaluations – Part I: Residues, 1986 (I) | 106 | Technical guidelines for mushroom growing in the tropics, 1990 (I) |
| 78/2 | Pesticide residues in food 1986 – Evaluations – Part II: Toxicology, 1987 (I) | 107 | *Gynandropsis gynandra* (L.) Briq. – a tropical leafy vegetable – its cultivation and utilization, 1991 (I) |
| 79 | Tissue culture of selected tropical fruit plants, 1987 (I) | 108 | La carambola y su cultivo, 1991 (E I) |
| 80 | Improved weed management in the Near East, 1987 (I) | 109 | Soil solarization, 1991 (I) |
| 81 | Weed science and weed control in Southeast Asia, 1987 (I) | 110 | Potato production and consumption in developing countries, 1991 (I) |
| 82 | Hybrid seed production of selected cereal, oil and vegetable crops, 1987 (I) | 111 | Pesticide residues in food 1991 – Report, 1991 (I) |
| | | 112 | Cocoa pest and disease management in Southeast Asia and Australasia, 1992 (I) |
| 83 | El litchi y su cultivo, 1987 (E I) | 113/1 | Pesticide residues in food 1991 - Evaluations - Part I: Residues, 1991 (I) |
| 84 | Residuos de plaguicidas en los alimentos 1987 – Informe, 1988 (E F I) | 114 | Integrated pest management for protected vegetable cultivation in the Near East, 1992 (I) |
| 85 | Manual sobre elaboración y empleo de las especificaciones de la FAO para productos destinados a la protección de las plantas, 1988 (E F I) | 115 | Olive pests and their control in the Near East, 1992 (I) |
| 86/1 | Pesticide residues in food 1987 – Evaluations – Part I: Residues, 1988 (I) | 116 | Residuos de plaguicidas en los alimentos 1992 – Informe 1992, 1993 (E F I) |
| 86/2 | Pesticide residues in food 1987 – Evaluations – Part II: Toxicology, 1988 (I) | 117 | Semilla de calidad declarada, 1995 (E F I) |
| | | 118 | Pesticide residues in food - 1992 - Evaluations - Part I: Residues, 1993 (I) |
| 87 | Root and tuber crops, plantains and bananas in developing countries – challenges and opportunities, 1988 (I) | 119 | Quarantine for seed, 1993 (I) |
| | | 120 | Manejo de malezas para países en desarrollo, 1996 (I E) |
| 88 | *Jessenia* y *Oenocarpus*: palmas aceiteras neotropicales dignas de ser domesticadas, 1992 (E I F) | 120/1 | Manejo de malezas para países en desarrollo, Addendum 1, 2004 (I F E) |

|  |  |
|---|---|
| 121 | Rambutan cutivation, 1993 (I) |
| 122 | Residuos de plaguicidas en los alimentos – 1993 Informe conjunto FAO/OMS, 1995 (I E F) |
| 123 | Rodent pest management in eastern Africa, 1994 (I) |
| 124 | Pesticide residues in food 1993 – Evaluations – Part I: Residues, 1994 (I) |
| 125 | Plant quarantine: theory and practice, 1994 (Ar) |
| 126 | Tropical root and tuber crops – Production, perspectives and future prospects, 1994 (I) |
| 127 | Residuos de plaguicidas en los alimentos, 1996 (E I) |
| 128 | Manual sobre elaboración y empleo de las especificaciones de la FAO para productos destinados a la protección de las plantas – Cuarta edición, 1997 (I E F) |
| 129 | Mangosteen cultivation, 1995 (I) |
| 130 | Post-harvest deterioration of cassava – A biotechnology perspectives, 1995 (I) |
| 131/1 | Pesticide residues in food 1994 – Evaluations – Part I: Residues, Volume 1, 1995 (I) |
| 131/2 | Pesticide residues in food 1994 – Evaluations – Part I: Residues, Volume 2, 1995 (I) |
| 132 | Agroecología, cultivo y usos del nopal, (I E) 1999 |
| 133 | Pesticide residues in food 1995 – Report, 1996 (I) |
| 134 | Number not assigned |
| 135 | Citrus pest problems and their control in the Near East, 1996 (I) |
| 136 | El pepino dulce y su cultivo, 1996 (E) |
| 137 | Pesticide residues in food 1995 – Evaluations – Part I: Residues, 1996 (I) |
| 138 | Sunn pests and their control in the Near East, 1996 (I) |
| 139 | Weed management in rice, 1996 (I) |
| 140 | Pesticide residues in food 1996 – Report, 1996 (I) |
| 141 | Cotton pests and their control in the Near East, 1997 (I) |
| 142 | Pesticide residues in food 1996 – Evaluations – Part I: Residues, 1997 (I) |
| 143 | Management of the whitefly-virus complex, 1997 (I) |
| 144 | Plant nematode problems and their control in the Near East region, 1997 (I) |
| 145 | Pesticide residues in food 1997 – Report, 1998 (I) |
| 146 | Pesticide residues in food 1997 – Evaluations – Part I: Residues, 1998 (I) |
| 147 | Soil solarization and integrated management of soilborne pests, 1998 (E) |
| 148 | Pesticide residues in food 1998 – Report, 1999 (I) |
| 149 | Manual on the development and use of FAO specifications for plant protection products – Fifth edition, including the new procedure, 1999 (I) |
| 150 | Restoring farmers' seed systems in disaster situations, 1999 (I) |
| 151 | Seed policy and programmes for sub-Saharan Africa, 1999 (I) |
| 152/1 | Pesticide residues in food 1998 – Evaluations – Part I: Residues, Volume 1, 1999 (I) |
| 152/2 | Pesticide residues in food 1998 – Evaluations – Part I: Residues, Volume 2, 1999 (I) |
| 153 | Pesticide residues in food 1999 – Report, 1999 (I) |
| 154 | Greenhouses and shelter structures for tropical regions, 1999 (I) |
| 155 | Vegetable seedling production manual, 1999 (I) |
| 156 | Date palm cultivation, 1999 (I) |
| 156 Rev1 | Date palm cultivation, 2002 (I) |
| 157 | Pesticide residues in food 1999 – Evaluations – Part I: Residues (I) |
| 158 | Ornamental plant propagation in the tropics, 2000 (I) |
| 159 | Seed policy and programmes in the Near East and North Africa, 2000 (I) |
| 160 | Seed policy and programmes for Asia and the Pacific, 2000 (I) |
| 161 | Uso del ensilaje en el trópico privilegiando opciones para pequeños campesinos, 2001 (E I) |
| 162 | Grassland resource assessment for pastoral systems, 2001, (I) |
| 163 | Pesticide residues in food 2000 – Report, 2001 (I) |
| 164 | Políticas y programas de semillas en América Latina y el Caribe, 2001 (E I) |
| 165 | Pesticide residues in food 2000 – Evaluations – Part I, 2001 (I) |
| 166 | Global report on validated alternatives to the use of methyl bromide for soil fumigation, 2001 (I) |
| 167 | Pesticide residues in food 2001 - Report, 2001 (I) |
| 168 | Seed policy and programmes for the Central and Eastern European countries, Commonwealth of Independent States and other countries in transition, 2001 (I) |
| 169 | El nopal (*Opuntia* spp.) como forraje, 2003 (I E) |
| 170 | Submission and evaluation of pesticide residues data for the estimation of maximum residue levels in food and feed, 2002 (I) |
| 171 | Pesticide residues in food 2001 – Evaluations – Part I, 2002 (I) |
| 172 | Pesticides residues in food, 2002 – Report, 2002 (I) |
| 173 | Manual sobre elaboración y empleo de las especificaciones de la FAO y de la OMS para plaguicidas, 2003 (I E) |
| 174 | Genotype x environment interaction – Challenges and opportunities for plant breeding and cultivar recommendations, 2002 (I) |
| 175/1 | Pesticide residues in food 2002 – Evaluations – Part 1: Residues – Volume 1 (I) |
| 175/2 | Pesticide residues in food 2002 – Evaluations – Part 1: Residues – Volume 2 (I) |
| 176 | Pesticide residues in food 2003 – Report, 2003 (I) |
| 177 | Pesticide residues in food 2003 – Evaluations – Part 1: Residues, 2004 (I) |
| 178 | Pesticide residues in food 2004 – Report, 2004 (I) |
| 179 | Triticale improvement and production, 2004 (I) |
| 180 | Seed multiplication by resource limited farmers – Proceedings of the Latin American workshop, 2004 (I) |
| 181 | Towards effective and sustainable seed-relief activities, 2004 (I) |
| 182/1 | Pesticide residues in food 2004 – Evaluations – Part 1: Residues, Volume 1 (I) |
| 182/2 | Pesticide residues in food 2004 – Evaluations – Part 1: Residues, Volume 2 (I) |
| 183 | Pesticide residues in food 2005 – Report, 2005 (I) |
| 184/1 | Pesticide residues in food 2005 – Evaluations – Part 1: Residues, Volume 1 (I) |
| 184/2 | Pesticide residues in food 2005 – Evaluations – Part 1: Residues, Volume 2 (I) |
| 185 | Sistema de semillas de calidad declarada, 2006 (E I) |
| 186 | Calendario de cultivos – América Latina y el Caribe, 2006 (E) |

Disponibilidad: julio de 2006

| | | | |
|---|---|---|---|
| Ar | – Árabe | Multil | – Multilingüe |
| C | – Chino | * | Agotado |
| E | – Español | ** | En preparación |
| F | – Francés | (E F I) = | Ediciones separadas en español, francés e inglés. |
| I | – Inglés | | |
| P | – Portugués | | |
| | | (E/F/I) = | Edición trilingüe |

*Los cuadernos técnicos de la FAO pueden obtenerse en los Puntos de venta autorizados de la FAO, o directamente solicitándolos al Grupo de Ventas y Comercialización, FAO, Viale delle Terme di Caracalla, 00100 Roma, Italia.*